Digitaltechnik

Klaus Fricke

Digitaltechnik

Lehr- und Übungsbuch für Elektrotechniker und Informatiker

10. Auflage

 Springer Vieweg

Klaus Fricke
Fachbereich Elektrotechnik und Informationstechnik
Hochschule Fulda
Fulda, Deutschland

ISBN 978-3-658-40209-9   ISBN 978-3-658-40210-5   (eBook)
https://doi.org/10.1007/978-3-658-40210-5

Planung/Lektorat: Reinhard Dapper
Springer Vieweg ist ein Imprint der eingetragenen Gesellschaft Springer Fachmedien Wiesbaden GmbH und ist
ein Teil von Springer Nature.
Die Anschrift der Gesellschaft ist: Abraham-Lincoln-Str. 46, 65189 Wiesbaden, Germany

Vorwort

Seit einigen Jahren wird das Schlagwort „Digitalisierung" zunehmend in der breiten Öffentlichkeit verwendet. Ursprünglich wurde darunter nur die Wandlung von analogen in digitale Signale verstanden. Der Begriff wird aber heute in einem umfassenderen Sinne gebraucht. Er steht jetzt für die weitreichenden Potenziale, die sich mit den vielfältigen Anwendungen der Digitaltechnik in der Gesellschaft verbinden. Dies zeigt, dass die Digitaltechnik zu einer Schlüsseltechnologie geworden ist, die in fast allen Gebieten der Technik eingesetzt wird. Die Mobilfunktechnik, das Internet, die Mikrocomputertechnik, digitale Steuerungen und Regelungen und viele Einrichtungen der Telekommunikation sind ohne die Kenntnis der Methoden der Digitaltechnik nicht mehr zu verstehen, ein Trend, der verstärkt wird durch den Einsatz integrierter mechanisch-elektronischer Systeme. Besondere Bedeutung hat die Digitaltechnik auch in eingebetteten Systemen erlangt. Unter einem eingebetteten System versteht man eine digitaltechnische Schaltung, die in ein technisches System „eingebettet" ist. Man findet eingebettete Systeme in einer Vielzahl von Anwendungsbereichen, z. B. in Waschmaschinen, Kraftfahrzeugen, Kühlschränken, in der Unterhaltungselektronik, in Mobiltelefonen usw.

Dieses Buch vermittelt einen fundierten Einstieg in die Digitaltechnik, indem es die Grundlagen bis hin zum Aufbau und der Programmierung einfacher Mikroprozessoren lückenlos darstellt. Neben einer soliden theoretischen Grundlage erwirbt der Leser also Kenntnisse, die das Verständnis der meisten digitaltechnischen Schaltungen ermöglichen. Um das Selbststudium zu erleichtern, sind zu jedem Kapitel Übungsaufgaben angegeben, mit denen das Verständnis des behandelten Stoffs überprüft werden kann. Ein Lösungsvorschlag ist für jede Aufgabe im Anhang zu finden. In der vorliegenden 10. Ausgabe wurden zahlreiche Aktualisierungen und Ergänzungen vorgenommen.

Das vorliegende Buch richtet sich hauptsächlich an Ingenieure und Informatiker an Fachhochschulen und Universitäten. Da zum Verständnis des Buches keine besonderen Vorkenntnisse benötigt werden, eignet sich das Buch auch für den interessierten Laien. Lediglich für das Kapitel „Schaltungstechnik" muss der Leser Grundkenntnisse in der Elektronik haben. Das Kapitel ist aber zum Verständnis der anderen Kapitel des Buches nicht erforderlich und kann übersprungen werden.

Ein Schwerpunkt liegt in der ausführlichen Darstellung der booleschen Algebra, die die Grundlage der Digitaltechnik bildet. Besonders die Synthese von Schaltnetzen wird detailliert erläutert. Häufig verwendete Standard-Schaltnetze wie Multiplexer und Code-Umsetzer werden mit Beispielen behandelt. Da die arithmetischen Schaltnetze für das Verständnis von Prozessoren wichtig sind, werden Realisierungsmöglichkeiten für die Festkomma-Arithmetik von Addierern, Multiplizierern und von arithmetisch-logischen Einheiten genauer besprochen.

Aufbauend auf den Schaltnetzen werden synchrone und asynchrone Schaltwerke besprochen. Es wird eine Vorgehensweise für die Entwicklung von synchronen und asynchronen Schaltwerken dargestellt. Der Fokus liegt auf den synchronen Schaltwerken. Die Technik der asynchronen Schaltwerke wird heute im Wesentlichen in den Flipflops angewendet, von denen hier die gängigen Typen vorgestellt werden. Daneben werden Beispiele für die Konstruktion von Zählern und Schieberegistern besprochen, sowie einige kommerzielle Bauelemente vorgestellt.

In einem besonderen Kapitel werden die verschiedenen Technologien und Eigenschaften der Speicherbausteine gegenübergestellt, die die Eigenschaften moderner Rechnersysteme wesentlich mitbestimmen. Es werden typische Zeitdiagramme für verschiedene Speicherbausteine dargestellt, die die Funktion der Bausteine verdeutlichen.

Im Bereich der Schaltungsentwicklung stehen heute ausgereifte Entwurfswerkzeuge zur Verfügung, die es dem Anwender ermöglichen komplexe digitale Schaltungen zu entwerfen, in Silizium zu implementieren, den Entwurf zu testen und zu verifizieren. Diese Möglichkeit hat dazu geführt, dass in vermehrtem Umfang anwenderspezifische Schaltungen (ASIC) angeboten werden, die der Kunde selbst konfigurieren kann. Ein Kapitel ist daher dem Aufbau von anwendungsspezifischen integrierten Schaltungen gewidmet. Im nächsten Kapitel folgt eine Einführung in VHDL, eine Programmiersprache zur Beschreibung, Synthese und Simulation integrierter digitaler Schaltungen, die sich als Standard herausgebildet hat und häufig zum Entwurf von ASIC verwendet wird. Der Schaltungsentwurf mit derartigen Hardware Description Language (HDL) setzt sich immer mehr durch, da er insbesondere bei hochkomplexen Schaltungen (VLSI = Very Large Scale Integration) erhebliche Vorteile gegenüber den bisherigen grafisch orientierten Entwurfsmethoden bietet.

Das letzte Kapitel bietet einen einfachen Einstieg in die Mikroprozessortechnik. Als Grundlage wird das Prinzip des Von-Neumann-Rechners erklärt. Darauf aufbauend werden die Vorgänge bei der Ausführung von Befehlen beschrieben. Als praktisches Beispiel wird der aktuelle Mikrocontroller ATmega16 der Firma Microchip in einem Kapitel vorgestellt. Es beschreibt die Arbeitsweise und den Aufbau des Prozessors. Ausführlich wird auf die Programmierung in Assembler eingegangen. Damit werden Kenntnisse vermittelt, die auch bei der Verwendung aller Prozessoren nützlich sind.

Nicht behandelt werden Quantencomputer, deren Funktion auf der Quantenmechanik beruht. Zu ihrem Verständnis sind gänzlich andere Grundlagen erforderlich, so dass deren Behandlung die Möglichkeiten dieses Buches übersteigen würde. Es ist jedoch zu erwarten, dass Quantencomputer in Zukunft für spezielle Aufgaben mit Vorteil eingesetzt werden können, während die hier dargestellte Digitaltechnik für die meisten Anwendungen weiterhin die optimale Technologie bleibt.

Fulda im März 2023,

Klaus Fricke

Inhaltsverzeichnis

1 Einleitung

Die Digitaltechnik hat in den letzten Jahrzehnten an Bedeutung weiter zugenommen. Dies ist auf die wesentlichen Vorzüge der Digitaltechnik zurückzuführen, die es erlauben, sehr komplexe Systeme aufzubauen. Man erreicht dies, indem man sich auf zwei Signalzustände beschränkt, die in logischen Schaltungen (sogenannte Gatter) ohne Fehlerfortpflanzung übertragen werden können. Durch diese Einschränkung gelingt es, eine Halbleiter-Technologie aufzubauen, die eine Realisierung von über 10^8 logischen Gattern auf einem Chip ermöglicht.

Die Voraussetzung für die einwandfreie Funktion ist allerdings eine genaue Dimensionierung der einzelnen Gatter, so dass die zuverlässige Unterscheidung von zwei Signalzuständen möglich ist. Um diese Vorgehensweise deutlich zu machen, soll im Folgenden der Begriff „Signal" etwas genauer betrachtet werden, denn die Digitaltechnik hat sich die Verarbeitung von Signalen zum Ziel gesetzt. Signale dienen der Übermittlung von Nachrichten. Sie werden durch physikalische Größen wie Spannung, Strom, Druck, Kraft usw. beschrieben. Die Amplituden dieser Größen sind zeitabhängig. Die zu übertragende Information steckt in den sich ändernden Amplitudenwerten.

Es soll zum Beispiel der zeitabhängige Flüssigkeitsstand F in einem Behälter gemessen werden. Das Bild 1-1a zeigt beispielhaft den Flüssigkeitsstand F als Funktion der Zeit. Der verwendete Sensor soll ein elektrisches Signal abgeben, dessen Spannung U_a proportional zur Füllhöhe F ist. Dieses Signal ist wertkontinuierlich, da alle Amplitudenwerte im Messbereich auftreten können.

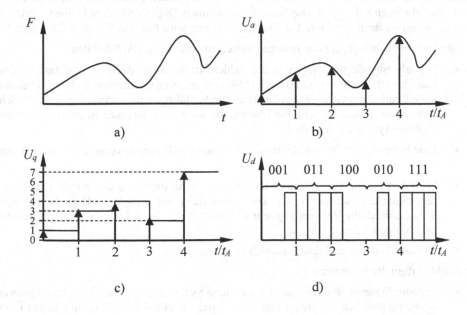

a)   b)   c)   d)

Bild 1-1 Beispiel für die Digitalisierung eines Signals. a) Füllstand F b) Abtastung der Ausgangsspannung U_a des Sensors. c) Quantisierter Zeitverlauf der Spannung U_q bei 8 Amplitudenstufen. d) Zuordnung der Amplituden zu den Codierungen 001, 011, 100 usw.

Systeme, die wertkontinuierliche Signale verarbeiten können, werden analoge Systeme genannt. Wertdiskrete Signale können dagegen nur bestimmte Amplitudenwerte annehmen.

Sollen Signale mit digitalen Systemen übertragen werden, so müssen diese zunächst abgetastet werden. Bei diesem Vorgang wird periodisch an Zeitpunkten im Abstand von t_A die Amplitude des Signals ermittelt, wie es in Bild 1-1b für das obige Beispiel des Füllstandssensors gezeigt ist. In Bild 1-1c sind diese Abtastwerte einer diskreten Amplitudenstufe zugeordnet. Diesen Vorgang nennt man Quantisieren. Man erhält den wertdiskreten, treppenförmigen Spannungsverlauf U_q. Bei der Quantisierung muss man einen Rundungsfehler in Kauf nehmen.

Für eine digitale Übertragung muss das Signal digitalisiert werden. Eine Amplitude wird dann durch eine Folge von Ziffern übertragen. Im Bild 1-1d ist ein Beispiel für eine Codierung mit 3 aufeinander folgenden binären Ziffern gezeigt. Die Amplitudenstufe 0 wird durch die Ziffernfolge 000 dargestellt. Die Amplituden 1, 2, 3,...7 werden zu 001, 010, 011,...111.

Ein digitales System besitzt durch die Beschränkung auf endliche Amplitudenstufen eine erhöhte Störsicherheit. Gestörte digitale Signale können den ursprünglichen diskreten Amplitudenwerten eindeutig zugeordnet werden. Die Störung darf aber nur maximal die Hälfte des Abstandes zwischen 2 Amplitudenstufen betragen, damit kein Fehler entsteht.

Man unterscheidet auch zwischen zeitdiskreten und zeitkontinuierlichen Signalen. Zeitdiskrete Signale können ihre Amplitude nur zu bestimmten Zeiten ändern, während zeitkontinuierliche Signale zu beliebigen Zeiten ihre Amplitude ändern können. Digitale Systeme können zeitdiskret sein, man nennt sie dann synchron. Die Synchronisierung wird über ein Taktsignal hergestellt.

Digitale Systeme haben gegenüber analogen Systemen eine Reihe von Vorteilen:

- Digitale Signale unterliegen keiner Fehlerfortpflanzung, dadurch sind fast beliebig komplexe Systeme wie zum Beispiel Mikroprozessoren realisierbar. Es können beliebig viele Bearbeitungsschritte nacheinander durchgeführt werden, ohne dass systematische Fehler auftauchen. Auch für die Übertragung über weite Strecken ist diese Eigenschaft digitaler Systeme von Vorteil.

- Eine hohe Verarbeitungsgeschwindigkeit kann durch Parallelverarbeitung erzielt werden.

- Digitale Systeme sind leicht zu konstruieren, denn die boolesche Algebra stellt eine sehr einfache Beschreibung dar. Die Entwicklung von komplexen Digitalschaltungen ist heute durch die Verwendung sehr leistungsfähiger Entwicklungswerkzeuge automatisierbar geworden.

- Digitale Systeme sind relativ einfach zu testen.

Der Nachteil digitaler Systeme:

- Digitale Systeme sind langsamer als analoge Systeme. Die in der digitalen Signalverarbeitung üblichen Taktfrequenzen liegen etwa bei einem Drittel der möglichen Übertragungsrate analoger Systeme. Deshalb dominiert die Analogtechnik im Hochfrequenzbereich.

2 Codierung und Zahlensysteme

2.1 Codes

Codes werden in der Digitaltechnik häufig verwendet, um ein Signal für einen Anwendungsfall optimal darzustellen. Ein Code bildet die Zeichen eines Zeichenvorrates auf die Zeichen eines zweiten Zeichenvorrates ab. Sinnvollerweise soll auch eine Decodierung möglich sein, bei der aus dem codierten Zeichen wieder das ursprüngliche gewonnen wird.

Ein bekanntes Beispiel für einen Code ist der Morse-Code. Die Definition eines Codes geschieht durch eine Zuordnungstabelle wie sie in Tabelle 2-1 für den Morse-Code festgehalten ist. Dieser Code ist umkehrbar, da aus dem Buchstaben ein Morsezeichen, und daraus wieder der Buchstabe eindeutig ermittelt werden kann. Das gilt aber nur für einen Text, der in kleinen Buchstaben geschrieben ist, da der Morse-Code nicht zwischen Groß- und Kleinschreibung unterscheidet. Ein Text, der in Groß- und Kleinschreibung verfasst ist, kann daher strenggenommen aus dem Morse-Code nicht wieder decodiert werden.

Tabelle 2-1 Morse-Code.

Alphabet	Morse-Code	Alphabet	Morse-Code	Alphabet	Morse-Code
a	· —	j	· — — —	s	· · ·
b	— · · ·	k	— · —	t	—
c	— · · ·	l	· — · ·	u	· · —
d	— · ·	m	— —	v	· · · —
e	·	n	— ·	w	· — —
f	· · — ·	o	— — —	x	— · · —
g	— — ·	p	· — — ·	y	— · — —
h	· · · ·	q	— — · —	z	— — · ·
i	· ·	r	· — ·		

Für jede Anwendung gibt es mehr oder weniger gut geeignete Codes. So ist für die Zahlenarithmetik in einem Rechner ein anderer Code sinnvoll als für die Übertragung von Zahlen über eine Nachrichtenverbindung. Dieses Kapitel untersucht die Unterschiede der einzelnen Codes und weist auf deren spezifische Anwendungen hin.

Die Kombination mehrerer Zeichen eines Codes nennt man ein Wort. Wir werden uns im Folgenden auf den technisch wichtigen Fall beschränken, dass alle Wörter eines Codes die gleiche Länge n haben. Im Morse-Code ist das nicht der Fall. Hat ein Code einen Zeichenvorrat von N Zeichen, so kann man N^n verschiedene Wörter der Länge n bilden. Werden alle N^n möglichen Wörter eines Codes verwendet, so spricht man von einem Minimalcode. Werden weniger als N^n Wörter verwendet, so nennt man ihn einen redundanten Code. Im Folgenden findet man eine Zusammenfassung der geläufigsten Codes, ausführliche Darstellungen findet man in [7-9].

© Springer Fachmedien Wiesbaden GmbH, ein Teil von Springer Nature 2023
K. Fricke, *Digitaltechnik*, https://doi.org/10.1007/978-3-658-40210-5_2

2.2 Dualcode

Der Dualcode ist der wichtigste Code in digitalen Systemen, da er sehr universell ist. Durch die Beschränkung auf die Zeichen 1 und 0 ist eine Verarbeitung mit Bauelementen möglich, die als Schalter arbeiten. Der Dualcode erlaubt auch eine Arithmetik analog der des Dezimalsystems. Das duale Zahlensystem kann als eine Codierung des Dezimalsystems verstanden werden. Eine Dualzahl besteht aus einem Wort, welches aus den Zeichen $c_i \in \{0,1\}$ gebildet wird. Die Zeichen c_i eines Worts werden in der Digitaltechnik Bits genannt. Das Wort z_2 in der Dual-Darstellung entsteht durch die Aneinanderreihung der einzelnen Bits wie im Folgenden dargestellt:

$$z_2 = c_{n-1}\, c_{n-2} \dots c_1\, c_0 \dots c_{-m+1}\, c_{-m} \tag{2.1}$$

Diese Dualzahl hat n Stellen vor dem Komma und m Stellen nach dem Komma. Den einzelnen Bits werden entsprechend ihrer Stellung i im Wort Gewichte 2^i zugeordnet. Damit kann die äquivalente Dezimalzahl z_{10} berechnet werden:

$$z_{10} = g(z_2) = c_{n-1}2^{n-1} + c_{n-2}2^{n-2} \dots c_1 2^1 + c_0 2^0 \dots c_{-m+1}2^{-m+1} + c_{-m}2^{-m} \tag{2.2}$$

Wir betrachten zum Beispiel die Dualzahl $10110,011_2$, die durch den Index 2 als Dualzahl gekennzeichnet ist. Sie wird interpretiert als:

$$g(z_2) = 1 \cdot 2^4 + 0 \cdot 2^3 + 1 \cdot 2^2 + 1 \cdot 2^1 + 0 \cdot 2^0 + 0 \cdot 2^{-1} + 1 \cdot 2^{-2} + 1 \cdot 2^{-3} = z_{10} = 22{,}375_{10}$$

Der Dualcode wird als gewichteter Code bezeichnet, da die weiter links im Wort stehenden Bits ein höheres Gewicht besitzen. Gleichung 2.2 liefert eine Vorschrift für die Umwandlung von Dualzahlen in Dezimalzahlen.

Die Umwandlung von Dezimalzahlen in Dualzahlen ist komplizierter. Sie kann durch einen Algorithmus beschrieben werden, der für den ganzzahligen und den gebrochenen Teil der Dezimalzahl unterschiedlich ist. Am obigen Beispiel der Zahl $22{,}375_{10}$ soll der Algorithmus dargestellt werden:

Zuerst wird der ganzzahlige Anteil in eine Dualzahl umgesetzt. Dazu wird der ganzzahlige Anteil fortwährend durch 2 geteilt und der Rest notiert, bis sich 0 ergibt.

$22{:}2 = 11$	Rest 0	
$11{:}2 = 5$	Rest 1	
$5{:}2 = 2$	Rest 1	ganzzahliger Anteil der Dualzahl
$2{:}2 = 1$	Rest 0	
$1{:}2 = 0$	Rest 1	

Die zu 22_{10} gehörende Dualzahl ist also 10110_2.

Im zweiten Schritt wird der gebrochene Anteil in den gebrochenen Anteil der Dualzahl umgesetzt. Zuerst wird der gebrochene Anteil mit 2 multipliziert. Der ganzzahlige Anteil wird abgetrennt, er bildet die niedrigstwertige Stelle der Dualzahl.

Das Verfahren wird wiederholt, wie im folgenden Beispiel gezeigt.

$0{,}375 \cdot 2 = 0{,}75$	$+ 0$	
$0{,}75 \cdot 2 = 0{,}5$	$+ 1$	gebrochener Anteil der Dualzahl
$0{,}5 \cdot 2 = 0$	$+ 1$	

Man erkennt an dieser Stelle, dass sich der Rest 0 ergibt. Das ist nicht notwendigerweise so. Im Normalfall wird der gebrochene Anteil der äquivalenten Dualzahl unendlich viele Stellen haben. Man muss sich dann mit einer bestimmten Anzahl von Stellen hinter dem Komma begnügen und damit die Genauigkeit einschränken. In unserem Fall entspricht $0{,}375_{10}$ genau $0{,}011_2$.

Aus dem ganzzahligen und dem gebrochenen Anteil ergibt sich die gesuchte Dualzahl zu $10110{,}011_2$.

2.3 Festkomma-Arithmetik im Dualsystem

In diesem Kapitel wird die Arithmetik mit Festkommazahlen beschrieben. Festkomma-Arithmetik bedeutet, dass sich das Komma immer an einer festen Stelle befindet. Die Stelle, an der das Komma steht, orientiert sich dabei an der Stellung im Speicher, in dem die Zahl gespeichert ist. Das Komma braucht dabei nicht in der Hardware des Rechners implementiert zu sein. Es existiert in diesem Fall nur im Kopf des Programmierers. Wir beschränken uns auf eine konstante Wortlänge n, wie es in Rechnern der Fall ist. Dadurch kann auch das Problem der Bereichsüberschreitung diskutiert werden.

2.3.1 Ganzzahlige Addition im Dualsystem

Die ganzzahlige Addition zweier Zahlen A und B wird im Dualsystem genau wie im Dezimalsystem stellenweise durchgeführt. Wie dort müssen bei jeder Stelle die beiden Dualziffern a_n und b_n und der Übertrag von der vorhergehenden Stelle c_{n-1} addiert werden. Bei der Addition (Tabelle 2-2) entsteht eine Summe s_n und ein neuer Übertrag c_n.

Tabelle 2-2 Addition im Dualsystem mit den Summanden a_n, b_n und dem Übertrag aus der vorhergehenden Stelle c_{n-1}. Die Summe ist s_n und der neue Übertrag c_n.

a_n	b_n	c_{n-1}	c_n	s_n
0	0	0	0	0
0	0	1	0	1
0	1	0	0	1
0	1	1	1	0
1	0	0	0	1
1	0	1	1	0
1	1	0	1	0
1	1	1	1	1

In dem folgenden Beispiel für eine Addition ist der Übertrag explizit aufgeführt:

		0	1	1	1	1	1	1	0
+		0	0	1	1	0	1	0	1
Übertrag		1	1	1	1	1	0	0	
=	1	0	1	1	0	0	1	1	

Man beachte, dass im obigen Beispiel zwei 8 Bit lange Zahlen addiert wurden und das Ergebnis auch 8 Bit lang ist, so dass keine Bereichsüberschreitung stattfindet.

2.3.2 Addition von Festkommazahlen

Sollen zwei Festkommazahlen addiert werden, so ist es analog zum gewohnten Vorgehen im Dezimalsystem wichtig, dass die Kommata übereinanderstehen. Daher muss bei der Addition von zwei 8Bit langen Zahlen das Komma bei beiden Zahlen zum Beispiel an der dritten Stelle stehen:

$$
\begin{array}{r r c c c c c c c c}
 & 0 & 1 & 1 & 0 & 0, & 0 & 1 & 0 \\
+ & 0 & 0 & 1 & 1 & 0, & 1 & 1 & 1 \\
\hline
\text{Übertrag} & 1 & 1 & 0 & 0 & 1 & 1 & 0 \\
\hline
= & 1 & 0 & 0 & 1 & 1, & 0 & 0 & 1 \\
\end{array}
$$

2.3.3 Einerkomplementdarstellung

Um den Hardware-Aufwand in Rechnern klein zu halten, hat man sich bemüht, Subtraktion und Addition auf *einen* Algorithmus zurückzuführen. Das gelingt, wenn negative Dualzahlen in ihrer Komplementdarstellung verwendet werden. Man unterscheidet zwischen Einer- und Zweier-Komplement. Das Einerkomplement wird gebildet, indem in einer Dualzahl alle Nullen gegen Einsen vertauscht werden und umgekehrt. Das Einerkomplement von 0001 ist also 1110. Das Einerkomplement einer Dualzahl A wird hier dargestellt als $\neg A$.

Es gilt offenbar bei einer Darstellung in n Bit-Worten:

$$\neg A + A = 2^n - 1 \tag{2.3}$$

Bsp. für eine Darstellung in 8 Bit-Worten:

$$10110011 + 01001100 = 11111111 = 2^8 - 1$$

Man kann Gleichung 2.3 so umformen, dass sie eine Rechenvorschrift für das Einerkomplement ergibt:

$$\neg A = 2^n - 1 - A \tag{2.4}$$

2.3.4 Zweierkomplementdarstellung

Das Zweierkomplement A_{K2} entsteht aus dem Einerkomplement $\neg A$ durch die Addition von 1:

$$A_{K2} = \neg A + 1 \tag{2.5}$$

Also gilt mit Gleichung 2.4:

$$A_{K2} = 2^n - A \tag{2.6}$$

Man erkennt, dass hier eine Darstellung vorliegt, in der $-A$ vorkommt, wodurch sich diese Darstellung für die Subtraktion eignet. Man beachte auch, dass 2^n in der dualen Darstellung $n + 1$ Stellen hat. Hier ein Beispiel für das Zweierkomplement aus 10101100:

$$A_{K2} = \neg A + 1 = 01010011 + 1 = 01010100$$

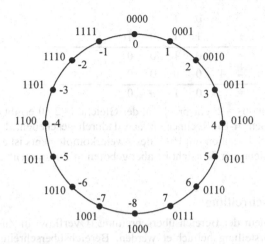

Bild 2-1 Darstellung von 4Bit-Wörtern in Zweierkomplementdarstellung.

Eine kreisförmige Darstellung (Bild 2-1) der 4Bit breiten Dualzahlen verdeutlicht den Zahlenbereich. Die betragsmäßig größte darstellbare positive Zahl ist 7_{10}, die betragsmäßig größte negative Zahl ist -8_{10}. Der Zahlenbereich ist also unsymmetrisch angeordnet, da es eine negative Zahl mehr gibt als positive. Die größte und kleinste darstellbare Zahl ist:

$$Z_{max} = 2^{n-1} - 1 \tag{2.7}$$

$$Z_{min} = -2^{n-1} \tag{2.8}$$

Dem Bild 2-1 entnimmt man, dass man betragsmäßig kleine Zweierkomplement-Zahlen daran erkennt, dass sie viele führende Einsen aufweisen, wenn sie negativ sind, und dass sie viele führende Nullen haben, wenn sie positiv sind. Betragsmäßig große Zweierkomplement-Zahlen haben eine weit links stehende Null, wenn sie negativ sind und eine weit links stehende Eins, wenn sie positiv sind. Die Zahl 1000_2 (-8_{10}) ist ihr eigenes Zweierkomplement! Es ist auch wichtig festzustellen, dass es nur eine 0 in der Zweierkomplement-Darstellung gibt. Das erleichtert die Abfrage, ob ein Ergebnis 0 ist. In der Einerkomplementdarstellung gibt es dagegen die Dualzahl 0000_2 die der $+0_{10}$ entspricht und die Dualzahl 1111_2 die der -0_{10} entspricht.

2.3.5 Subtraktion in Zweierkomplementdarstellung

Es sollen nun zwei positive Dualzahlen A und B voneinander subtrahiert werden. Man kann die Subtraktion unter Verwendung des Zweierkomplements laut Gleichung 2.6 so durchführen:

$$A - B = A - B + B_{K2} - B_{K2} = A - B + B_{K2} - (2^n - B) \tag{2.9}$$

Zusammenfassen des rechten Ausdrucks ergibt:

$$A - B = A + B_{K2} - 2^n \tag{2.10}$$

Was bedeutet die Subtraktion von 2^n? Das soll am Beispiel der Subtraktion $7-3 = 4$ im 4Bit-Dualsystem dargestellt werden. Die Summe des Dualäquivalents von 7 und des Komplements des Dualäquivalents von 3 ergibt:

$$
\begin{array}{ccccc}
  & 0 & 1 & 1 & 1 & \quad 7_{10} \\
+ & 1 & 1 & 0 & 1 & \quad -3_{10} \\
\hline
= 1 & 0 & 1 & 0 & 0 \\
- 1 & 0 & 0 & 0 & 0 \\
\hline
= & 0 & 1 & 0 & 0 & \quad 4_{10}
\end{array}
$$

Die Subtraktion von $10000_2 = 2^5$ entsprechend der Gleichung 2.10 ergibt das richtige Ergebnis 0100_2. Das kann in einem 4-Bit-Rechner einfach dadurch geschehen, dass die höchste Stelle ignoriert wird. Bei der Subtraktion mit Hilfe des Zweierkomplements ist also der höchste Übertrag c_4 nicht zu berücksichtigen. Vorsicht ist aber geboten in Zusammenhang mit einer Bereichsüberschreitung.

2.3.6 Bereichsüberschreitung

Es soll daher das Problem der Bereichsüberschreitung (Overflow) in Zusammenhang mit der Zweierkomplement-Darstellung betrachtet werden. Bereichsüberschreitungen können nur in zwei Fällen auftreten. Nämlich dann, wenn zwei positive Zahlen addiert werden oder wenn zwei negative Zahlen addiert werden. In allen anderen Fällen ist eine Bereichsüberschreitung ausgeschlossen. Dazu betrachten wir einige Beispiele in einer 4-Bit Darstellung:

- Beispiel einer Bereichsüberschreitung bei der Addition zweier positiver Zahlen:

$$
\begin{array}{ccccc}
    &   & 0 & 1 & 0 & 1 & \quad 5_{10} \\
+   &   & 0 & 1 & 0 & 1 & \quad 5_{10} \\
\hline
= (0) & 1 & 0 & 1 & 0 & \quad -6_{10}
\end{array}
$$

Das Ergebnis ist offensichtlich falsch. Der Fehler entsteht durch den Übertrag von der 3. in die 4. Stelle, wodurch eine negative Zahl vorgetäuscht wird. Dieser Übertrag c_3 wird in einer Darstellung mit n Bits allgemein als c_{n-1} bezeichnet. Der Übertrag c_4 (allgemein c_n) von der 4. Stelle in die 5. Stelle heißt Carry (Cy).

- Beispiel einer Bereichsüberschreitung bei der Addition negativer Zahlen:

$$
\begin{array}{ccccc}
    &   & 1 & 0 & 1 & 1 & \quad -5_{10} \\
+   &   & 1 & 0 & 1 & 1 & \quad -5_{10} \\
\hline
= (1) & 0 & 1 & 1 & 0 & \quad 6_{10}
\end{array}
$$

Auch in diesem Beispiel entsteht ein falsches Ergebnis. Es gab keinen Übertrag c_{n-1} von der 3. in die 4. Stelle aber einen Übertrag c_n von der 4. in die 5. Stelle.

- Zum Vergleich eine Addition zweier negativer Zahlen ohne Bereichsüberschreitung:

$$
\begin{array}{ccccc}
    &   & 1 & 1 & 1 & 1 & \quad -1_{10} \\
+   &   & 1 & 1 & 0 & 1 & \quad -3_{10} \\
\hline
= (1) & 1 & 1 & 0 & 0 & \quad -4_{10}
\end{array}
$$

Es gab die Überträge c_n und c_{n-1}.

Nun sollen diese Ergebnisse zusammen mit weiteren, hier nicht gezeigten Fällen in einer Tabelle zusammengefasst werden. Für zwei positive Dualzahlen A und B kann ein Überlauf bei der Rechnung im Zweierkomplement festgestellt werden, wenn die Überträge c_n und c_{n-1}, wie in der Tabelle 2-3 gezeigt, ausgewertet werden. Zusammenfassend kann festgestellt werden, dass ein richtiges Ergebnis vorliegt, wenn $c_n = c_{n-1}$ gilt, ein falsches, wenn $c_n \neq c_{n-1}$ ist. Alternativ kann ein Überlauf auch durch den Vorzeichenwechsel des Ergebnisses bei der Addition von zwei positiven oder zwei negativen Zahlen festgestellt werden. Dazu muss aber das Vorzeichen gespeichert werden.

Tabelle 2-3 Überlauf bei der Addition in einer n Bit-Zweierkomplement-Darstellung ($A, B \geq 0$).

	Richtiges Ergebnis	Überlauf
$A + B$	$c_n = 0$; $c_{n-1} = 0$	$c_n = 0$; $c_{n-1} = 1$
$A - B$	$c_n = c_{n-1}$	nicht möglich
$-A - B$	$c_n = 1$; $c_{n-1} = 1$	$c_n = 1$; $c_{n-1} = 0$

2.3.7 Multiplikation

Die Multiplikation wird wie im Dezimalsystem ausgeführt. Hier ein Beispiel für die Multiplikation im Dualsystem $10_{10} \times 11_{10} = 110_{10}$:

$$
\begin{array}{r}
1\ 0\ 1\ 0 \times 1\ 0\ 1\ 1 \\
\hline
1\ 0\ 1\ 0 \\
1\ 0\ 1\ 0 \\
1\ 0\ 1\ 0 \\
\hline
1\ 1\ 0\ 1\ 1\ 1\ 0
\end{array}
$$

Das größte zu erwartende Ergebnis P der Multiplikation zweier n-Bit-Wörter ist:

$$P = (2^n - 1)(2^n - 1) = 2^{2n} - 2^{n+1} + 1 < 2^{2n} - 1$$

Das Produkt zweier n-Bit-Zahlen ist also $2n$-Bit lang. Es ist aber kleiner als die mit $2n$ Bits maximal darstellbare Dualzahl $2^{2n}-1$. Das Gesagte gilt für eine Multiplikation von positiven Zahlen. Für die Multiplikation von Zweierkomplementzahlen kann ein ähnliches Verfahren genutzt werden, oder man kann die Zweierkomplement-Zahlen vor der Multiplikation in ihre Beträge zurückverwandeln und das Ergebnis entsprechend dem Vorzeichen wieder in die gewünschte Darstellung überführen.

Bei der Multiplikation von Fixkommazahlen werden zunächst die Zahlen ohne Berücksichtigung des Kommas multipliziert. Es gilt: Die Multiplikation zweier Zahlen mit n und k Stellen hinter dem Komma ergibt ein Produkt mit $n + k$ Stellen hinter dem Komma.

2.3.8 Division

Die Division kann mit dem gleichen Algorithmus durchgeführt werden, wie er im Dezimalsystem verwendet wird. Das soll am Beispiel $10_{10} : 2_{10} = 5_{10}$ demonstriert werden:

$$
\begin{array}{l}
1\ 0\ 1\ 0 : 0\ 0\ 1\ 0 = 1\ 0\ 1 \\
\underline{1\ 0} \\
\ 0\ 1\ 0 \\
\underline{1\ 0} \\
\ 0
\end{array}
$$

Entsprechend hat bei der Division einer Zahl mit n Stellen hinter dem Komma durch eine Zahl mit k Stellen hinter dem Komma, der Quotient $n - k$ Stellen hinter dem Komma. So ergibt sich entsprechend dem obigen Beispiel ($1{,}25_{10} : 0{,}5_{10} = 2{,}5_{10}$):

$1{,}010 : 00{,}10 = 10{,}1$

Die Division von Zweierkomplement-Zahlen kann auf Multiplikation und Addition zurückgeführt werden [41].

2.4 Gleitkommadarstellung von reellen Zahlen

2.4.1 Einleitung: Gleitkommadarstellung im Dezimalsystem

Große Zahlen werden in der Regel mit Hilfe der Gleitkommadarstellung dargestellt. Ein Beispiel ist die Darstellung der Lichtgeschwindigkeit: $2{,}99792458 \cdot 10^8$ m/s. In allgemeiner Form:

$$z = m \cdot b^e \tag{2.11}$$

Die Zahl m wird *Mantisse* genannt und e ist der *Exponent*. Dabei ist e eine ganze Zahl und m eine vorzeichenbehaftete Festkommazahl. In diesem Beispiel ist die Mantisse $2{,}99792458$ und der Exponent 8. Typisch für eine Gleitkommadarstellung ist ihre Basis b. Im Beispiel ist die Basis $b = 10$. Sowohl der Exponent als auch die Mantisse haben ein Vorzeichen. In Rechnern verwendet man eine Darstellung im Dualsystem mit der Basis $b = 2$.

2.4.2 Gleitkommadarstellung im Dualsystem

In diesem Kapitel wird die Gleitkommadarstellung im Dualsystem beschrieben. In der Informatik heißt dieser Zahlentyp „Real", da damit reelle Zahlen dargestellt werden können. Die Darstellung nach der weitverbreiteten Norm IEEE-754 hat allgemein die Form:

$$z = (-1)^s \cdot 1{,}m \cdot 2^e = (-1)^s \cdot 1{,}m \cdot 2^{(c-q)} \tag{2.12}$$

- s ist das Vorzeichen der Mantisse, es wird durch ein Bit dargestellt.

- $1{,}m$ ist der Betrag der Mantisse. Er wird als duale Festkommazahl mit einer Stelle vor dem Komma gespeichert, die immer eine Eins ist. Der Teil m nach dem Komma heißt Fraction. m wird durch geeignete Wahl des Exponenten so gewählt, dass

$$2 > |1{,}m| \geq 1 \tag{2.13}$$

gilt, was nur für Zahlen $z \neq 0$ möglich ist. Daher ist die Null nicht darstellbar. Gleitkommadarstellungen, die die Bedingung 2.13 erfüllen, heißen normalisiert. Die Mantisse hat im Rechner eine feste Anzahl digitaler Stellen n_m.

- Anstelle des Exponenten e wird eine Charakteristik $c = e + q$ gespeichert. Sie hat eine feste Anzahl Stellen n_c. Durch die Addition des Excesses q wird der Exponent e so verschoben, dass nur positive Zahlen gespeichert werden müssen. Der Exzess beträgt

$$q = 2^{n_c-1} - 1 \tag{2.14}$$

so dass sich z.B. mit 8 Stellen ($n_c = 8$) ein Excess von 127 ergibt. Damit sind Exponenten von -127 bis 128 darstellbar. Die kleinste Charakteristik 0 ergibt sich, wenn der kleinste Exponent -127 durch die Addition des Excesses 127 zu Null wird. Die größte Charakteristik, nämlich die größte mit 8 Bit darstellbare Zahl 255, erhält man durch die Summe des größten Exponenten 128 und des Exesses 127.

Tabelle 2-4 Anzahl der digitalen Stellen für Vorzeichen, Exponent und Mantisse nach IEEE-754.

	Anzahl der Stellen in Bit		
	Vorzeichen n_s	Charakteristik n_c	Mantisse n_m
Single Precision	1	8	23
Double Precision	1	11	52

Zwei häufig verwendete Zahlenformate nach IEEE-745 sind Single Precision und Double Precision. Laut Tabelle 2-4 werden $1+ n_c + n_m$ binäre Stellen verwendet. Zahlen im Zahlenformat Single Precision benötigen also 32 Bit, im Format Double Precision 64 Bit.

Beispiel:

Es soll die reelle Zahl $-0{,}171875_{10}$ in die Single Precision-Darstellung nach IEEE-745 gewandelt werden. Die erste Stelle ist das Vorzeichen s. $s = 1$ steht für eine negative, $s = 0$ für eine positive Mantisse. In diesem Fall gilt also $s = 1$

Zuerst wandelt man die Dezimalzahl in eine Dualzahl:

$$-0{,}171875_{10} = -0{,}001011_2$$

Anschließend wird die Zahl normalisiert, sie hat dann die Form $1{,}m \cdot 2^n$:

$$-0{,}001011_2 = -1{,}011 \cdot 2^{-3}$$

Die Multiplikation mit 2^{-3} bedeutet also analog zum Dezimalsystem eine Verschiebung um 3 Stellen. Die Mantisse wird ohne die 1 vor dem Komma gespeichert und durch Nullen auf 23 Bit erweitert oder gegebenenfalls auf 23 Stellen gerundet:

$$m = \cancel{1{,}}011\ 0000\ 0000\ 0000\ 0000\ 0000$$

Zum Exponenten $e = -3$ wird der Excess q addiert (für Single Precision $q = 127$), um die Charakteristik c zu erhalten. Sie wird als 8-stellige Dualzahl abgespeichert:

$$c = e + q = -3 + 127 = 124_{10} = 01111100_2$$

Nun wird durch Aneinanderreihen von s, c und m die zu speichernde Zahl gebildet:

s	c	m
1	01111100	011 0000 0000 0000 0000 0000

Die gesuchte Binärzahl ist also: $1011\ 1110\ 0011\ 0000\ 0000\ 0000\ 0000\ 0000_2$.

2.4.3 Spezielle Zahlendarstellungen

- Die Null ist zunächst nicht darstellbar, da die Mantisse $1{,}m$ ist und damit immer ungleich 0 ist. Ersatzweise hat man dafür die Zahl mit der Mantisse 1,00... und der Charakteristik 0 definiert. Dies ist die betragsmäßig kleinste darstellbare Zahl, die als 0 definiert wird. Da beide Vorzeichen zugelassen sind, erhält man zwei Darstellungen der Null.
- Für die Darstellung von ± unendlich stehen die Zahlen mit der Mantisse 1,00... und der größtmöglichen Charakteristik. In der Darstellung Single Precision ist das die 255.
- Zusätzlich gibt es eine Darstellung, die NaN (not a Number) genannt wird. Diese Zahl wird nicht als Gleitkommazahl betrachtet und führt in der Regel zum Abbruch der Rechnung.

Tabelle 2-5 Spezielle Darstellung von Null, Unendlich und NaN nach IEEE-754 für Single Precision.

	Vorzeichen	Charakteristik	Fraction
Null	0 oder 1	0	0
± unendlich	0 oder 1	255	0
Keine Zahl (NaN)	0 oder 1	255	$\neq 0$

2.5 Hexadezimalcode

In der Praxis hat sich neben dem Dualcode auch der Hexadezimalcode durchgesetzt, da er gegenüber langen Dualzahlen übersichtlicher ist. Die 16 Hexadezimalziffern sind definiert durch die Tabelle 2-6. Die Hexadezimalziffern größer als 9 werden durch die Buchstaben A-F dargestellt. Für die Umwandlung einer Dualzahl in eine Hexadezimalzahl fasst man jeweils 4 Ziffern der Dualzahl zusammen, die als eine Hexadezimalstelle interpretiert werden. Dadurch hat eine Hexadezimalzahl nur ein Viertel der Stellen wie eine gleichgroße Dualzahl. Bsp.:

$$1011 \qquad 1110 \qquad 0011 \qquad 0000$$
$$B \qquad\quad E \qquad\quad 3 \qquad\quad 0$$

Es gilt also $1011\ 1110\ 0011\ 0000_2 = BE30_{16}$. Zur Kennzeichnung einer Hexadezimalzahl sind auch die Zeichen H und $ üblich. Die Umwandlung einer Hexadezimalzahl in eine Dezimalzahl und umgekehrt geschieht am einfachsten über die entsprechende Dualzahl. Es ist aber auch möglich, die Umwandlung über einen Algorithmus wie bei der Umwandlung einer Dualzahl in eine Dezimalzahl durchzuführen. Die umgekehrte Umwandlung würde analog zur Gleichung 2.2 durchzuführen sein.

Tabelle 2-6 Die Hexadezimalziffern 0 bis F.

Dez.	0	1	2	...	9	10	11	12	13	14	15
Dual	0000	0001	0010	...	1001	1010	1011	1100	1101	1110	1111
Hex.	0	1	2	...	9	A	B	C	D	E	F

2.6 Oktalcode

Der Oktalcode wird ähnlich verwendet wie der Hexadezimalcode, nur dass jeweils 3 Stellen einer Dualzahl zusammengefasst werden. Für den Oktalcode werden die Ziffern 0 bis 7 des Dezimalcodes verwendet, er wird oft auch mit dem Index O gekennzeichnet. Bsp.:

$$1\ 1\ 0 \ \big|\ 1\ 0\ 1\ \big|\ 1\ 0\ 0\ \big|\ 0\ 1\ 1$$
$$6 \qquad\ \big|\ \ 5 \qquad \big|\ \ 4 \qquad \big|\ \ 3$$

Es gilt also $110\ 101\ 100\ 011_2 = 6543_8$.

2.7 Graycode

Oft benötigt man in der Digitaltechnik eine Codierung für einen Zahlencode, bei dem beim Übergang von einer Zahl zur nächsten sich nur eine Ziffer ändern soll. Diese Bedingung ist notwendig, wenn durch technische Ungenauigkeiten der Zeitpunkt der Umschaltung nicht genau eingehalten werden kann. Bei einer gleichzeitigen Umschaltung von 2 Ziffern könnten sich daher Fehlschaltungen ergeben. Als Beispiel für einen derartigen Fehler soll die Umschaltung von 1_{10} auf 2_{10} im Dualcode betrachtet werden:

$$0001 \quad \searrow \qquad \searrow$$
$$\downarrow \qquad 0000 \quad 0011$$
$$0010 \quad \swarrow \qquad \swarrow$$

Bei dieser Umschaltung ändern sich die Bits 0 und 1. Bei gleichzeitigem Umschalten wird die neue Zahl direkt erreicht. Wechselt erst das Bit 0, so erscheint zunächst die Zahl 0000 und erst wenn sich auch Bit 1 ändert, erhält man die richtige Zahl 0010. Ändert sich zuerst das Bit 1 und dann Bit 0, so wird zwischendurch die Zahl 0011 sichtbar. Graycodes vermeiden diesen gravierenden Fehler dadurch, dass sich von einem Codewort zum nächsten nur eine Stelle ändert. Die Tabelle 2-7 zeigt einen 3-stelligen Graycode. Der gezeigte Code hat zusätzlich die Eigenschaft, dass er zyklisch ist, da sich auch beim Übergang von der höchsten Zahl (7_{10}) zu der niedrigsten (0_{10}) nur eine Stelle ändert. Zyklische Graycodes können für alle geraden Periodenlängen konstruiert werden.

Tabelle 2-7 Beispiel für einen 3-stelligen Graycode.

Dezimal	Graycode	Dezimal	Graycode
0	000	4	110
1	001	5	111
2	011	6	101
3	010	7	100

2.8 BCD-Code

Will man zum Beispiel die Dezimal-Ziffern einer Anzeige ansteuern, so eignet sich ein Code, bei dem den einzelnen Dezimal-Ziffern dual codierte Code-Wörter zugeordnet sind. Dieser Code wird als BCD-Code (*Bi*när-*c*odierte *D*ezimalzahl) bezeichnet. Eine Möglichkeit besteht darin, die Dezimal-Ziffern durch jeweils eine 4-stellige Dualzahl darzustellen. Da die einzelnen Stellen die Wertigkeiten 8, 4, 2 und 1 haben, wird der Code 8-4-2-1-Code genannt. Es gibt auch die Möglichkeit, einen BCD-Code mit den Gewichten 2, 4, 2, 1 aufzubauen (Aiken-Code). Andere BCD-Codes sind der 3-Exzess-Code und der BCD-Gray-Code [3].

Tabelle 2-8 BCD-Code.

Dezimalziffer	8-4-2-1-Code	Dezimalziffer	8-4-2-1-Code
0	0000	5	0101
1	0001	6	0110
2	0010	7	0111
3	0011	8	1000
4	0100	9	1001

2.9 Alphanumerische Codes

Es existiert eine Vielzahl von Codes für die Darstellung alphanumerischer Zeichen durch Binärziffern. Ein bekanntes Beispiel ist der ASCII-Code (ASCII = American Standard-Code for Information Interchange), der auch eine Reihe von Steuerzeichen enthält (Tabelle 2-9).

Tabelle 2-9 ASCII-Code (ohne Steuerzeichen).

ASCII	Zei-chen	ASCII	Zei-chen	ASCII	Zei-chen	ASCII	Zei-chen	ASCII	Zei-chen	ASCII	Zei-chen
20	SP	30	0	40	@	50	P	60	`	70	p
21	!	31	1	41	A	51	Q	61	a	71	q
22	"	32	2	42	B	52	R	62	b	72	r
23	#	33	3	43	C	53	S	63	c	73	s
24	$	34	4	44	D	54	T	64	d	74	t
25	%	35	5	45	E	55	U	65	e	75	u
26	&	36	6	46	F	56	V	66	f	76	v
27	'	37	7	47	G	57	W	67	g	77	w
28	(	38	8	48	H	58	X	68	h	78	x
29	)	39	9	49	I	59	Y	69	i	79	y
2A	*	3A	:	4A	J	5A	Z	6A	j	7A	z
2B	+	3B	;	4B	K	5B	[	6B	k	7B	{
2C	,	3C	<	4C	L	5C	\	6C	l	7C	|
2D	-	3D	=	4D	M	5D	]	6D	m	7D	}
2E	.	3E	>	4E	N	5E	^	6E	n	7E	~
2F	/	3F	?	4F	O	5F	_	6F	o	7F	DEL

2.10 Übungen

Aufgabe 2.1 Wandeln Sie die folgenden Dualzahlen in Dezimalzahlen um:

a) 1110,101   b) 10011,1101

Aufgabe 2.2 Wandeln Sie die folgenden Dezimalzahlen in Dualzahlen um:

a) 33,125   b) 45,33

Aufgabe 2.3 Berechnen Sie die untenstehenden Aufgaben mit Hilfe des Zweierkomplements bei einer Wortlänge von 6 Bit. Geben Sie an, ob es eine Bereichsüberschreitung gibt.

a) $010101 - 001010$ b) $-010111 - 011011$

Aufgabe 2.4 Berechnen Sie im Dualsystem:

a) 110101×010101

b) $1101110 : 110$

Aufgabe 2.5 Entwickeln Sie einen zyklischen Graycode mit der Periodenlänge 6.

Aufgabe 2.6 Welche reelle Zahl wird durch die Single Precision Zahl $C23A8000_{16}$ nach IEEE-754 dargestellt?

3 Schaltalgebra

Die Digitaltechnik hat der Analogtechnik voraus, dass sie auf einer relativ einfachen, aber dennoch mächtigen Theorie beruht, der booleschen Algebra, die auch Schaltalgebra genannt wird. In diesem Kapitel werden diese theoretischen Grundlagen der Digitaltechnik dargestellt. Die boolesche Algebra kann man auf fast alle bei der Entwicklung einer digitalen Schaltung vorkommenden Probleme anwenden, unter der Bedingung, dass einige technologische Voraussetzungen erfüllt sind, die im Kapitel 4 behandelt werden.

3.1 Schaltvariable und Schaltfunktion

In der Digitaltechnik verwendet man spezielle Variablen und Funktionen. Unter einer Schaltvariablen versteht man eine Variable, die nur die Werte 0 oder 1 annehmen kann. Mit Schaltvariablen können Funktionen gebildet werden. Eine Funktion:

$$y = \mathrm{f}(x_1, x_2, x_3, \ldots x_n) \qquad \text{mit } x_i, y \in \{0,1\} \tag{3.1}$$

nennt man n-stellige Schaltfunktion oder Binärfunktion. Der Wertebereich der Funktionswerte enthält wieder die Elemente 0 und 1. Funktionen können durch Tabellen definiert werden, in denen die Funktionswerte zu den möglichen 2^n Kombinationen der n Eingangsvariablen aufgelistet sind. Derartige Tabellen werden Wahrheitstabellen genannt.

Eine sehr einfache Funktion, die die Eingangsvariable x mit der Ausgangsvariablen y verknüpft, ist durch Tabelle 3-1 gegeben. Man erkennt, dass Schaltfunktionen durch eine Tabelle definiert werden können, in der *alle* Werte der Eingangsvariablen enthalten sind, da ja nur die beiden Elemente 0 und 1 zu berücksichtigen sind.

Tabelle 3-1 Wahrheitstabelle eines Inverters.

x	y
0	1
1	0

Die durch die Tabelle 3-1 definierte Schaltfunktion $y = \mathrm{f}(x)$ wird Negation, Komplement, oder NOT genannt. Sie wird im Folgenden durch den Operator $\neg$ gekennzeichnet:

$$y = \neg x \tag{3.2}$$

Sprich: y gleich nicht x

Die Negation ist eine einstellige Schaltfunktion, da sie nur ein Eingangssignal besitzt. In Schaltplänen wird die Realisierung dieser Funktion, der „Inverter", durch das Schaltsymbol in Bild 3-1 gekennzeichnet.

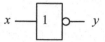

Bild 3-1 Schaltsymbol des Inverters.

Gibt es noch weitere einstellige Schaltfunktionen? Durch systematisches Probieren findet man insgesamt 4, die in Tabelle 3-2 zusammengefasst sind. Andere Kombinationen der Ausgangs-Schaltvariablen y gibt es nicht. Man stellt fest, dass die Funktion $y = x$ eine Durchverbindung darstellt. Die Schaltfunktionen $y = 0$ und $y = 1$ erzeugen Konstanten, die unabhängig vom Eingang sind. Nur die einstellige Binärfunktion $y = \neg x$ ist daher für die Schaltalgebra wichtig.

Tabelle 3-2 Einstellige Binärfunktionen.

Wahrheitstabelle	Funktion	Schaltzeichen	Name
x y 0 0 1 0	$y = 0$		
x y 0 0 1 1	$y = x$	x —[1]— y	
x y 0 1 1 0	$y = \neg x$	x —[1]o— y	NOT, Komplement, Negation
x y 0 1 1 1	$y = 1$		

3.2 Zweistellige Schaltfunktionen

Prinzipiell kann man Binärfunktionen mit beliebig vielen Eingangsvariablen bilden. Es hat sich aber als praktisch erwiesen, zunächst nur Funktionen mit einer oder zwei Eingangsvariablen zu betrachten und Funktionen mit mehr Eingangsvariablen darauf zurückzuführen.

Eine binäre Funktion mit den Eingangsvariablen x_0 und x_1 kann wieder durch eine Tabelle definiert werden. Man kann sich die Kombination der Eingangsvariablen x_0 und x_1 als einen Vektor

$X = [x_1, x_0]$ vorstellen. Bei zwei Eingangsvariablen gibt es 4 mögliche Eingangsvektoren X, die oft mit ihrem Dezimaläquivalent indiziert werden. So bedeutet X_2, dass $x_1 = 1$ und $x_0 = 0$ gilt, oder anders ausgedrückt, dass $X_2 = [x_1, x_0] = [1,0]$.

Technisch wichtig sind neben der Negation die Grundverknüpfungen UND und ODER, die durch die Tabelle 3-3 definiert sind. Man bezeichnet UND auch als AND oder Konjunktion, sowie ODER als OR oder Disjunktion.

Tabelle 3-3 Grundverknüpfungen UND und ODER.

Wahrheitstabelle			Funktion	Schaltzeichen	Name
x_1	x_0	y	$y = x_0 \wedge x_1$		UND, AND, Konjunktion
0	0	0			
0	1	0			
1	0	0			
1	1	1			
x_1	x_0	y	$y = x_0 \vee x_1$		ODER, OR, Disjunktion
0	0	0			
0	1	1			
1	0	1			
1	1	1			

Es stellt sich die Frage nach den anderen möglichen 2-stelligen Binärfunktionen. Um diese Frage systematisch zu beantworten, kann man die Werte der Ausgangsvariablen y permutieren, welche aus den 4 möglichen Eingangsvektoren resultieren. Eine Funktion $y = f(x_1, x_0)$ kann allgemein durch die Wahrheitstabelle 3-4 definiert werden.

Tabelle 3-4 Wahrheitstabelle für eine 2-stellige Binärfunktion.

x_1	x_0	y
0	0	f(0,0)
0	1	f(0,1)
1	0	f(1,0)
1	1	f(1,1)

Man erkennt aus der Tabelle, dass man $2^{2^n} = 16$ verschiedene binäre Funktionen mit $n = 2$ Eingangsvariablen bilden kann. Alle möglichen zweistelligen Binärfunktionen sind in Tabelle 3-5 aufgelistet. Die Darstellung der binären Funktionen ist in einer DIN-Norm festgelegt [10].

Tabelle 3-5 2-stellige Binärfunktionen: Wahrheitstabelle, Darstellung durch (AND, NOT, OR), Schaltsymbol und Funktionsname.

Wahrheitstabelle				Funktion	Schaltsymbol	Name
x_0	1	0	1	0		
x_1	1	1	0	0		
	0	0	0	0	$y = 0$		Null
	0	0	0	1	$y = \neg(x_0 \vee x_1)$ $y = x_0 \barvee x_1$	x_0 x_1 ≥ 1 o— y	NOR
	0	0	1	0	$y = x_0 \wedge \neg x_1$		Inhibition
	0	0	1	1	$y = \neg x_1$		Komplement
	0	1	0	0	$y = \neg x_0 \wedge x_1$		Inhibition
	0	1	0	1	$y = \neg x_0$		Komplement
	0	1	1	0	$y = (\neg x_0 \wedge x_1) \vee (x_0 \wedge \neg x_1)$ $y = x_0 \leftrightarrow x_1$	x_0 x_1 $=1$ — y	EXOR
	0	1	1	1	$y = \neg(x_0 \wedge x_1)$ $y = x_0 \barwedge x_1$	x_0 x_1 $\&$ o— y	NAND
y	1	0	0	0	$y = x_0 \wedge x_1$	x_0 x_1 $\&$ — y	UND, AND
	1	0	0	1	$y = (x_0 \wedge x_1) \vee (\neg x_0 \wedge \neg x_1)$ $y = x_0 \leftrightarrow x_1$	x_0 x_1 $=$ — y	Äquivalenz
	1	0	1	0	$y = x_0$		Identität
	1	0	1	1	$y = x_0 \vee \neg x_1$		Implikation
	1	1	0	0	$y = x_1$		Identität
	1	1	0	1	$y = \neg x_0 \vee x_1$		Implikation
	1	1	1	0	$y = x_0 \vee x_1$	x_0 x_1 ≥ 1 — y	ODER, OR
	1	1	1	1	$y = 1$		Eins

Die technisch wichtigen Funktionen haben ein eigenes Schaltsymbol. Es sind dies NAND, NOR, Äquivalenz und EXOR (auch Exklusiv-Oder, Antivalenz genannt). Sie werden in der Praxis oft durch spezielle Schaltungen realisiert.

In der Tabelle 3-5 ist auch dargestellt, wie die einzelnen Funktionen nur durch die Verknüpfungen AND, OR und NOT dargestellt werden können. Daher ist jede binäre Funktion durch diese 3 Verknüpfungen darstellbar. Auch allein durch die Funktion NOR, ebenso wie allein durch die Funktion NAND können alle binären Funktionen dargestellt werden. Diese Funktionen nennt man daher „vollständig".

Der Beweis der Äquivalenzen kann durch das Aufstellen der Wahrheitstabellen geschehen. So soll zum Beispiel die in Tabelle 3-5 dargestellte Äquivalenz für die EXOR-Verknüpfung durch AND, OR und NOT bewiesen werden:

$$x_0 \leftrightarrow x_1 = (\neg x_0 \wedge x_1) \vee (x_0 \wedge \neg x_1) \tag{3.3}$$

In Tabelle 3-6 werden zunächst die beiden Klammerausdrücke ausgewertet. Danach wird das logische OR der beiden Klammerausdrücke gebildet und in die 5. Spalte geschrieben. Da die vorletzte und die letzte Spalte übereinstimmen ist die Gleichheit bewiesen, denn in der letzten Spalte steht die Definition der Exklusiv-Oder-Funktion.

Tabelle 3-6 Beweis durch eine Wahrheitstabelle.

x_1	x_0	$\neg x_0 \wedge x_1$	$x_0 \wedge \neg x_1$	$(\neg x_0 \wedge x_1) \vee (x_0 \wedge \neg x_1)$	$x_0 \leftrightarrow x_1$
0	0	0	0	0	0
0	1	0	1	1	1
1	0	1	0	1	1
1	1	0	0	0	0

3.3 Rechenregeln

Wichtig für die Vereinfachung komplizierter Funktionen sind die Rechenregeln der booleschen Algebra. Die einzelnen Gesetze können durch die Verwendung von Wahrheitstabellen bewiesen werden. Die Rechenregeln der booleschen Algebra sind im Folgenden aufgelistet:

Kommutativgesetze:

$$x_0 \wedge x_1 = x_1 \wedge x_0 \tag{3.4}$$

$$x_0 \vee x_1 = x_1 \vee x_0 \tag{3.5}$$

Assoziativgesetze:

$$(x_0 \wedge x_1) \wedge x_2 = x_0 \wedge (x_1 \wedge x_2) \tag{3.6}$$

$$(x_0 \vee x_1) \vee x_2 = x_0 \vee (x_1 \vee x_2) \tag{3.7}$$

Distributivgesetze:

$$x_0 \wedge (x_1 \vee x_2) = (x_0 \wedge x_1) \vee (x_0 \wedge x_2) \tag{3.8}$$

$$x_0 \vee (x_1 \wedge x_2) = (x_0 \vee x_1) \wedge (x_0 \vee x_2) \tag{3.9}$$

Absorptionsgesetze:

$$x_0 \wedge (x_0 \vee x_1) = x_0 \tag{3.10}$$

$$x_0 \vee (x_0 \wedge x_2) = x_0 \tag{3.11}$$

Existenz der neutralen Elemente:

$$x_0 \wedge 1 = x_0 \tag{3.12}$$

$$x_0 \vee 0 = x_0 \tag{3.13}$$

Existenz der komplementären Elemente:

$$x_0 \wedge \neg x_0 = 0 \tag{3.14}$$

$$x_0 \vee \neg x_0 = 1 \tag{3.15}$$

De Morgansche Theoreme:

$$x_0 \wedge x_1 = \neg(\neg x_0 \vee \neg x_1) \tag{3.16}$$

$$x_0 \vee x_1 = \neg(\neg x_0 \wedge \neg x_1) \tag{3.17}$$

Aus der Symmetrie der Gesetze erkennt man folgendes:

Gilt ein Gesetz, so gilt auch das Gesetz, welches man erhält, indem man AND mit OR und die Konstanten 0 mit 1 vertauscht. Das so erhaltene Gesetz bezeichnet man als das duale Gesetz. So sind zum Beispiel die Gesetze 3.16 und 3.17 zueinander dual. Analog bezeichnet man eine Funktion F', die aus der Funktion F durch Vertauschen von AND mit OR und 0 mit 1 entstanden ist, als die zu F duale Funktion.

Wichtig ist es auch festzustellen, dass NAND und NOR nicht assoziativ sind. Es gilt also:

$$(x_0 \,\overline{\wedge}\, x_1) \,\overline{\wedge}\, x_2 \neq x_0 \,\overline{\wedge}\, (x_1 \,\overline{\wedge}\, x_2) \tag{3.18}$$

$$(x_0 \,\overline{\vee}\, x_1) \,\overline{\vee}\, x_2 \neq x_0 \,\overline{\vee}\, (x_1 \,\overline{\vee}\, x_2) \tag{3.19}$$

3.4 Vereinfachte Schreibweise

Kompliziertere Funktionen sind oft nicht leicht zu lesen:

$$f(x_3, x_2, x_1, x_0) = (\neg x_2 \wedge \neg x_1 \wedge \neg x_0) \vee (\neg x_2 \wedge x_1 \wedge \neg x_0) \vee (\neg x_2 \wedge x_1 \wedge x_0) \vee (x_2 \wedge \neg x_1 \wedge x_0) \qquad (3.20)$$

In einer vereinfachten Schreibweise kann man die Konjunktionszeichen und die Klammern weglassen. Damit vereinbart man auch gleichzeitig, dass die Konjunktionen zuerst gebildet werden und anschließend die Disjunktionen. Man schreibt daher Gleichung 3.20 folgendermaßen:

$$f(x_3, x_2, x_1, x_0) = \neg x_2 \neg x_1 \neg x_0 \vee \neg x_2 x_1 \neg x_0 \vee \neg x_2 x_1 x_0 \vee x_2 \neg x_1 x_0 \qquad (3.21)$$

3.5 Kanonische disjunktive Normalform (KDNF)

Jede binäre Funktion, auch mit mehr als zwei Eingangsvariablen, kann allein durch AND, OR und NOT dargestellt werden. Das kann auf systematische Art und Weise geschehen wie es am Beispiel der in Tabelle 3-7 gegebenen Funktion gezeigt werden soll. Man kann auf zwei verschiedene Arten vorgehen. Wir beginnen mit der kanonischen disjunktiven Normalform (KDNF).

Tabelle 3-7 Wahrheitstabelle für Beispiel zur KDNF.

x_2	x_1	x_0	Dezimal	y
0	0	0	0	1
0	0	1	1	0
0	1	0	2	1
0	1	1	3	1
1	0	0	4	0
1	0	1	5	1
1	1	0	6	1
1	1	1	7	0

Man betrachtet dazu zunächst die Eingangsvektoren X_i, für die die Funktion $y = f(X)$ den Wert 1 annimmt. Es gilt also für diese Eingangsvektoren $f(X_i) = 1$. In unserem Fall sind das X_0, X_2, X_3, X_5 und X_6. Nun bildet man für jeden dieser Eingangsvektoren eine Konjunktion der Elemente x_i, die genau für diesen Eingangsvektor den Wert 1 annimmt. Für X_5 wäre das:

$$m_5 = x_2 \neg x_1 x_0 \qquad (3.22)$$

Man nennt m_5 auch Minterm. Die Minterme enthalten immer alle Eingangsvariablen, sie werden deshalb auch Vollkonjunktionen genannt. In einem Minterm kommen alle Eingangsvariablen invertiert oder nichtinvertiert vor, je nachdem, ob die entsprechende Eingangsvariable 1 oder 0 ist. Für das Beispiel sind die anderen Minterme:

$$m_0 = \neg x_2 \, \neg x_1 \, \neg x_0 \tag{3.23}$$

$$m_2 = \neg x_2 \, x_1 \, \neg x_0 \tag{3.24}$$

$$m_3 = \neg x_2 \, x_1 \, x_0 \tag{3.25}$$

$$m_6 = x_2 \, x_1 \, \neg x_0 \tag{3.26}$$

Ein Minterm hat also für genau einen bestimmten Fall der Eingangsvariablen den Wert 1.

Die gesamte Funktion muss durch die Disjunktion der Minterme dargestellt werden, denn die Funktion soll den Wert 1 bekommen, wenn einer der Minterme gleich 1 wird. Diese Darstellungsweise heißt kanonische disjunktive Normalform (KDNF). Sie heißt kanonisch, da in jedem Minterm alle Variablen vorkommen. In unserem Fall kann die Funktion dargestellt werden durch:

$$\begin{aligned} y &= m_0 \lor m_2 \lor m_3 \lor m_5 \lor m_6 \\ &= \neg x_2 \neg x_1 \neg x_0 \lor \neg x_2 x_1 \neg x_0 \lor \neg x_2 x_1 x_0 \lor x_2 \neg x_1 x_0 \lor x_2 x_1 \neg x_0 \end{aligned}$$

$$\tag{3.27}$$

3.6 Kanonische konjunktive Normalform (KKNF)

Alternativ können für die Darstellung der Funktion die Eingangsvektoren X_i verwendet werden, bei denen die Funktion den Wert 0 annimmt. Dann gilt also $f(X_i) = 0$. Bei der Funktion in Tabelle 3-7 sind das X_1, X_4 und X_7.

Es werden die so genannten Maxterme M_i gebildet. Das sind die Disjunktionen, die genau dann gleich 0 sind, wenn der entsprechende Eingangsvektor X_i anliegt:

$$M_1 = x_2 \lor x_1 \lor \neg x_0 \tag{3.28}$$

$$M_4 = \neg x_2 \lor x_1 \lor x_0 \tag{3.29}$$

$$M_7 = \neg x_2 \lor \neg x_1 \lor \neg x_0 \tag{3.30}$$

Es müssen also die Eingangsvariablen, die im Eingangsvektor gleich 1 sind, invertiert im Maxterm auftreten. Die Eingangsvariablen, die im Eingangsvektor gleich 0 sind, erscheinen im Maxterm nichtinvertiert. So wird der Maxterm M_1 nur für $x_2 = 0$, $x_1 = 0$, $x_0 = 1$ gleich 0.

Die gesamte Funktion kann nun durch die Konjunktion der Maxterme dargestellt werden, denn der Funktionswert darf nur 0 sein, wenn mindestens einer der Maxterme gleich 0 ist. Die kanonische konjunktive Normalform (KKNF) genannte Darstellungsform ist für unser Beispiel:

$$y = M_1 \land M_4 \land M_7 = (x_2 \lor x_1 \lor \neg x_0) \land (\neg x_2 \lor x_1 \lor x_0) \land (\neg x_2 \lor \neg x_1 \lor \neg x_0) \tag{3.31}$$

3.7 Darstellung von Funktionen mit der KKNF und KDNF

In der Praxis stellt sich oft die Frage, wie man von einem konkreten Problem zu der dazugehörigen Schaltfunktion kommt. Dazu betrachten wir das Beispiel der Funktion in Tabelle 3-8.

Es soll eine Schaltung mit 3 Eingängen x_2, x_1, x_0 realisiert werden, welche am Ausgang y genau dann eine 1 ausgibt, wenn eine gerade Anzahl der Eingangssignale 1 ist. Dies ist eine Verallgemeinerung der Äquivalenzfunktion auf mehrere Eingangsvariablen, im Beispiel in Tabelle 3-8 werden 3 Eingangsvariablen verwendet. Als Erstes stellen wir die Wahrheitstabelle der Funktion $y = f(x_2, x_1, x_0)$ auf. Dazu betrachten wir alle Kombinationen der Eingangssignale, für die der Ausgang 1 sein soll. Es sind dies die Fälle, in denen zwei oder keine 1 an den Eingängen anliegt. Das sind alle vorkommenden Fälle. In Tabelle 3-8 ist zusätzlich das Dezimaläquivalent des Eingangsvektors angegeben.

Bei der Erweiterung der Exklusiv-Oder-Funktion auf mehrere Eingänge ist der Funktionswert dann eine 1, wenn eine ungerade Anzahl der Eingänge auf 1 ist. Im Schaltsymbol steht dann die Bezeichnung 2k+1.

Tabelle 3-8 Wahrheitstabelle und Schaltsymbol für das Beispiel der Funktion Äquivalenz $y = f(x_2, x_1, x_0)$.

x_2	x_1	x_0	Dezimal-äquivalent	y
0	0	0	0	1
0	0	1	1	0
0	1	0	2	0
0	1	1	3	1
1	0	0	4	0
1	0	1	5	1
1	1	0	6	1
1	1	1	7	0

Dann stellen wir die KDNF auf. Wir benötigen die Minterme m_i für die Eingangsvektoren mit den Dezimaläquivalenten 6, 5, 3, 0. Diese Minterme werden durch ein logisches ODER verknüpft.

Die KDNF für dieses Beispiel ist also:

$$y = x_2 x_1 \neg x_0 \vee x_2 \neg x_1 x_0 \vee \neg x_2 x_1 x_0 \vee \neg x_2 \neg x_1 \neg x_0 \tag{3.32}$$

Das entsprechende Schaltnetz besitzt 4 UND-Gatter, die ein ODER-Gatter mit 4 Eingängen speisen. In Bild 3-2 sind auch die Inverter eingezeichnet, die die invertierten Eingangsvariablen liefern.

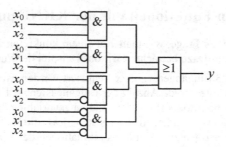

Bild 3-2 Schaltnetz für die Realisierung der KDNF der Funktion Äquivalenz.

Die KKNF wird durch die Maxterme mit den Dezimaläquivalenten 1, 2, 4, 7 gebildet. Diese werden logisch UND-verknüpft. Die KKNF für das Beispiel ergibt sich daher zu:

$$y = (x_2 \vee x_1 \vee \neg x_0)(x_2 \vee \neg x_1 \vee x_0)(\neg x_2 \vee x_1 \vee x_0)(\neg x_2 \vee \neg x_1 \vee \neg x_0) \qquad (3.33)$$

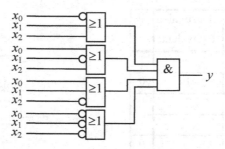

Bild 3-3 Schaltnetz für die Realisierung der KKNF der Funktion Äquivalenz.

Die KKNF und die KDNF sind gleichwertige Darstellungsformen für eine Funktion. Sie sind aber oft unterschiedlich komplex, da sich die Anzahl der Minterme nach der Anzahl der Eingangsvektoren richtet, bei der die Funktion den Wert 1 annimmt, während die Zahl der Maxterme durch die Anzahl der Eingangsvektoren bestimmt wird, für die die Funktion 0 ist. Im vorliegenden Fall sind die KKNF und die KDNF aber bezüglich ihres Aufwandes gleich.

Für die Arbeit mit Normalformen ist eine Verallgemeinerung der de Morganschen Gesetze wichtig. Der so genannte Shannonsche Satz lautet:

Für eine beliebige boolesche Funktion:

$$y = f(x_0, x_1, \ldots, x_n, \wedge, \vee, \nleftrightarrow, \leftrightarrow, 1, 0)$$

gilt

$$\neg y = f(\neg x_0, \neg x_1, \ldots, \neg x_n, \vee, \wedge, \leftrightarrow, \nleftrightarrow, 0, 1) \qquad (3.34)$$

Das bedeutet, dass die Variablen invertiert werden müssen, und alle Operationen durch ihre dualen ersetzt werden. Gegeben ist zum Beispiel die Funktion:

$$y = (x_2 \lor x_1 \lor \neg x_0) \land (x_2 \lor \neg x_1 \lor x_0)$$

Dann gilt nach dem Shannonschen Satz auch:

$$\neg y = (\neg x_2 \land \neg x_1 \land x_0) \lor (\neg x_2 \land x_1 \land \neg x_0)$$

Mit dieser Regel kann man die KKNF auch aufstellen, indem man die KDNF der inversen Funktion bestimmt. Wenn man z.B. in der Tabelle 3-8 in der 5. Spalte y durch $\neg y$ und alle Nullen durch Einsen ersetzt, erhält man:

$$\neg y = \neg x_2 \neg x_1 x_0 \lor \neg x_2 x_1 \neg x_0 \lor x_2 \neg x_1 \neg x_0 \lor x_2 x_1 x_0 \tag{3.35}$$

Nun wendet man den Shannonschen Satz an und erhält, wie man durch Vergleich mit Gleichung 3.33 feststellt, direkt die KKNF:

$$y = (x_2 \lor x_1 \lor \neg x_0)(x_2 \lor \neg x_1 \lor x_0)(\neg x_2 \lor x_1 \lor x_0)(\neg x_2 \lor \neg x_1 \lor \neg x_0) \tag{3.36}$$

3.8 Minimieren mit Hilfe der Schaltalgebra

Die KKNF und die KDNF eignen sich hauptsächlich zum Aufstellen der booleschen Gleichungen. Bezüglich des Aufwandes an Gattern sind diese Formen aber nicht ideal. Zum Vereinfachen eignet sich sehr gut eine Identität, die im Folgenden hergeleitet werden soll:

$$x_0 x_1 \lor x_0 \neg x_1$$
$$= x_0 (x_1 \lor \neg x_1)$$
$$= x_0 \land 1$$
$$= x_0$$

Es gilt also:

$$x_0 x_1 \lor x_0 \neg x_1 = x_0 \tag{3.37}$$

Die duale Regel ist:

$$(x_0 \lor x_1)(x_0 \lor \neg x_1) = x_0 \tag{3.38}$$

Bsp.: Es soll die folgende Funktion minimiert werden:

$$y = x_0 \neg x_1 x_2 x_3 \lor x_0 x_1 x_2 x_3 \lor x_0 x_1 \neg x_2 x_3 \lor \neg x_0 x_1 x_2 x_3 \lor \neg x_0 x_1 \neg x_2 x_3$$

Man erkennt, dass man z.B. die Terme 1 und 2, 2 und 3 sowie 4 und 5 zusammenfassen kann. Zuerst fasst man die beiden ersten Terme zusammen, lässt aber den zweiten bestehen, da man ihn noch für die Zusammenfassung mit dem dritten Term benötigt:

$$y = x_0 x_2 x_3 \lor x_0 x_1 x_2 x_3 \lor x_0 x_1 \neg x_2 x_3 \lor \neg x_0 x_1 x_2 x_3 \lor \neg x_0 x_1 \neg x_2 x_3$$

Dann fasst man von diesem Ausdruck die Terme 2 und 3 sowie 4 und 5 zusammen:

$$y = x_0 x_2 x_3 \lor x_0 x_1 x_3 \lor \neg x_0 x_1 x_3$$

Die letzten beiden Terme können zusammengefasst werden:

$$y = x_0 x_2 x_3 \lor x_1 x_3$$

Diese Darstellung ist minimal. Man benötigt für die Realisierung nur 2 UND-Gatter und ein ODER-Gatter. Eine graphische Methode für die Minimierung wird im Kapitel 6 vorgestellt.

3.9 Schaltsymbole

Die verwendeten Schaltsymbole der Digitaltechnik in diesem Buch entsprechen der DIN 40900. In dieser Norm wurden zunächst nur die alten runden Schaltsymbole durch neue rechteckige ersetzt, da man sicher war, dass runde Schaltzeichen von Computern nicht gezeichnet werden können. Inzwischen wurde aber in die Norm auch die Abhängigkeitsnotation aufgenommen, die es erlaubt, das Verhalten von digitalen Schaltungen aus dem Schaltbild ablesen zu können.

Hier wird eine kurze Einleitung in die verwendete Systematik gezeigt. In den einzelnen Kapiteln werden die verwendeten Symbole bei ihrem Auftreten in bestimmten Schaltungen erklärt. Im Anhang folgt eine tabellarische Zusammenfassung.

3.9.1 Grundsätzlicher Aufbau der Symbole

Die Symbole haben eine Umrandung, in der sich oben ein Symbol befindet, welches die grundsätzliche Funktion der Schaltung kennzeichnet (Bild 3-4). In den bisher besprochenen Symbolen waren das die Symbole &, ≥ 1, $=1$, 1. Eine Tabelle über die möglichen Symbole findet man im Anhang.

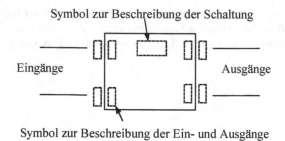

Bild 3-4 Generelle Struktur eines Schaltsymbols.

Die Eingänge werden in der Regel links, die Ausgänge in der Regel rechts des Symbols angeordnet. Wird von dieser Regel abgewichen, so muss die Signalrichtung durch Pfeile gekennzeichnet werden. In Bild 3-4 sind auch die Stellen gekennzeichnet, an denen genauere Angaben über die Eingänge und Ausgänge durch zusätzliche Symbole gemacht werden können.

Innerhalb der Umrandungen werden dadurch Aussagen über den inneren logischen Zustand der Schaltung gemacht.

Außerhalb stehen Symbole wie die Inversionskreise für logische Zustände, die Inversionsdreiecke für die Pegel (Pegel werden im folgenden Kapitel 4 behandelt), oder Aussagen über die Art des Signals. Tabellen über die möglichen Symbole findet man im Anhang.

Wenn die Schaltung einen gemeinsamen Kontroll-Block beinhaltet, wird dies wie in Bild 3-5a dargestellt. Ein gemeinsamer Ausgangs-Block wird durch zwei Doppellinien wie in Bild 3-5b gekennzeichnet.

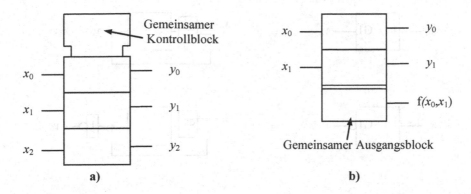

Bild 3-5 Generelle Struktur von Schaltsymbolen. a) Gemeinsamer Kontrollblock, b) Gemeinsamer Ausgangsblock für ein Array gleichartiger Schaltungen.

3.9.2 Die Abhängigkeitsnotation

In der Abhängigkeitsnotation wird der Einfluss eines Eingangs (oder Ausgangs) auf andere Ein- und Ausgänge durch einen Buchstaben beschrieben, der den Einfluss näher beschreibt. Dem Buchstaben folgt eine Zahl zur Identifikation. Die gleiche Zahl findet man bei den Ein- und Ausgängen, auf die dieser Einfluss ausgeübt wird. Dies soll an den folgenden Beispielen genauer erläutert werden.

3.9.3 Die UND-Abhängigkeit (G)

Durch ein G an einem Eingang kann die UND-Abhängigkeit gekennzeichnet werden. In Bild 3-6 ist der Eingang x_1 mit G1 genauer beschrieben. Da der Eingang x_0 mit einer 1 gekennzeichnet ist, wird er mit dem Eingang x_1 logisch UND verknüpft. Der Eingang x_2 ist durch ¬1 gekennzeichnet. Daher wird er mit dem negierten Eingang x_1 logisch UND verknüpft. Die Notation bezieht sich auf die inneren Zustände. Eventuelle Inversionskreise werden erst nachträglich berücksichtigt. Sie legen dann das externe Verhalten fest.

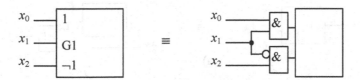

Bild 3-6 Die UND-Abhängigkeit (G).

Wie Bild 3-7 zeigt, kann die Abhängigkeitsnotation auch auf Ausgänge angewendet werden.

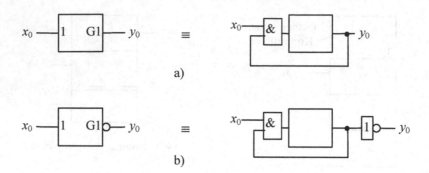

a)

b)

Bild 3-7 Die UND-Abhängigkeit (G), angewendet auf einen Ausgang a) ohne, b) mit Inversion des Ausgangs.

Haben zwei Eingänge die gleiche Bezeichnung (Bild 3-8), werden diese Eingänge logisch ODER verknüpft.

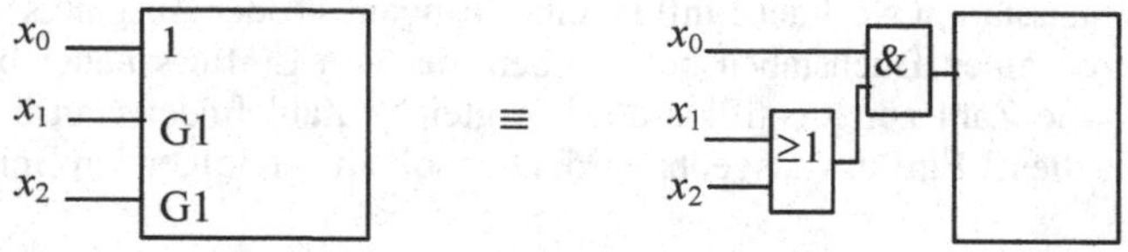

$$x_0 \quad 1 \quad \equiv \quad x_0 \quad \& \\ x_1 \quad G1 \\ x_2 \quad G1$$

Bild 3-8 Die UND-Abhängigkeit (G) bei zwei Eingängen, die mit G1 bezeichnet sind.

3.9.4 Die ODER-Abhängigkeit (V)

Wenn ein mit Vn gekennzeichneter Eingang oder Ausgang den internen 1-Zustand hat, so haben alle Ein- und Ausgänge den Wert 1, die durch die Zahl n gekennzeichnet. Hat der mit Vn gekennzeichnete Ein- oder Ausgang den Wert 0, so haben die von ihm beeinflussten Ein- und Ausgänge ihren normal definierten Wert. Zwei Beispiele findet man in Bild 3-9.

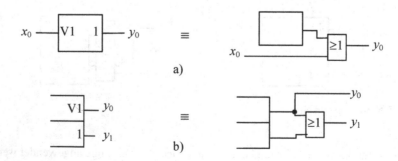

a)

b)

Bild 3-9 Die ODER-Abhängigkeit (V).

3.9.5 Die EXOR-Abhängigkeit (N)

Die mit Nn gekennzeichneten Ein- oder Ausgänge stehen mit den von ihnen beeinflussten Ein-
und Ausgängen in einer EXOR-Beziehung. Ist der mit Nn bezeichnete Ein- oder Ausgang auf 1,
so werden die mit n gekennzeichneten Ein- und Ausgänge invertiert, andernfalls bleiben sie un-
beeinflusst.

Bild 3-10 Die EXOR-Abhängigkeit (N).

3.9.6 Die Verbindungs-Abhängigkeit (Z)

Ein Ein- oder Ausgang der mit Zn gekennzeichnet ist, wird mit allen Ein- und Ausgängen, die
mit einem n gekennzeichnet sind, verbunden gedacht (Bild 3-11).

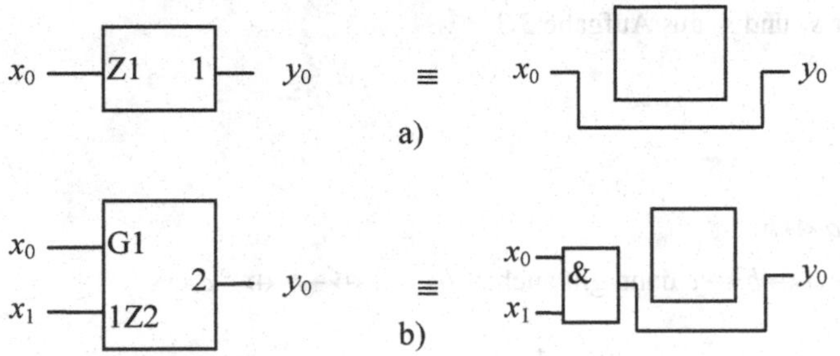

Bild 3-11 Die Verbindungs-Abhängigkeit (Z).

3.9.7 Die Übertragungs-Abhängigkeit (X)

Wenn ein Ein- oder Ausgang, der durch Xn gekennzeichnet ist, auf 1 ist, werden alle Ein- und
Ausgänge, die mit n gekennzeichnet sind, bidirektional verbunden (Bild 3-12). Andernfalls sind
die mit n gekennzeichneten Ein- und Ausgänge voneinander isoliert.

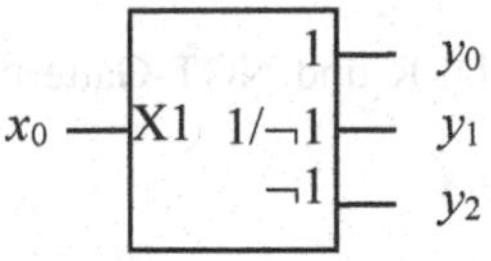

Für $x_0 = 1$ sind y_0 und y_1 bidirektional verbunden

Für $x_0 = 0$ sind y_1 und y_2 bidirektional verbunden

Bild 3-12 Die Übertragungs-Abhängigkeit (X).

Weitere Abhängigkeiten (C, S, R, EN, M, A, D, J, K) werden in den entsprechenden Kapiteln
und im Anhang beschrieben.

3.10 Übungen

Aufgabe 3.1
Beweisen Sie die Absorptionsgesetze 3.10 und 3.11 mit Hilfe einer Wahrheitstabelle.

Aufgabe 3.2
Minimieren Sie die folgende Funktion mit Hilfe der booleschen Algebra:

$$y = x_0 x_1 x_2 \neg x_3 \vee x_0 x_1 x_2 x_3 \vee \neg x_0 \neg x_1 x_2 x_3 \vee \neg x_0 \neg x_1 \neg x_2 x_3 \vee x_0 \neg x_1 x_2 x_3 \vee x_0 \neg x_1 \neg x_2 x_3$$

Aufgabe 3.3
Geben Sie die KKNF und die KDNF für ein System mit den Eingangsvariablen a, b und c an, welches an den Ausgängen s_1 und s_0 die Summe der 3 Eingangsvariablen $a+b+c$ ausgibt. s_1 soll dabei die Wertigkeit 2 und s_0 die Wertigkeit 1 haben.

Aufgabe 3.4
Können die beiden folgenden Gleichungen unter der Voraussetzung vereinfacht werden, dass sie weiterhin ein zweistufiges Schaltnetz ergeben?

a) die KDNF für s_1 und s_0 aus Aufgabe 3.3

b) die KKNF für s_1 und s_0 aus Aufgabe 3.3

Aufgabe 3.5
Beweisen Sie:

a) $a \leftrightarrow \neg b = \neg (a \leftrightarrow b)$

b) Wenn gilt: $f = a \leftrightarrow b \leftrightarrow c$ dann gilt auch: $\neg f = \neg a \leftrightarrow \neg b \leftrightarrow \neg c$.

Aufgabe 3.6
Vereinfachen Sie die folgenden booleschen Gleichungen mit Hilfe der booleschen Algebra:

a) $y_1 = x_1 x_2 x_3 \vee \neg x_2 x_3$

b) $y_2 = \neg x_1 \neg x_2 \neg x_3 \vee \neg x_1 x_2 x_3 \vee x_1 x_2 x_3 \vee x_1 \neg x_2 \neg x_3 \vee x_1 x_2 \neg x_3 \vee \neg x_1 x_2 \neg x_3$

c) $y_3 = \neg x_1 x_2 \neg x_3 \vee \neg (x_1 \vee x_2) \vee x_1 \neg x_2 \neg x_3 \vee \neg x_1 \neg x_2 x_3 x_4$

d) $y_4 = \neg (\neg (\neg x_1 \neg x_2 \neg x_4) \neg (\neg x_1 \vee \neg x_2 \vee \neg x_3))$

e) $y_5 = \neg (\neg x_1 x_2 \neg x_3 \vee \neg (x_1 \vee x_2 \vee x_3)) (x_1 \vee \neg x_2)$

Aufgabe 3.7
Geben Sie eine äquivalente Schaltung bestehend aus UND, ODER und NOT-Gattern für das untenstehende Schaltsymbol in Abhängigkeitsnotation an.

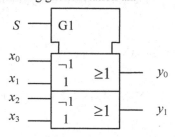

4 Verhalten logischer Gatter

In diesem Kapitel soll insoweit auf das reale Verhalten logischer Gatter eingegangen werden, wie es zum Verständnis der Dimensionierung digitaler Schaltungen notwendig ist. Im folgenden Kapitel 5 wird das Thema weiter vertieft. Es wird zunächst der Frage nachgegangen, inwieweit ein binäres System als Modell für ein reales System verwendet werden kann. Das soll am Beispiel eines Inverters geschehen. In Bild 4-1a sind binäre Signale an einem Inverter dargestellt, wie sie in einem realen System typischerweise auftreten. Das Bild 4-1b zeigt $x(t)$, eine Idealisierung des Eingangssignals $u_e(t)$ aus Bild 4-1a. $u_a(t)$ wird durch $y(t)$ idealisiert (Bild 4-1c).

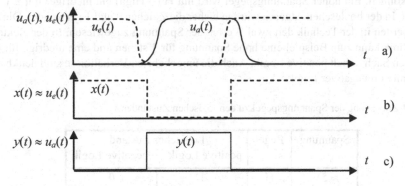

Bild 4-1 a) Reales digitales System mit dem Eingangssignal $u_e(t)$ und dem Ausgangssignal $u_a(t)$. b) idealisiertes Eingangssignal $x(t)$. c) idealisiertes Ausgangssignal $y(t)$.

Dem Bild entnimmt man, dass das reale System in den folgenden Punkten vom idealisierten System abweicht:

- Das reale System zeigt ein wertkontinuierliches Verhalten. Technische Systeme haben von Natur aus Toleranzen und werden durch statistische Prozesse wie das Rauschen gestört, so dass es nicht möglich ist, ein Signal zu erzeugen, welches nur genau 2 Amplitudenwerte annimmt.

- Die Wechsel zwischen den Werten 0 und 1 sind im realen System fließend. Die Flanken werden durch ihre Anstiegs- und Abfallzeit beschrieben.

- Das Ausgangssignal des Inverters reagiert nur verzögert auf das Eingangssignal. Dieser und der im letzten Punkt aufgeführte Effekt sind auf die endliche Reaktionsgeschwindigkeit realer Bauelemente zurückzuführen.

Ein digitaltechnisches System wird so ausgelegt, dass es wie ein wertdiskretes System arbeitet, solange das tatsächliche Signal sich innerhalb von vorgegebenen Amplituden- und Zeitgrenzen bewegt:

- Amplituden: Die Dimensionierung eines digitalen Systems muss zunächst mit den Methoden der Analogtechnik geschehen, um sicherzustellen, dass das Signal innerhalb der vorgegebenen Amplitudenbedingungen bleibt. Ist dies der Fall, so kann eine 0 und eine

1 sicher unterschieden werden und das System kann mit den in Kapitel 3 beschriebenen leistungsfähigen Methoden der Digitaltechnik behandelt werden.

- Laufzeiten: Es entstehen aber auch Fehlfunktionen durch Signallaufzeiten in den Gattern. Durch die Konstruktion der Schaltung muss vermieden werden, dass Signallaufzeiten auf das Verhalten der Schaltung Einfluss nehmen. Geeignete Design-Regeln werden in den entsprechenden Kapiteln angegeben.

4.1 Positive und negative Logik

In der Digitaltechnik arbeitet man mit Schaltern, die nur zwei unterschiedliche Spannungspegel erzeugen können. Ein hoher Spannungspegel wird mit H (= High) ein niedriger mit L (= Low) bezeichnet. In der booleschen Algebra wurden bisher die Zeichen 0 und 1 verwendet. Die beiden Zeichen werden in der Technik den zwei Werten der Spannung zugewiesen. In der elektrischen Digitaltechnik kann zum Beispiel eine hohe Spannung für 1 stehen und eine niedrige für 0, man nennt diesen Sachverhalt positive Logik. Auch die umgekehrten Verhältnisse sind denkbar. Man spricht dann von negativer Logik.

Tabelle 4-1 Zuordnung der Spannungspegel zu den logischen Zuständen.

Spannung	Pegel	Logischer Zustand	
		positive Logik	negative Logik
$\approx 5\,V$	H	1	0
$\approx 0\,V$	L	0	1

In Schaltbildern können auch Spannungspegel anstelle von logischen Pegeln verwendet werden. Ein Beispiel ist in Bild 4-2 gezeigt.

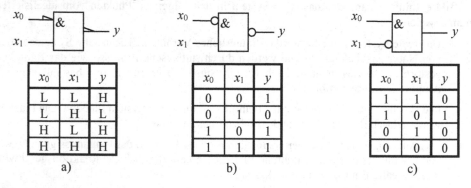

x_0	x_1	y
L	L	H
L	H	L
H	L	H
H	H	H

a)

x_0	x_1	y
0	0	1
0	1	0
1	0	1
1	1	1

b)

x_0	x_1	y
1	1	0
1	0	1
0	1	0
0	0	0

c)

Bild 4-2 Schaltsymbole und Wahrheitstabellen für a) Pegeldarstellung b) positive Logik c) negative Logik.

Man erkennt eine Bezeichnung mit Pegeln daran, dass statt der Inversionskreise Dreiecke gezeichnet werden. Wenn mindestens ein Dreieck in einem Schaltbild erscheint, handelt es sich um eine Pegeldarstellung. Aus dieser kann bei positiver Logik durch das Ersetzen von Dreiecken durch die Inversionskreise die gewohnte Darstellung mit logischen Größen gewonnen werden.

Alternativ können alle Ein- und Ausgänge, die kein Dreieck aufweisen, mit einem Inversions-kreis versehen werden und die Dreiecke weggelassen werden. Man arbeitet dann mit negativer Logik.

4.2 Definition der Schaltzeiten

Elektronische Schalter reagieren mit einer Verzögerung auf einen Wechsel der Eingangssignale. Außerdem sind die Anstiegszeiten von einem Low- zu einem High-Pegel (oder umgekehrt) nicht beliebig kurz. Die Anstiegszeit t_{tLH} (transition time Low-High) und die Abfallzeit t_{tHL} (transition time High-Low) (Bild 4-3) werden zwischen 10% und 90% der maximalen Spannungsamplitude definiert.

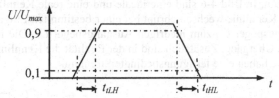

Bild 4-3 Definition der Anstiegszeit t_{tLH} und Abfallzeit t_{tHL}.

Die Verzögerungszeit von Low nach High t_{pLH} (propagation delay time Low-High) und die Verzögerungszeit von High nach Low t_{pHL} (propagation delay time High-Low) werden entspre-chend Bild 4-4 durch die Zeiten zwischen 50% der Maximalspannung am Eingang bis zum Er-reichen des gleichen Spannungspegels am Ausgang definiert. Die Signallaufzeit durch ein Gatter ist der Mittelwert dieser Zeiten:

$$t_p = (t_{pHL} + t_{pLH})/2 \tag{4.1}$$

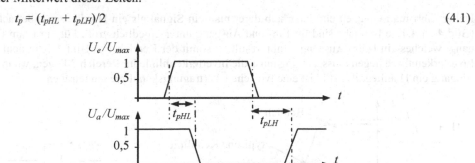

Bild 4-4 Definition der Zeiten t_{pHL} und t_{pLH}.

Außerdem sollen nun die in einem Taktsignal auftretenden Zeiten definiert werden. Taktsignale werden in der Digitaltechnik für die Synchronisation verschiedener Ereignisse verwendet. Die Zeit in der das Taktsignal auf dem hohen Spannungspegel ist, heißt Pulsdauer t_p, die Taktperiode heißt T_p (Bild 4-5). Oft wird auch die Taktfrequenz $f_p = 1/T_p$ verwendet.

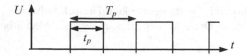

Bild 4-5 Ideales Taktsignal mit der Pulsdauer t_p und der Pulsperiode T_p.

4.3 Übertragungskennlinie, Störabstand

Die Übertragungskennlinie kennzeichnet das Amplitudenverhalten eines digitalen Gatters. Sie wird in der Regel nur für einen Inverter angegeben, da das Verhalten anderer Gatter darauf zurückgeführt werden kann. In Bild 4-6 sind eine ideale und eine reale Kennlinie eines Inverters angegeben. Die ideale Kennlinie wechselt abrupt bei einer bestimmten Eingangsspannung $U_e = U_s$ vom hohen Ausgangspegel U_H zum niedrigen Ausgangspegel U_L. Die reale Kennlinie hat dagegen einen stetigen Übergang. Zusätzlich sind in der Realität die Kennlinien der Gatter temperaturabhängig und sie haben eine fertigungsbedingte Streuung.

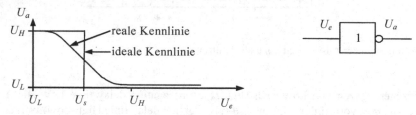

Bild 4-6 Reale und ideale Übertragungskennlinie eines Inverters.

Daher führt man Grenzen ein, innerhalb derer man ein Signal als ein H oder ein L betrachtet (Bild 4-7). Diese Bereiche sind für Ein- und Ausgang unterschiedlich groß. Für ein L am Eingang, welches ein H am Ausgang ergibt, resultiert somit der Bereich 1 in Bild 4-7, in dem die Inverterkennlinie liegen muss. Analog muss die Inverterkennlinie im Bereich 2 liegen, wenn am Eingang ein H anliegt. Im Bild ist eine typische Übertragungskennlinie eingetragen.

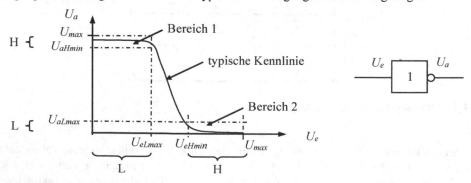

Bild 4-7 Übertragungskennlinie eines Inverters.

In Bild 4-8 sind die eben definierten Grenzen für die Ausgangsspannung U_a eines Gatters und für die Eingangsspannung U_e des folgenden Gatters eingetragen. Die Grenzen müssen folgendermaßen liegen: Der Bereich in dem ein Signal am Eingang des zweiten Gatters als High erkannt wird, muss den Bereich überdecken, in dem das Ausgangssignal im ungünstigsten Fall liegen kann. Genau dann wird ein Signal immer richtig erkannt und es gibt keine Fehlerfortpflanzung.

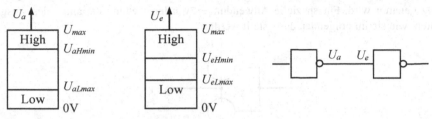

Bild 4-8 Grenzen der Ein- und Ausgangssignale bei zwei aufeinander folgenden Invertern.

Diese Betrachtung ist für die Digitaltechnik von fundamentaler Bedeutung. Wählt man dieses Verhältnis der Ein- und Ausgangspegel bei allen Gattern, so kann man beliebig komplexe Schaltungen aufbauen, ohne sich um die Amplitudenbedingungen kümmern zu müssen. Dabei muss aber noch beachtet werden, dass an ein Gatter nur eine maximale Anzahl von Gattern angeschlossen werden kann, da die Belastung durch mehrere Gatter am Ausgang die Pegel verändern kann.

Aus Bild 4-8 ergeben sich auch die Störabstände. Die Störabstände U_{nH} für den High-Pegel und für den Low-Pegel U_{nL} sind definiert als die Differenzen der Spannungspegel zwischen dem Ausgang und dem folgenden Eingang:

High-Pegel: Low-Pegel:

$$U_{nH} = U_{aHmin} - U_{eHmin}$$ $$U_{nL} = U_{eLmax} - U_{aLmax}$$

Die Störabstände sind also die „Sicherheitsabstände" zwischen den Gattern. Damit durch zusätzliche additive Störimpulse keine Fehler auftreten, sollten sie möglichst groß sein.

4.4 Ausgänge

In der Digitaltechnik arbeitet man mit Transistoren im Schalterbetrieb. Es handelt sich um Schalter, die durch ein Signal gesteuert werden können. In Bild 4-9 sind zwei Symbole für gesteuerte Schalter angegeben. Der linke schließt für x = H, der rechte für x = L.

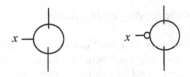

Bild 4-9 Symbole für Schalter. Links für x = H eingeschaltet. Rechts für x = L eingeschaltet.

In der Regel haben logische Gatter, ob bipolar oder unipolar realisiert, einen komplementären Ausgang, damit der Ruhestrom gering ist und die Ruheverlustleistung vernachlässigbar klein bleibt (Bild 4-10). Immer ist einer der Schalter geöffnet und der andere geschlossen. Ist x = H, so ist der untere Schalter geschlossen und der Ausgang y mit 0V verbunden, also auf L. Ist x = L, so ist der Ausgang y mit der Betriebsspannung V_{DD} kurzgeschlossen, also auf H. Wie dieser Inverter haben fast alle Gatter einen derartigen komplementären Ausgang, der auch Totem-Pole-Ausgang genannt wird. Für spezielle Anwendungen werden weitere Varianten des Ausgangs angeboten, wie sie im Folgenden dargestellt werden.

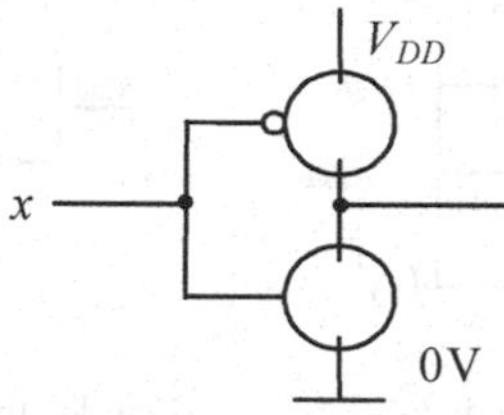

Bild 4-10 Komplementärer Inverter.

4.4.1 Offener Kollektor (Open Collector)

Bei dieser Schaltungsvariante besteht der Gatter-Ausgang nur aus einem Schalter, wie es in den gestrichelten Kästen des Bildes 4-11 angedeutet ist. Der eine Anschluss des Schalters ist nach außen geführt und wird extern über einen Widerstand R_0 an die positive Versorgungsspannung V_{DD} angeschlossen. Bei Schaltungen mit Bipolartransisoren wird die Versorgungsspannung oft mit V_{CC} bezeichnet. Diese Schaltungsvariante ist besonders bei den bipolaren Schaltkreisfamilien üblich. Eine größere Anzahl von Ausgängen kann an einen gemeinsamen Widerstand R_0 angeschlossen werden. Bei positiver Logik (hoher Spannungspegel H = 1) ergibt sich eine UND-Verknüpfung der Ausgänge, da alle x_i = 1 sein müssen, damit alle Schalter offen sind und der Ausgang auf einen hohen Spannungspegel (= High) geht (Tabelle 4-2).

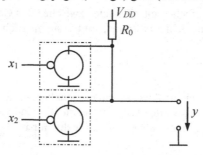

Bild 4-11 Zwei Gatter mit Open-Collector-Ausgängen, verschaltet zu einem virtuellen Gatter.

Die Schaltung wird „wired-or" oder „wired-and" genannt und dient der Einsparung von Gattern, besonders wenn Gatter mit vielen Eingängen benötigt werden. Ein Beispiel ist in Bild 4-12 gezeigt. Im Schaltzeichen wird der Open-Collector-Ausgang entsprechend Bild 4-11 durch eine unterstrichene Raute gekennzeichnet. Analog dazu ist der Open-Drain-Ausgang möglich, aber nicht üblich.

Tabelle 4-2 Verhalten der Open-Collector-Schaltung (Bild 4-11) bei positiver und negativer Logik.

Spannungspegel			Positive Logik (UND)			Negative Logik (ODER)		
x_2	x_1	y	x_2	x_1	y	x_2	x_1	y
L	L	L	0	0	0	1	1	1
L	H	L	0	1	0	1	0	1
H	L	L	1	0	0	0	1	1
H	H	H	1	1	1	0	0	0

x_0 ——— [≥1]
x_1 ———
& $y = (x_0 \vee x_1)(x_2 \vee x_3)$
x_2 ——— [≥1]
x_3 ———

Bild 4-12 Schaltzeichen für zwei ODER-Gatter mit Open-Collector-Ausgängen.

4.4.2 Tri-State-Ausgang

Wenn ein Kabel aus Ersparnisgründen für die wechselseitige Übertragung zwischen mehreren Sendern und Empfängern genutzt werden soll, so verwendet man oft Bussysteme. Um mehrere Bausteine mit ihrem Ausgang an einen Bus anzuschließen, müssen die nicht aktiven Bausteine am Ausgang hochohmig gemacht werden, also vom Bus abgekoppelt werden. Dies geschieht mit einer besonderen Schaltung, welche Tri-State-Ausgang oder auch Three-State-Ausgang genannt wird (abgekürzt TS). Arbeiten mehrere Tri-State-Ausgänge auf einen Bus, so darf immer nur ein Ausgang eingeschaltet („enable") sein, die anderen müssen im hochohmigen Zustand verbleiben. In Bild 4-13 ist eine Schaltung gezeigt, mit der beide Ausgangsschalter mit einem „Enable-Signal" E gleichzeitig hochohmig geschaltet werden können. Das Schaltsymbol ist in der Abhängigkeitsnotation dargestellt, die später noch ausführlicher dargestellt werden soll. Das Kürzel „EN" mit der nachgestellten 1 deutet an, dass der Ausgang, der durch eine 1 gekennzeichnet ist, durch den EN-Eingang gesteuert wird. Wenn mehrere Ausgänge vorhanden sind, so werden alle mit einer 1 markierten Ausgänge durch den „Enable-Eingang" gesteuert. Das Dreieck kennzeichnet den Tri-State-Ausgang.

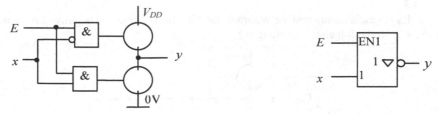

Bild 4-13 Tri-State-Buffer (Inverter). Links: Prinzipschaltbild mit Enable E und Eingangssignal x. Rechts: Schaltsymbol.

In Bild 4-14 sind als Beispiel drei bidirektionale Schnittstellen gezeigt, die auf einen Bus wirken, an den eine Vielzahl derartiger Schnittstellen angeschlossen werden können. Die Schnittstelle n kann mit $E_n = 1$ auf Senden geschaltet werden. Es muss aber sichergestellt werden, dass alle anderen Schnittstellen dann nicht senden. Empfangen kann jede Schnittstelle unabhängig von den anderen, da dann das Potential auf dem Bus durch den einzigen Sender eingeprägt werden kann.

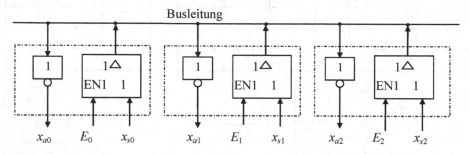

Bild 4-14 3 Bidirektionale Bustreiber mit Tri-State-Ausgängen, die über einen Bus kommunizieren.

4.5 Übungen

Aufgabe 4.1
4 verschiedene Gatter erzeugen bei positiver Logik die booleschen Funktionen: UND, ODER, Äquivalenz und Exklusiv-ODER. Welche boolesche Funktion erhalten sie bei negativer Logik?

Aufgabe 4.2
a) Vereinfachen Sie die untenstehende Schaltung.
b) Stellen sie die Schaltbilder der vereinfachten Schaltung für positive und negative Logik dar.

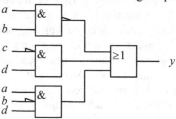

Aufgabe 4.3
Geben Sie das Pegeldiagramm und die Wahrheitstabellen für positive und negative Logik analog zu Tabelle 4-2 für die folgende Schaltung an:

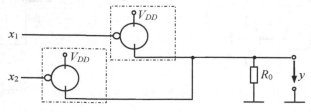

5 Schaltungstechnik

Transistoren werden in digitalen Schaltkreisen als Schalter eingesetzt. Sie haben die Aufgabe, einen Stromkreis zu öffnen oder zu trennen. Idealerweise müssten sie daher von einem Kurzschluss im eingeschalteten Zustand zu einem unendlich hohen Widerstand im ausgeschalteten Zustand umgeschaltet werden können. Auch sollen sie gemäß Bild 4-6 bei einer definierten Schwellenspannung U_s abrupt schalten. Reale Transistoren erfüllen diese Vorgaben jedoch nur unvollständig. In den nächsten Abschnitten werden die gängigen Schaltkreistechnologien sowie deren Eigenschaften diskutiert.

5.1 CMOS

Die am häufigsten verwendete digitale Schaltkreistechnologie ist die CMOS-Technologie (CMOS = Complementary Metal Oxide Semiconductor). Die verwendeten Feldeffekttransistoren haben den Vorteil, dass das Gate durch ein Oxid isoliert ist, so dass im statischen Fall kein Strom in den Eingang fließt. Die Anschlüsse Gate, Drain und Source sind mit G, D bzw. S im Schaltbild gekennzeichnet. Mit B ist der Substratanschluss bezeichnet, der in der CMOS-Technik auf ein konstantes Potential gelegt wird. In der Regel verwendet man Anreicherungs-MOSFET, die bei 0V am Gate sperren. In Tabelle 5-1 sind das Schaltbild, die Steuerkennlinie und die Ausgangskennlinie eines n-Kanal- und eines p-Kanal-Anreicherungs-MOSFET dargestellt [12]. n-Kanal und p-Kanal-MOSFET werden auch NMOS und PMOS-Transistoren genannt.

Tabelle 5-1 Kennlinien von NMOS und PMOS-Feldeffekttransistoren.

Typ Schaltbild	Steuerkennlinie	Ausgangskennlinie
NMOS		
PMOS		

© Springer Fachmedien Wiesbaden GmbH, ein Teil von Springer Nature 2023
K. Fricke, *Digitaltechnik*, https://doi.org/10.1007/978-3-658-40210-5_5

In den Steuerkennlinien ist die Threshold- oder Durchschalt-Spannung U_{th} markiert, die die Spannung angibt, bei der der Transistor zu leiten beginnt. U_{th} ist beim NMOS-Transistor positiv und beim PMOS-Transistor negativ.

Man erkennt aus den Steuerkennlinien, dass der NMOS-Transistor für positive Gate-Source-Spannungen U_{GS} größer als U_{th} anfängt zu leiten. Der PMOS-Transistor ist für Gate-Source-Spannungen U_{GS} eingeschaltet, die negativer sind als die Threshold-Spannung U_{th}. Man sieht aber auch, dass der Übergang zwischen dem ausgeschalteten und dem eingeschalteten Zustand stetig ist.

Der Drainstrom des NMOS-Transistors ist positiv, während der des PMOS-Transistors negativ ist. Man verschaltet die beiden Transistoren daher wie in Bild 5-1 gezeigt, indem man die Drains beider Transistoren verbindet. Die Gates sind miteinander so verbunden, dass $U_{GS(NMOS)} = U_e$ und $U_{GS(PMOS)} = U_e - V_{DD}$ ist. Durch geeignete Wahl von U_{th} und V_{DD} ist dadurch sichergestellt, dass immer ein Transistor ausgeschaltet ist und der andere eingeschaltet.

Die so entstandene Schaltung wirkt als Inverter, denn für $U_e = 0V$ ist der NMOS-Transistor ausgeschaltet und der PMOS-Transistor leitet. Daher ist $U_a \approx V_{DD}$. Für $U_e = V_{DD}$ dagegen ist der PMOS-Transistor ausgeschaltet und der NMOS-Transistor leitet, so dass $U_a \approx 0V$ wird.

Die Schaltung kann also als Inverter (Bild 4-10) verwendet werden.

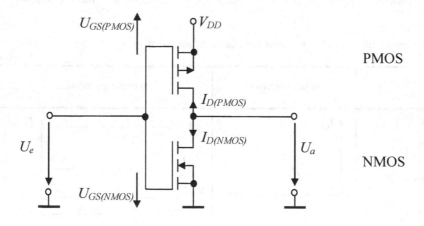

Bild 5-1 CMOS-Inverter.

Die Schaltung wird auch als digitaler, invertierender Verstärker verwendet. Man bezeichnet sie dann als Buffer. Außerdem bildet sie die Grundlage für die digitalen CMOS-Grundgatter NAND und NOR.

Wichtig zur Beurteilung der Qualität des Gatters ist die Übertragungskennlinie U_a = f(U_e). Die Übertragungskennlinie von CMOS-Gattern ist, wie im Bild 5-2 gezeigt, nahezu ideal, denn sie wechselt sehr abrupt zwischen den beiden Signalzuständen.

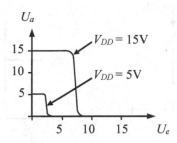

Bild 5-2 Übertragungskennlinie eines CMOS-Inverters bei 5V und 15V Betriebsspannung.

5.1.1 Fan-Out

In der Regel werden an den Ausgang eines Gatters mehrere Eingänge anderer Gatter angeschlossen. An ein CMOS-Standard-Gatter können eine Vielzahl (z.B. 50) Standard-Gattereingänge angeschlossen werden, da der CMOS-Eingang rein kapazitiv ist. Man beschreibt dies, indem man sagt, CMOS habe einen Ausgangslastfaktor oder ein Fan-Out von z.B. 50. Bei einer so hohen kapazitiven Belastung eines Ausgangs erhöhen sich aber die Schaltzeiten, wie unten gezeigt werden wird, da die Kapazitäten bei jedem Schaltvorgang geladen oder entladen werden müssen.

5.1.2 Grundschaltungen NAND und NOR

Die CMOS-Grundschaltungen entstehen aus dem Inverter, indem zu dem NMOS- und dem PMOS-Transistor jeweils ein weiterer gleichartiger Transistor parallel oder in Serie geschaltet wird. Dadurch wird ein logisches UND oder ODER erzeugt. Durch die zusätzliche Invertierung erhält man die Grundgatter der CMOS-Technologie, nämlich das NAND- und das NOR-Gatter (Bild 5-3).

In der NOR-Schaltung in Bild 5-3 wird das Ausgangssignal y immer dann Low, wenn einer der Eingänge auf High liegt, denn dann leitet zumindest einer der n-Kanal-FET und einer der p-Kanal-FET sperrt. In der NAND-Schaltung dagegen geht y nur auf Low, wenn beide Eingänge auf High liegen. Dann nämlich leiten die n-Kanal-FET und die p-Kanal-FET sperren.

Es ist möglich, komplizierte logische Ausdrücke direkt in CMOS-Logik zu übersetzen. Man verwendet dazu statt der Serien- und der Parallelschaltung wie im Fall der NAND und NOR-Schaltung kompliziertere Schaltungen. Der NMOS-Transistor im Inverter wird durch eine Schaltung aus NMOS-Transistoren ersetzt, bei der eine UND-Verknüpfung eine Serienschaltung und die ODER-Verknüpfung durch eine Parallelschaltung gebildet wird. Genauso wird der einzelne PMOS-Transistor im Inverter durch mehrere PMOS-Transistoren ersetzt, deren Schaltung dual

zu der im NMOS-Zweig sein muss. Mit dieser Technik können Logik-Schaltkreise für komplizierte Funktionen, sogenannte Complex-Gates konstruiert werden. Ein Beispiel findet man in
Aufgabe 5.3 am Ende dieses Kapitels.

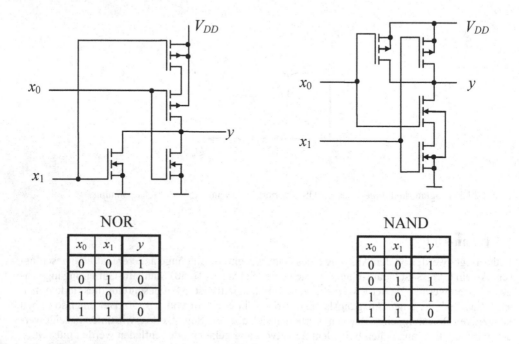

x_0	x_1	y
0	0	1
0	1	0
1	0	0
1	1	0

x_0	x_1	y
0	0	1
0	1	1
1	0	1
1	1	0

Bild 5-3 CMOS-Grundgatter: links NOR, rechts NAND.

Der Aufbau eines realen CMOS-Gatters ist in Bild 5-4 gezeigt. Die Schaltung gliedert sich in 4
Teile:

1. Eine Eingangsschutzschaltung soll eine Zerstörung des Bausteins durch statische Aufladung
    verhindern. Die obere der Dioden ist für Spannungen, die größer sind als die Betriebsspan-
    nung in Durchlassrichtung geschaltet, die untere für Spannungen, die kleiner sind als 0 V.

2. Der Eingangsbuffer reduziert, besonders bei Gattern mit mehr als 2 Eingängen, die Verschie-
    bung der Eingangspegel der in Serie geschalteten FETs des Gatters.

3. Das eigentliche Gatter erzeugt die logische Funktion. In diesem Fall ist es die NAND-
    Schaltung aus Bild 5-3.

4. Der Ausgangstreiber verbessert die Übertragungskennlinie, reduziert die Rückwirkung vom
    Ausgang auf den Eingang und erhöht den maximalen Laststrom. Der Treiber ist für den weit-
    aus größten Teil der im Chip umgesetzten Verlustleistung verantwortlich.

Die Schaltung wird im CMOS-Logikbaustein 4001 verwendet, in dem 4 dieser NAND-Gatter
enthalten sind. Wegen des niedrigen Integrationsgrades wird diese Schaltkreisfamilie heute nur
noch selten verwendet.

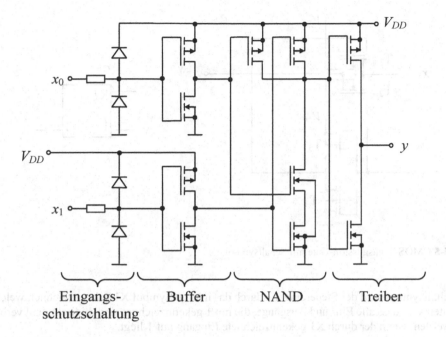

$$\underbrace{\qquad}_{\substack{\text{Eingangs-} \\ \text{schutzschaltung}}} \quad \underbrace{\qquad}_{\text{Buffer}} \quad \underbrace{\qquad}_{\text{NAND}} \quad \underbrace{\qquad}_{\text{Treiber}}$$

Bild 5-4 CMOS-NOR-Gatter (4001).

5.1.3 Transmission-Gate

Die in Bild 5-5 gezeigte Schaltung ist als Transmission-Gate bekannt. Es handelt sich um einen Schalter, der vielseitig eingesetzt werden kann. Das Transmission-Gate ist eine schaltbare Verbindung, die bei analogen, wie auch bei digitalen Signalen eingesetzt werden kann.

Der Inverter, bestehend aus T_3 und T_4, erzeugt die Steuersignale für das eigentliche Transmission-Gate, bestehend aus T_1 und T_2.

Liegt am Eingang s des Inverters ein H, so liegt an T_2 ein hohes Potential und an T_1 ein L. Da T_1 und T_2 symmetrisch bezüglich Drain und Source sind, sind beide Transistoren durchgesteuert und das Transmission-Gate ist durchgeschaltet. Umgekehrt können T_1 und T_2 mit einem Low-Pegel am Eingang des Inverters hochohmig gemacht werden. Durch die Verwendung je eines n- und p-Kanal-FET wird die Schaltung symmetrischer.

Das Transmission-Gate kann zum Beispiel für die Ankopplung an einen Bus als Tristate-Schalter verwendet werden. Es wird auch zur effektiven Realisierung von Gattern eingesetzt [14]. Ein Beispiel für die Anwendung des Transmission-Gates ist der analoge Multiplexer und Demultiplexer auf Seite 119. Dort wird auch ausgenutzt, dass das Transmission-Gate eine elektrische Verbindung darstellt, die in beiden Richtungen verwendet werden kann.

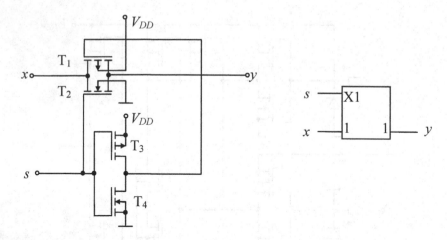

Bild 5-5 CMOS-Transmission-Gate mit Schaltsymbol.

Im Schaltsymbol wird der Steuereingang durch das interne Symbol X1 gekennzeichnet, welches andeuten soll, dass alle Ein- und Ausgänge, die mit 1 gekennzeichnet sind, bidirektional verbunden werden, wenn der durch X1 gekennzeichnete Eingang auf 1 liegt.

5.1.4 Tri-State-Ausgang

Ein CMOS-Tri-State-Ausgang kann zum Beispiel mit zwei zusätzlichen Transistoren aufgebaut werden, welche im „Enable"-Zustand leiten und im hochohmigen Zustand sperren. Durch die beiden zusätzlichen Transistoren wird der Ausgang im hochohmigen Zustand von der Betriebsspannung und Masse abgekoppelt. Bild 5-6 zeigt die Schaltung mit Wahrheitstabelle und Schaltsymbol.

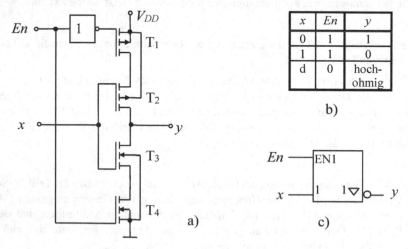

x	En	y
0	1	1
1	1	0
d	0	hoch-ohmig

b)

Bild 5-6 CMOS-Tri-State Ausgang a) Schaltung, b) Wahrheitstabelle, c) Schaltsymbol.

5.1.5 CMOS-Eigenschaften

- Unbenutzte Eingänge müssen immer mit Masse, V_{DD} oder einem benutzten Eingang verbunden werden, da das Potential sonst undefiniert ist.

- Der Latch-Up-Effekt kann zu einer thermischen Überlastung des Bausteins führen. Dabei wird ein parasitärer Tyristor im CMOS-Inverter gezündet. Dieser Effekt tritt bei hohen Strömen und besonders bei hoher Umgebungstemperatur auf.

- Die maximale Eingangsspannung darf zwischen $-0,5$V und $V_{DD} + 0,5$V liegen.

- CMOS-Bausteine sind trotz der Eingangsschutzschaltung sehr empfindlich gegen statische Aufladung.

- CMOS-Gatter können im Gegensatz zu TTL-Gattern parallelgeschaltet werden, um einen höheren Ausgangsstrom zu erhalten. Da mit steigender Temperatur der Drainstrom sinkt, hat z.B. bei der gleichzeitigen Verbindung der Eingänge sowie der Ausgänge zweier Inverter der Ausgangs-Transistor mit dem größten Laststrom eine Tendenz den Laststrom zu verringern wodurch die Schaltung thermisch stabil wird. CMOS-Gatter sind daher thermisch stabil, auch wenn sie parallelgeschaltet werden.

- CMOS-Bausteine haben ein sehr hohes Fan-Out, da die Eingänge der Gatter sehr hochohmig sind. Bei hohem Fan-Out steigen die Anstiegzeit und die Abfallzeit stark an, wie unten gezeigt werden wird.

- Die Impulsflanken zur Ansteuerung von CMOS-Gattern müssen eine Mindeststeilheit haben. Beim langsamen Umschalten sind die Ausgangstransistoren zu lange beide leitend, was zu thermischen Problemen führt. Außerdem sind CMOS-Schaltungen im Umschaltpunkt sehr störempfindlich, so dass es zu Fehlschaltungen kommen kann.

Tabelle 5-2 Typische Eigenschaften verschiedener CMOS-Logikfamilien.

Bezeichnung	Standard 4000	Standard 74C00	High-Speed 74HC00	High-Speed 74HCT00	Advanced 74ACT00	Low-Voltage 74LVC00
Leistung je Gatter	0,3mW	3mW	0,5mW	0,5mW	0,8mW	0,5mW
Laufzeit t_p	90ns	30ns	10ns	10ns	3ns	6ns
Betriebsspannung	5V	15V	2-6V	5V	5V	3,3V

5.2 TTL

Die früher am weitesten verbreitete Realisierung von logischen Gattern ist die bipolare Transistor-Transistor-Logik (TTL) (Bild 5-7). Ihre Funktion beruht auf der Verwendung eines Multi-Emitter-Transistors T_1 im Eingang. Sind alle Eingänge auf einem Potential nahe der positiven Betriebsspannung (H), so wirkt der Kollektor des Eingangstransistors T_1 als Emitter. Der Transistor arbeitet im Inversbetrieb. In Bild 5-7 ist dann der folgende Transistor T_2 durchgesteuert, und damit liegt der Ausgang auf L. Damit der Eingangsstrom gering bleibt, muss die Inversstromverstärkung von T_1 nahe bei 1 liegen. Die Kollektordotierung muss daher ungefähr gleich der Basisdotierung sein. Die Versorgungsspannung ist $V_{CC} = 5$V.

Liegt nur ein Eingang auf L, so stellt der Eingangstransistor T_1 einen durchgesteuerten Transistor im Normalbetrieb (aktiv, vorwärts) dar. Die Kollektor-Emitterspannung ist bis auf eine geringe Restspannung gesunken und der folgende Transistor T_2 sperrt. Der Ausgang liegt dann auf H. Da der Eingangstransistor immer durchgeschaltet ist, entfällt das Ausräumen der Basisladung. Das wirkt sich günstig auf die Schaltgeschwindigkeit aus. Das Schaltverhalten kann weiter verbessert werden, wenn eine Schottky-Diode zwischen Basis und Kollektor geschaltet wird, welche eine Flusspolung der Basis-Kollektor-Diode verhindert. Dann bleibt die Basisladung gering, und Umladungen zwischen Vorwärts- und Rückwärtsbetrieb werden zusätzlich vermieden. TTL-Gatter mit Schottky-Dioden haben ein „S" in der Typenbezeichnung. Die Transistoren im Schaltbild werden durch einen S-förmigen Balken markiert.

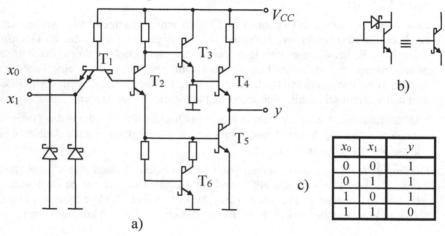

Bild 5-7 a) TTL-NAND-Gatter (74S00). b) Darstellung der Transistoren mit Schottky-Dioden. c) Wahrheitstabelle.

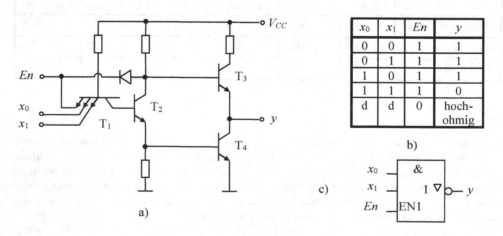

Bild 5-8 a) Prinzip eines TTL-Tri-State-Gatters (NAND), b) Wahrheitstabelle für positive Logik, c) Schaltsymbol.

Das TTL-Tri-State-Gatter in Bild 5-8 hat einen Enable-Eingang *En* mit dem der Ausgang hochohmig geschaltet werden kann.

Wenn der Eingang *En* auf L liegt, wird der obere Ausgangs-Transistor T_3 gesperrt. Der Enable-Eingang *En* bewirkt über den Emitter von T_1, dass der Transistor T_1 im Vorwärtsbetrieb leitet. Daher sperrt T_2 und es gibt keinen Spannungsabfall am Emitterwiderstand von T_2, so dass auch T_4 sperrt. Da beide Ausgangstransistoren T_3 und T_4 sperren, ist der Ausgang im hochohmigen Tristate-Zustand.

Liegt der Eingang *En* auf H, so sind der entsprechende Emitter und die Diode stromlos. Die Schaltung arbeitet dann wie eine normale NAND-Schaltung.

5.2.1 Belastung der Ausgänge

Auch bei TTL können an ein Gatter nur eine begrenzte Anzahl von Eingängen von Folgegattern angeschlossen werden. Bei TTL ist der Laststrom der Ausgangsstufe begrenzt. Für Standard TTL-Bausteine gelten die in Tabelle 5-3 festgehaltenen maximalen Lastströme. Außerdem sind die minimalen Eingangsströme angegeben.

Tabelle 5-3 Maximale Ausgangs- und minimale Eingangsströme für Standard-TTL-Bausteine.

	maximaler Last-Strom	minimaler Eingangs-Strom
Low	16mA	1,6mA
High	0,4mA	0,04mA

Daraus folgt, dass bis zu 10 Standard-TTL-Gatter an ein Standard-TTL-Gatter angeschlossen werden können. Das Fan-Out der Standard TTL-Baureihe beträgt 10. Man kann aber auch das Fan-Out betrachten, welches durch gemischte Verwendung der Baureihen entsteht. Alternativ dazu ist auch die Verwendung der Begriffe „Drive-Factor" und „Load-Factor" üblich. Für alle TTL-Baureihen gilt:

- Versorgungsspannung $V_{CC} = 5\text{V}$
- Nahezu gleiche Ein- und Ausgangspegel („TTL-Pegel") für alle Baureihen:
  $U_{aLmax} = 0,4\text{V}$
  $U_{aHmin} = 2,4\text{V}$
  $U_{eLmax} = 0,8\text{V}$
  $U_{eHmin} = 2,0\text{V}$
- offene Eingänge entsprechen einem logischen High!
- Ausgänge dürfen nicht parallelgeschaltet werden.

Tabelle 5-4 Typische Eigenschaften der TTL-Logikfamilien.

Bezeichnung	Standard 7400	High-Speed 74H00	Schottky 74S00	Low-Power Schottky 74LS00	Advanced 74AS00	Low-Power Advanced 74ALS00
Leistung je Gatter	10mW	23mW	20mW	2mW	9mW	1mW
Laufzeit t_p	10ns	5ns	3ns	10ns	1,5ns	4ns

5.3 Emitter-Coupled Logic (ECL)

Die Emitter-gekoppelte Logik (ECL) arbeitet mit Differenzverstärkern, welche nicht in die Sättigung gesteuert werden (Bild 5-9). Dadurch sind diese Schaltkreise sehr schnell.

Im Eingangsdifferenzverstärker der Schaltung werden die Spannungen der Eingangssignale x_0 und x_1 mit einem Referenzsignal verglichen. Liegen x_0 und x_1 auf L, dann sperren die Transistoren T_1 und T_2, dagegen leitet T_3. Der Ausgang y gibt dann ein L aus. Liegt dagegen x_0 oder x_1 auf H, so leitet T_1 oder T_2 und T_3 sperrt. Das Ausgangssignal Q liegt dann auf H. Es handelt sich also um ein NOR-Gatter. Die Schaltschwelle kann mit dem Spannungsteiler an der Basis von T_2 eingestellt werden.

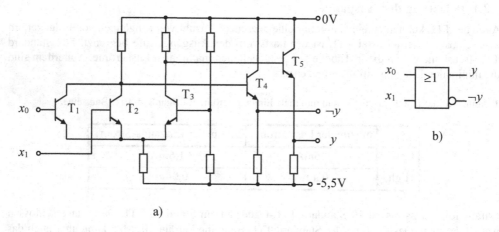

a)

Bild 5-9 ECL-NOR-Gatter: a) Schaltung, b) Schaltsymbol für positive Logik.

Die Eigenschaften von ECL-Gattern lassen sich wie folgt zusammenfassen:
* ECL-Gatter sind gegenüber TTL-Gattern schneller.
* Sie verbrauchen im Ruhezustand mehr, bei hohen Schaltfrequenzen weniger Leistung als CMOS und TTL.
* Beim Low und High-Pegel haben ECL-Gatter die gleiche Verlustleistung.
* ECL-Gatter haben ein hohes Fan-Out
* Die Störsicherheit ist geringer.

Tabelle 5-5 Typische Eigenschaften der ECL-Logikfamilien.

Bezeichnung	Standard 10.100	High-Speed 10E100	High-Speed 100E100
Leistung je Gatter	35mW	50mW	40mW
Laufzeit t_p	2ns	0,75ns	0,4ns

5.4 Integrierte Injektions-Logik (I^2L)

Die integrierte Injektions-Logik I^2L hat den Vorteil einer sehr geringen Chipfläche. Außerdem kann sie mit geringen Betriebsspannungen und geringen Verlustleistungen arbeiten. Sie ist aber weitgehend von der CMOS-Technologie abgelöst worden.

In Bild 5-10 ist ein typischer Inverter gezeigt. T_1 wirkt als Stromquelle mit einem relativ konstanten Ausgangsstrom I_0. Liegt der Eingang x auf High, so fließt der gesamte Strom in die Basis von T_2, der leitend wird. Die Ausgänge y_1 und y_2 liegen dann auf Low.

Ist der Eingang Low, dann fließt der Strom I_0 in das vorhergehende Gatter und die Ausgänge liegen auf High.

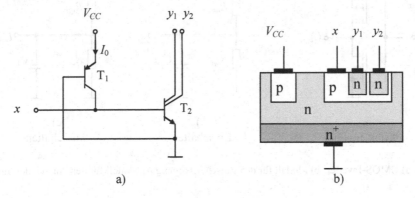

Bild 5-10 a) Schaltbild eines I^2L-Inverters, b) Realisierung.

I^2L-Schaltkreise können mit sehr geringen Betriebsspannungen von unter 1V betrieben werden. Der Störabstand wird dann aber sehr klein. Bild 5-11 zeigt ein NOR-Gatter in I^2L-Technik. Die beiden weiteren offenen Kollektoren können zur Realisierung weiterer logischer Funktionen genutzt werden.

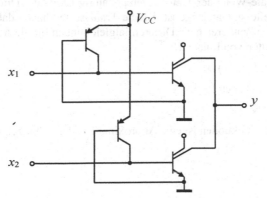

Bild 5-11 NOR-Gatter in I^2L-Technik.

5.5 Verlustleistung und Schaltverhalten von Transistorschaltern

Das Schaltverhalten eines CMOS-Gatters soll im Folgenden an einer CMOS-Ausgangsstufe mit einer CMOS-Last untersucht werden. Dafür ist in Bild 5-12 das Modell eines Transistorschalters dargestellt. In diesem Modell wird ein Transistor nur durch einen Widerstand R_{on} oder R_{off} dargestellt, je nachdem, ob er aus- oder eingeschaltet ist. Die Leitungen, die am Ausgang angeschlossen sind und die folgende Eingangsschaltung werden durch die Kapazität C_i dargestellt.

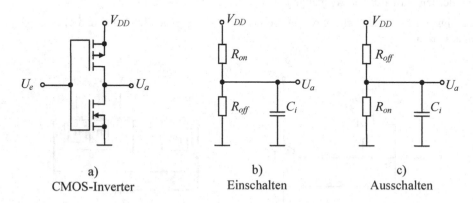

a)   b)   c)
CMOS-Inverter   Einschalten   Ausschalten

Bild 5-12 a) CMOS-Inverter. b) Modell für den Einschaltvorgang b) Modell für den Ausschaltvorgang.

Der Kondensator C_i setzt sich aus den Eingangskapazitäten der folgenden Gatter sowie den Leitungskapazitäten und der Ausgangskapazität C_{DS} des Inverters zusammen. Bei einer bipolaren Schaltungstechnik müsste auch der Eingangswiderstand der folgenden Gatter berücksichtigt werden.

In der folgenden Berechnung ist der Widerstand des gesperrten Transistors R_{off} als unendlich groß angenommen. Man beachte, dass der On-Widerstand R_{on} bei gegebener Gate-Länge der Transistoren von der Gate-Weite der Transistoren abhängig ist, da der Drainstrom proportional zum Verhältnis Gateweite zu Gatelänge ist. Kleine Transistoren haben daher einen hohen On-Widerstand. Löst man im Zeitbereich die Differentialgleichungen für die Ausgangsspannung, so erhält man für das Schalten von L nach H:

$$U_a = V_{DD}\left(1 - e^{-t/R_{on}C_i}\right) \tag{5.1}$$

und für das Schalten von H nach L:

$$U_a = V_{DD}\,e^{-t/R_{on}C_i} \tag{5.2}$$

Die Zeitkonstante dieser Funktionen ist eine Approximation der Schaltzeit des Gatters:

$$t_s \approx R_{on}\,C_i \tag{5.3}$$

Um eine geringe Schaltzeit zu erzielen, müssen daher der On-Widerstand der Transistoren und die angeschlossenen Kapazitäten klein sein.

Berechnet man aus Gleichung 5.1 und 5.2 die mittlere Verlustleistung P für periodisches Ein- und Ausschalten mit der Frequenz f und addiert die statische Verlustleistung ($V_{DD}^2 / (R_{on}+R_{off})$) so erhält man:

$$P = V_{DD}^2 \left(\frac{1}{R_{on}+R_{off}} + f C_i \right) \tag{5.4}$$

Man zieht daraus die folgenden Schlüsse:

- Schnelle Schaltungen benötigen niedrige On-Widerstände und daher Transistoren mit großer Weite W (wenn FETs verwendet werden)

- Schnelle Schaltungen erfordern geringe Leitungskapazitäten, in schnellen Schaltungen dürfen daher nur relativ wenige Gatter an einen Ausgang angeschlossen werden

- Mit steigender Schaltgeschwindigkeit steigt die Verlustleistung

- Bei schnellen und hochintegrierten Schaltungen muss die Versorgungsspannung reduziert werden (2 oder 3V).

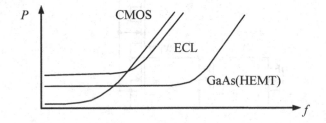

Bild 5-13 Leistungsaufnahme P verschiedener Technologien über der Schaltfrequenz (schematisch).

Bild 5-13 zeigt die Leistungsaufnahme von verschiedenen Logik-Technologien über der Frequenz. Neben der CMOS- und der Silizium-ECL-Technologie sind die Ergebnisse für eine Technologie auf der Basis des Verbindungshalbleiters Gallium-Arsenid (GaAs) dargestellt. Die verwendeten Transistoren, spezielle Feldeffekttransistoren, sind High-Electron-Mobility-Transistoren (HEMT). Das Bild zeigt, dass entsprechend Gleichung 5.4 ein statischer Anteil der Verlustleistung und ein frequenzproportionaler Anteil vorliegen. Bei niedrigen Frequenzen schneidet die CMOS-Technologie und bei hohen die GaAs-Technologie am besten ab.

5.6 Übungen

Aufgabe 5.1

a) Konstruieren Sie ein CMOS-NAND-Gatter mit 3 Eingängen.

b) Konstruieren Sie ein CMOS-NOR-Gatter mit 3 Eingängen.

Aufgabe 5.2

Geben Sie die Wahrheitstabelle und das Schaltbild des TTL-Gatters in Bild 5-8 an, wenn eine negative Logik zugrunde gelegt wird.

Aufgabe 5.3

Geben Sie an, welche logische Funktion $y = f(x_4, x_3, x_2, x_1, x_0)$ durch das dargestellte Gatter realisiert wird, wenn man eine positive Logik zugrunde legt.

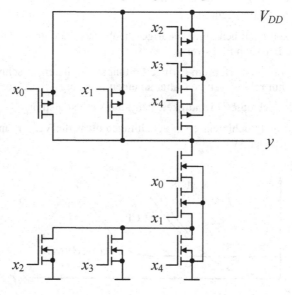

Aufgabe 5.4

Geben Sie an, welche logische Funktion $y = f(x_1, x_0)$ durch das dargestellte Gatter realisiert wird, wenn man eine positive Logik zugrunde legt.

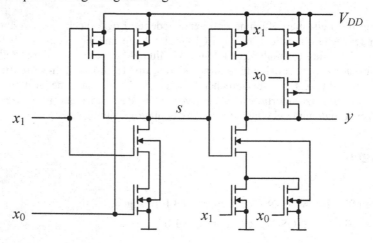

6 Schaltnetze

Ein Schaltnetz ist eine Funktionseinheit, die einen Ausgangswert erzeugt, der nur von den Werten der Eingangsvariablen zum gleichen Zeitpunkt abhängt. Es wird durch eine Schaltfunktion beschrieben. In der Praxis stellt sich oft die Aufgabe, zu einer gegebenen Schaltfunktion die einfachste Realisierung zu finden. Hier werden Verfahren vorgestellt, die eine Minimierung mit graphischen Methoden oder mit Hilfe von Tabellen ermöglichen. Die minimierte KDNF wird minimale disjunktive Normalform (DNF), die minimierte KKNF wird minimale konjunktive Normalform (KNF) genannt.

6.1 Minimierung mit Karnaugh-Veitch-Diagrammen

6.1.1 Minimierung der KDNF

Die Methode der Minimierung von Schaltnetzen mit Karnaugh-Veitch-Diagrammen eignet sich gut für den Entwurf von Hand. Sie wird hier an Hand eines Beispiels erläutert. Die zu minimierende Schaltfunktion sei durch die Tabelle 6-1 definiert.

Tabelle 6-1 Beispiel einer Schaltfunktion.

Dez.	x_3	x_2	x_1	x_0	y
0	0	0	0	0	1
1	0	0	0	1	0
2	0	0	1	0	1
3	0	0	1	1	0
4	0	1	0	0	0
5	0	1	0	1	1
6	0	1	1	0	0
7	0	1	1	1	0

Dez.	x_3	x_2	x_1	x_0	y
8	1	0	0	0	1
9	1	0	0	1	0
10	1	0	1	0	1
11	1	0	1	1	0
12	1	1	0	0	1
13	1	1	0	1	1
14	1	1	1	0	0
15	1	1	1	1	1

Für die Minimierung werden Matrix-Diagramme verwendet, in denen jedes Feld genau einer Disjunktion der Eingangsvariablen, also einem Minterm entspricht. Diese Diagramme werden Karnaugh-Veitch-Diagramme (KV-Diagramme) genannt. Im Bild 6-1 sind zwei KV-Diagramme gezeigt, in denen die Felder mit ihren Mintermen bzw. mit dem Funktionswert der zugehörigen Eingangsvariablenkombination bezeichnet sind. Das Diagramm ist so konstruiert, dass sich beim Übergang von einem Feld in das nächste nur eine Variable ändert.

© Springer Fachmedien Wiesbaden GmbH, ein Teil von Springer Nature 2023
K. Fricke, *Digitaltechnik*, https://doi.org/10.1007/978-3-658-40210-5_6

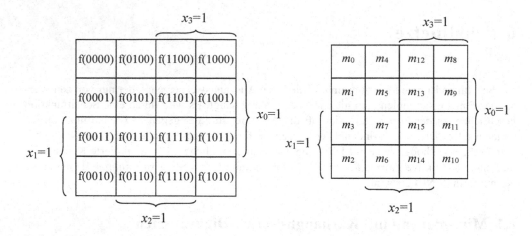

Bild 6-1 Karnaugh-Veitch-Diagramme für 4 Eingangsvariablen a) mit binärer Bezeichnung der Felder, b) mit Bezeichnung der Minterme.

Im KV-Diagramm werden zur Minimierung der KDNF die Minterme der Schaltfunktion markiert. Dabei ist die Verwendung der Dezimaläquivalente hilfreich. Für das Beispiel erhält man:

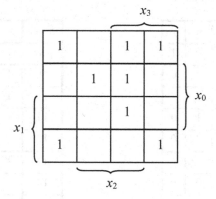

Bild 6-2 Karnaugh-Veitch-Diagramm mit den Mintermen der Funktion aus Bild 6-1.

Jetzt können benachbarte Felder, da sie sich immer nur in einer Variablen unterscheiden, nach der Regel (Gleichung 3.37)

$$x_0\,x_1 \vee x_0\,\neg x_1 = x_0 \tag{6.1}$$

zusammengefasst werden.

Daher werden möglichst große Gebiete von Feldern mit einer 1 gebildet. Es sind aber nur zusammenhängende, konvexe Gebiete mit 1,2,4,8... also 2^n Feldern möglich. Diese Felder werden durch eine Konjunktion der Eingangsvariablen beschrieben, die Implikant genannt wird. Man denkt sich dabei die linke Seite des Diagramms anschließend an die rechte, ebenso wie die obere Seite mit der unteren gedanklich verbunden. Ein Implikant, der aus 4 Eingangsvariablen aufgebaut ist, besteht aus einem Feld (bei einer Funktion mit 4 Variablen). Hat der Implikant eine

Variable weniger, so verdoppelt sich jeweils die Anzahl der Felder. Um den Aufwand an Gattern zu minimieren, werden daher möglichst große Felder gebildet.

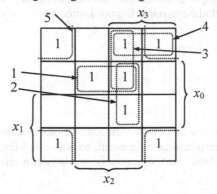

Bild 6-3 Karnaugh-Veitch-Diagramm mit den Mintermen der Funktion aus Tabelle 6-1.

Für das Gebiet 1 findet man den Implikanten I_1:

Gebiet 1: $I_1 = x_0 \neg x_1 x_2$

Man findet keinen anderen Implikanten der I_1 vollständig überdeckt. Der Implikant I_1 der Funktion wird Primimplikant genannt, wenn es keinen Implikanten I_x gibt derart, dass I_1 von I_x vollständig überdeckt wird. Die Implikanten der DNF werden auch Produktterme genannt.

Die im Beispiel vorhandenen Primimplikanten sind mit den Zahlen 1 bis 5 markiert. Weitere Primimplikanten findet man nicht. Für die anderen markierten Primimplikanten kann man mit Hilfe der Variablen am Rand des Diagramms die Konjunktionen bestimmen, die die Gebiete eindeutig bezeichnen:

Gebiet 2: $I_2 = x_0\, x_2\, x_3$

Gebiet 3: $I_3 = \neg x_1\, x_2\, x_3$

Gebiet 4: $I_4 = \neg x_0\, \neg x_1\, x_3$

Gebiet 5: $I_5 = \neg x_0\, \neg x_2$

In einem Diagramm für 4 Eingangsvariablen entspricht ein Gebiet von 4 Feldern einem Implikanten mit 2 Variablen, wie es hier für den Implikanten I_5 der Fall ist. Dieser Implikant liegt in den 4 Ecken des Diagramms, die verbunden gedacht werden.

Man unterscheidet zwischen:

- Kern-Primimplikanten P_K:

  Ein Primimplikant ist ein Kern-Primimplikant, falls er durch die Disjunktion aller übrigen Primimplikanten nicht überdeckt wird. Die Kern-Primimplikanten haben also eine 1, die nur sie allein abdecken. Die Kern-Primimplikanten tauchen in der minimierten Form der DNF auf jeden Fall auf.

- Absolut eliminierbare Primimplikanten P_A:

  Ein Primimplikant ist absolut eliminierbar, falls er durch die Kern-Primimplikanten vollständig überdeckt wird. Er ist überflüssig.

- Relativ eliminierbare Primimplikanten P_R:

  alle weiteren Primimplikanten heißen relativ eliminierbare Primimplikanten. Eine Auswahl der relativ eliminierbaren Primimplikanten taucht in der minimierten Form der DNF auf.

Im Beispiel ergeben sich die Mengen:

$P_K = \{I_1, I_2, I_5\}$

$P_A = \{\varnothing\}$

$P_R = \{I_3, I_4\}$

Die minimierte Schaltfunktion setzt sich aus den Kern-Primimplikanten und einer Auswahl der relativ eliminierbaren Primimplikanten zusammen, so dass alle Minterme abgedeckt sind. Die vereinfachte Schaltfunktion lautet also, wenn man den relativ eliminierbaren Primimplikanten 4 eliminiert:

$$f(x_3, x_2, x_1, x_0) = x_0 \neg x_1 x_2 \vee x_0 x_2 x_3 \vee \neg x_1 x_2 x_3 \vee \neg x_0 \neg x_2 \tag{6.2}$$

und wenn man den Primimplikanten 3 eliminiert:

$$f(x_3, x_2, x_1, x_0) = x_0 \neg x_1 x_2 \vee x_0 x_2 x_3 \vee \neg x_0 \neg x_1 x_3 \vee \neg x_0 \neg x_2 \tag{6.3}$$

6.1.2 Minimierung der KKNF

Das Verfahren zur Minimierung der KKNF beruht auf den Maxtermen. An Stelle der Einsen werden nun die Nullen betrachtet. Für das gleiche Beispiel werden nun die Maxterme in das Diagramm eingetragen.

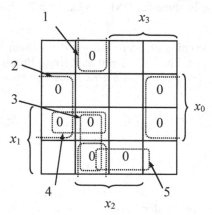

Bild 6-4 Karnaugh-Veitch-Diagramm mit den Maxtermen der Funktion aus Tabelle 6-1.

Es werden wieder möglichst große Gebiete eingezeichnet, wobei nach den gleichen Regeln verfahren wird wie bei der Ermittlung der DNF. Die in Bild 6-4 eingezeichneten Gebiete sind die Primimplikanten der KNF. Sie werden durch Disjunktionen der Eingangsvariablen dargestellt, die außerhalb des jeweiligen Gebietes den Funktionswert 1 erzeugen:

Gebiet 1: $I_1 = x_0 \vee \neg x_2 \vee x_3$

Gebiet 2: $I_2 = \neg x_0 \vee x_2$

Gebiet 3: $I_3 = \neg x_1 \vee \neg x_2 \vee x_3$

Gebiet 4: $I_4 = \neg x_0 \vee \neg x_1 \vee x_3$

Gebiet 5: $I_5 = x_0 \vee \neg x_1 \vee \neg x_2$

Im Beispiel ergeben sich also die Mengen:

$P_K = \{I_1, I_2, I_5\}$

$P_A = \{\varnothing\}$

$P_R = \{I_3, I_4\}$

Eine minimale Realisierung erhält man durch die Verwendung der Kern-Primimplikanten und des Implikanten I_3:

$$f(x_3, x_2, x_1, x_0) = (x_0 \vee \neg x_2 \vee x_3)(\neg x_0 \vee x_2)(\neg x_1 \vee \neg x_2 \vee x_3)(x_0 \vee \neg x_1 \vee \neg x_2) \qquad (6.4)$$

Die zweite mögliche minimale KNF erhält man durch die Verwendung der Kern-Primimplikanten und des Implikanten I_4:

$$f(x_3, x_2, x_1, x_0) = (x_0 \vee \neg x_2 \vee x_3)(\neg x_0 \vee x_2)(\neg x_0 \vee \neg x_1 \vee x_3)(x_0 \vee \neg x_1 \vee \neg x_2) \qquad (6.5)$$

6.1.3 Karnaugh-Veitch-Diagramme für 2 bis 6 Eingangsvariablen

Hier finden Sie eine Zusammenstellung der verschiedenen KV-Diagramme mit den eingetragenen Dezimaläquivalenten. Karnaugh-Veitch-Diagramme mit mehr als 6 Variablen werden selten verwendet, da sie sehr unübersichtlich sind.

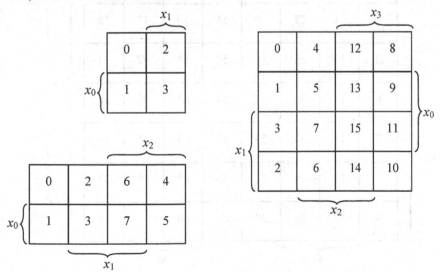

Bild 6-5 Karnaugh-Veitch-Diagramme für 2, 3 und 4 Eingangsvariablen.

x_3

x_4

0	4	12	8	24	28	20	16
1	5	13	9	25	29	21	17
3	7	15	11	27	31	23	19
2	6	14	10	26	30	22	18

x_1 x_0

x_2 x_2

Bild 6-6 Karnaugh-Veitch-Diagramm für 5 Eingangsvariablen.

x_4

x_5

0	8	24	16	48	56	40	32
1	9	25	17	49	57	41	33
3	11	27	19	51	59	43	35
2	10	26	18	50	58	42	34
6	14	30	22	54	62	46	38
7	15	31	23	55	63	47	39
5	13	29	21	53	61	45	37
4	12	28	20	52	60	44	36

x_0 x_1 x_0 x_2

x_3 x_3

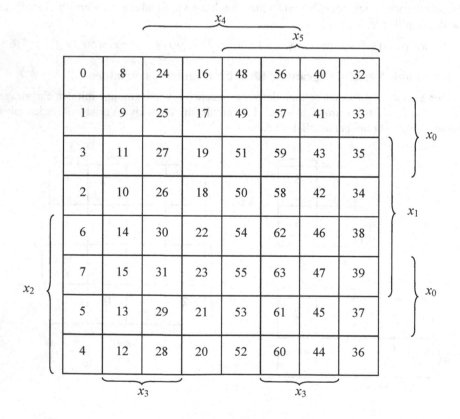

Bild 6-7 Karnaugh-Veitch-Diagramm für 6 Eingangsvariablen.

6.1.4 Unvollständig spezifizierte Funktionen

Mitunter ist eine Funktion nicht vollständig spezifiziert. Dann können manche Funktionswerte beliebig gewählt werden. Sie werden im KV-Diagramm mit einem d (don't care) markiert. Die don't care-Minterme können zur Minimierung der Funktion benutzt werden. Im folgenden Beispiel (Bild 6-8) ist eine Funktion durch ihr KV-Diagramm gegeben.

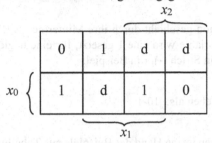

Bild 6-8 Beispiel für eine unvollständig spezifizierte Funktion.

Nun können die Primimplikanten unter Einbeziehung der don't care-Felder so eingezeichnet werden, dass sie möglichst groß werden. Die don't care-Felder können dabei 0 oder 1 gesetzt werden.

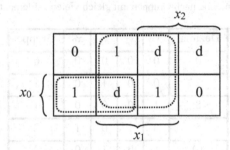

Bild 6-9 Primimplikanten für das Beispiel aus Bild 6-8.

Man findet für die minimierte Form daher:

$$f(x_2, x_1, x_0) = x_0\neg x_2 \vee x_1 \tag{6.6}$$

Ohne die Verwendung der don't care-Terme (d.h. mit d = 0) hätte man folgende minimierte Form gefunden:

$$f(x_2, x_1, x_0) = x_0\neg x_1\neg x_2 \vee \neg x_0 x_1\neg x_2 \vee x_0 x_1 x_2 \tag{6.7}$$

Die Funktion kann also mit Hilfe der don't care-Terme einfacher dargestellt werden.

6.2 Das Quine-McCluskey-Verfahren

Ein Verfahren zur Minimierung von Schaltnetzen, welches sich für die Implementierung auf dem Rechner eignet, ist das Verfahren von Quine-McClusky. Es beruht auf Tabellen, in denen wieder nach dem Prinzip der Gleichung 3.37 vorgegangen wird:

$$x_0x_1 \vee x_0\neg x_1 = x_0 \tag{6.8}$$

Die Darstellung der Funktion geschieht durch ihre Minterme im Binäräquivalent. Für eine im Minterm vorkommende Variable wird eine 1 gesetzt, für eine negierte Variable eine 0 und für eine nicht vorkommende ein Strich (-). Ein Beispiel:

$x_3\neg x_2x_0$ wird geschrieben als: 10-1

Das Verfahren soll im Folgenden an Hand des Beispiels aus Tabelle 6-1 dargestellt werden. Die Minterme der Schaltfunktion werden in eine Tabelle (Tabelle 6-2) eingetragen, in der sie zu Gruppen von Mintermen mit der gleichen Anzahl von 1-Elementen zusammengefasst werden. In den Spalten stehen: das Dezimaläquivalent, die binäre Darstellung und die Gruppe (d.h. die Anzahl der Eins-Elemente des Binäräquivalents).

Tabelle 6-2 Ordnung der Minterme nach Gruppen mit gleich vielen 1-Elementen.

Dezimal	x_3	x_2	x_1	x_0	Gruppe	
0	0	0	0	0	0	✓
2	0	0	1	0	1	✓
8	1	0	0	0	1	✓
5	0	1	0	1	2	✓
10	1	0	1	0	2	✓
12	1	1	0	0	2	✓
13	1	1	0	1	3	✓
15	1	1	1	1	4	✓

In der folgenden Tabelle 6-3 werden dann die Terme aufeinander folgender Gruppen, die sich nur in einer Stelle unterscheiden, in einer Zeile zusammengefasst. Dies ist die Anwendung der Gleichung 6.8. Die Stelle, in der sich die Elemente unterscheiden, wird durch einen Strich (-) gekennzeichnet. Für das Dezimaläquivalent werden die Dezimalzahlen der Minterme eingetragen, aus denen sich der neue Term zusammensetzt.

Tabelle 6-3 1. Zusammenfassung der Minterme nach Gruppen mit gleicher Anzahl von 1-Elementen.

Dezimal	x_3	x_2	x_1	x_0	Gruppe	
0,2	0	0	-	0	0	✓
0,8	-	0	0	0	0	✓
2,10	-	0	1	0	1	✓
8,10	1	0	-	0	1	✓
8,12	1	-	0	0	1	
5,13	-	1	0	1	2	
12,13	1	1	0	-	2	
13,15	1	1	-	1	3	

Im Beispiel können die Minterme 0 und 1 zusammengefasst werden, da sie sich nur in der Stelle x_1 unterscheiden.

Alle Terme, die sich zusammenfassen lassen, werden in der vorhergehenden Tabelle 6-2 mit einem ✓ markiert. (Da z.B. die Minterme 0 und 1 verschmolzen wurden, werden sie in Tabelle 6-2 beide mit einem ✓ markiert). Nicht markierte Terme sind Primimplikanten, sie erscheinen in der minimierten Schaltfunktion (im Beispiel bisher nicht der Fall).

In der folgenden Tabelle 6-4 wird das Verfahren wiederholt. Es werden wieder die Elemente aufeinander folgender Gruppen aus Tabelle 6-3 zusammengefasst. Wieder werden nur Terme zusammengefasst, die sich nur um eine Binärstelle unterscheiden. Sind die Binäräquivalente mehrerer Terme gleich, so werden die Terme alle bis auf einen gestrichen.

Tabelle 6-4 2. Zusammenfassung der Minterme nach Gruppen mit gleicher Anzahl von 1-Elementen.

Dezimal	x_3	x_2	x_1	x_0	Gruppe	
0,2,8,10	-	0	-	0	0	
0,8,2,10	-	0	-	0	0	Gestrichen (= Zeile 1)

Das Verfahren wird fortgeführt, bis sich keine Terme mehr verschmelzen lassen. Die nicht abgehakten Terme sind Primimplikanten. Also sind

8,12

5,13

12,13

13,15 und

0,2,8,10   Primimplikanten

Nun müssen die Primimplikanten klassifiziert werden nach: Kern-Primimplikanten, absolut eliminierbaren Primimplikanten und relativ eliminierbaren Primimplikanten. Das wird mit einer weiteren Tabelle, der Primimplikantentafel, erreicht.

Auf der Abszisse werden die Minterme der Schaltfunktion aufgetragen, auf der Ordinate die Primimplikanten. Die Minterme, die in einem Primimplikanten enthalten sind, werden mit einem × markiert.

Tabelle 6-5 Primimplikantentafel für das Beispiel.

Primimplikanten	Minterme							
	0	2	5	8	10	12	13	15
8,12				×		×		
5,13			×				×	
12,13						×	×	
13,15							×	×
0,2,8,10	×	×		×	×			

Befindet sich in einer Spalte nur ein ×, so ist der dazugehörige Primimplikant ein Kern-Primimplikant. Die durch ihn abgedeckten Minterme werden durch einen Kreis ⊗ gekennzeichnet. Im Beispiel werden die Minterme 0, 2, 10 nur durch den Kern-Primimplikanten 0,2,8,10 abgedeckt, er erscheint in der minimierten DNF. Die durch ihn abgedeckten Minterme 0,2,8,10 werden, auch in den anderen Zeilen, gekennzeichnet (⊗).

Tabelle 6-6 Primimplikantentafel für das Beispiel mit gestrichenen Termen (⊗).

Primimplikanten	Minterme							
	0	2	5	8	10	12	13	15
8,12				⊗		×		
5,13			⊗				⊗	
12,13						×	⊗	
13,15							⊗	⊗
0,2,8,10	⊗	⊗		⊗	⊗			

Auch die Implikanten 5,13 und 13,15 sind Kern-Primimplikanten, da nur sie einen der Minterme 5 bzw. 15 abdecken. Die abgedeckten Minterme 5,13,15 werden gekennzeichnet (⊗).

Aus den verbleibenden Primimplikanten, das sind die relativ eliminierbaren Primimplikanten wird eine minimale Anzahl ausgesucht, um die verbleibenden Minterme abzudecken. Diese bilden dann zusammen mit den Kern-Primimplikanten die Minimalform der Schaltfunktion. Im Beispiel kann für den verbleibenden Minterm 12 entweder der Primimplikant 8,12 oder 12,13 ausgewählt werden.

Tabelle 6-7 Zuordnung der Implikanten.

Dezimal	x_3	x_2	x_1	x_0	Implikant
8,12	1	-	0	0	$x_3 \neg x_1 \neg x_0$
5,13	-	1	0	1	$x_2 \neg x_1 x_0$
12,13	1	1	0	-	$x_3 x_2 \neg x_1$
13,15	1	1	-	1	$x_3 x_2 x_0$
0,2,8,10	-	0	-	0	$\neg x_2 \neg x_0$

Man erhält also, wenn man den Primimplikanten 12,13 verwendet:

$$f(x_3, x_2, x_1, x_0) = x_2 \neg x_1 x_0 \vee x_3 x_2 x_0 \vee x_3 x_2 \neg x_1 \vee \neg x_2 \neg x_0 \qquad (6.9)$$

oder wenn man den Primimplikanten 8,12 verwendet:

$$f(x_3, x_2, x_1, x_0) = x_2 \neg x_1 x_0 \vee x_3 x_2 x_0 \vee x_3 \neg x_1 \neg x_0 \vee \neg x_2 \neg x_0 \qquad (6.10)$$

Diese Gleichungen sind identisch zu den mit Hilfe der Karnaugh-Veitch-Diagramme gefundenen minimierten Formen.

6.3 Weitere Optimierungsziele

Ein Schaltnetz, das durch seine KDNF oder KKNF beschrieben ist oder durch die minimierten Formen DNF und KNF, lässt sich direkt durch ein zweistufiges Schaltwerk realisieren. Für ein zweistufiges Schaltwerk muss man zwei Gatterlaufzeiten veranschlagen, wenn man die Laufzeit durch die Inverter vernachlässigt, oder wenn die Eingangsvariablen auch invertiert zur Verfügung stehen.

In der Regel hat man aber bei der Realisierung auch weitere Randbedingungen zu beachten:

- Oft soll das Schaltwerk mit nur einem Gattertyp aufgebaut werden, so zum Beispiel nur mit NOR oder NAND.
- Die maximale Laufzeit ist oft vorgegeben, so dass nur ein zweistufiges Schaltwerk in Frage kommt.
- Es sollen mehrere Funktionen gemeinsam minimiert werden.
- Die maximale Anzahl der Produktterme ist in programmierbaren Bausteinen in der Regel vorgegeben.

Es sollen im Folgenden einige dieser Besonderheiten bei der Realisierung von Schaltnetzen aufgezeigt werden.

6.3.1 Umwandlung UND/ODER-Schaltnetz in NAND-Schaltnetz

Es soll das in Bild 6-10a gezeigte Schaltnetz, das aus der DNF gewonnen werden kann, in ein Schaltnetz umgewandelt werden, welches nur aus NAND-Gattern aufgebaut ist. Mit der de Morganschen Regel wandelt man zunächst das ODER-Gatter in ein UND-Gatter um (Bild 6-10b). Dann verschiebt man die Inversionskreise vom Eingang dieses UND-Gatters an die Ausgänge der an den Eingängen liegenden UND-Gatter und hat dann ein reines NAND-Netz (Bild 6-10c). Die einmalige Anwendung der de Morganschen Regel ergibt die Formel:

$$y = x_0 x_2 x_3 \lor x_0 \neg x_2 \neg x_3 \lor x_0 x_1 \neg x_3 \lor x_1 x_2 \neg x_3$$

$$= \neg(\neg(x_0 x_2 x_3)\ \neg(x_0 \neg x_2 \neg x_3)\ \neg(x_0 x_1 \neg x_3)\ \neg(x_1 x_2 \neg x_3)) \tag{6.11}$$

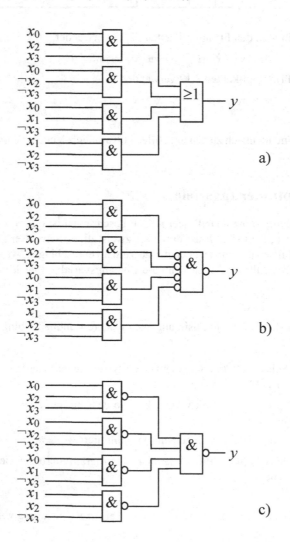

Bild 6-10 a) Schaltnetz einer DNF b) Umwandlung des ODER-Gatters c) Verschieben der Inversionskreise.

6.3.2 Umwandlung ODER/UND-Schaltnetz in NOR-Schaltnetz

Bei der Umwandlung eines ODER/UND-Schaltnetzes in ein Schaltnetz nur aus NOR-Gattern geht man entsprechend vor. In Bild 6-11 ist gezeigt, dass durch die Umwandlung des UND-Gatters am Ausgang (Bild 6-11b) und die Verschiebung der Inversionskreise (Bild 6-11c) ein reines NOR-Netz entsteht. Die Formel erhält man durch einmalige Anwendung der de Morganschen Regel:

$$y = (x_0 \vee x_2 \vee x_3)(x_0 \vee \neg x_2 \vee \neg x_3)(x_0 \vee x_1 \vee \neg x_3)(x_1 \vee x_2 \vee \neg x_3)$$

$$= \neg(\neg(x_0 \vee x_2 \vee x_3) \vee \neg(x_0 \vee \neg x_2 \vee \neg x_3) \vee \neg(x_0 \vee x_1 \vee \neg x_3) \vee \neg(x_1 \vee x_2 \vee \neg x_3)) \qquad (6.12)$$

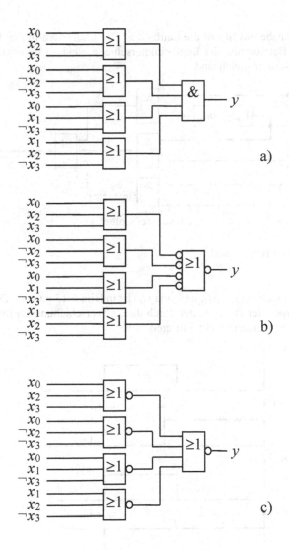

Bild 6-11 a) Schaltnetz einer KNF b) Umwandlung des UND-Gatters c) Verschieben der Inversionskreise.

6.4 Laufzeiteffekte in Schaltnetzen

6.4.1 Strukturhazards

Bisher wurde das Laufzeitverhalten von Schaltnetzen als ideal angenommen, das heißt, dass die Ausgangssignale nach Eingangssignaländerungen sofort anliegen. In der Praxis ist diese Annahme zu optimistisch. Wenn man eine endliche Gatterlaufzeit annimmt, können am Ausgang von Schaltnetzen vorübergehend falsche Ausgangssignale anliegen. Diese Effekte werden Strukturhazards genannt, welche an dem Gatter in Bild 6-12 erklärt werden sollen. Das Gatter realisiert die Funktion:

$$y = x_1 x_0 \vee x_2 \overline{x_0} \tag{6.13}$$

ausführt. Im Inverter habe das Signal die Laufzeit t_0. Die Laufzeiten in den UND- und ODER-Gattern sind für die Betrachtung der Laufzeitunterschiede nicht zu berücksichtigen, wenn die Laufzeiten der UND-Gatter gleich sind.

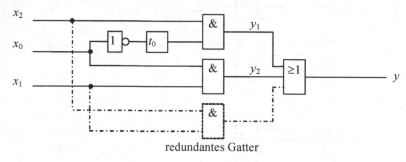

redundantes Gatter

Bild 6-12 Schaltnetz mit Strukturhazard.

Der Zeitverlauf der Signale $x_0(t)$, $y_1(t)$, $y_2(t)$ und $y(t)$ ist in Bild 6-13 gezeigt. Das Ausgangssignal $y(t)$ zeigt einen Einbruch der Dauer t_0, der durch die Zeitverschiebung im Inverter entsteht. Bei einer idealen Schaltung würde er nicht auftreten.

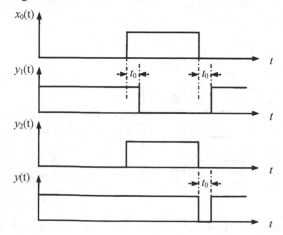

Bild 6-13 Zeitlicher Verlauf beim Umschalten von x_0 in der Schaltung aus Bild 6-12 ($x_1 = x_2 = 1$).

Betrachtet man den Vorgang im KV-Diagramm (Bild 6-14), so stellt man fest, dass ein Übergang zwischen zwei Primimplikanten vorliegt. Eine Korrektur des Fehlers ist mit einem Gatter möglich, das den Term $x_1 x_2$ realisiert.

Das Schaltnetz wird dann durch die folgende Funktion beschrieben:

$$y = x_1 x_0 \lor x_2 \overline{x_0} \lor x_1 x_2 \tag{6.14}$$

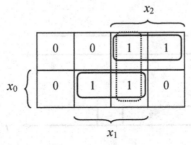

Bild 6-14 KV-Diagramm des Schaltnetzes aus Bild 6-12 mit Korrekturgatter (gestrichelt).

Das Problem taucht immer dann auf, wenn zwei Implikanten in der DNF stehen, von denen der eine Implikant eine Variable in der negierten und der andere Implikant in der nicht negierten Form besitzt und wenn gleichzeitig der Wert der Implikanten gleich ist. Das ist in Gleichung 6.11 für $x_1 = x_2 = 1$ der Fall. Eine Abhilfe ist möglich durch die Einführung eines Implikanten, der die Schnittstelle zwischen den beiden Implikanten überdeckt.

6.4.2 Funktionshazards

Funktionshazards entstehen z.B., wenn zwei Eingangsvariablen sich ändern, der Ausgangszustand des Schaltnetzes aber auf 1 bleiben sollte. Das Phänomen soll an einem Beispiel erläutert werden, welches durch sein KV-Diagramm gegeben ist (Bild 6-15).

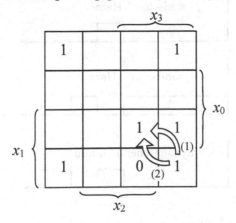

Bild 6-15 KV-Diagramm eines Schaltnetzes mit Funktionshazard. Es sind die beiden möglichen Schaltwege (1) und (2) eingetragen.

Beim Übergang von $(x_3, x_2, x_1, x_0) = (1,0,1,0)$ nach $(x_3, x_2, x_1, x_0) = (1,1,1,1)$ können, je nach den Verzögerungszeiten der verwendeten Gatter, zwei verschiedene Schaltverhalten auftreten. Wenn die Wirkung von x_0 zuerst erfolgt bleibt der Ausgang dauernd auf 1, wie es richtig ist (Weg 1 in Bild 6-15). Wirkt sich erst die Änderung von x_2 aus, so tritt ein Hazard auf (Weg 2).

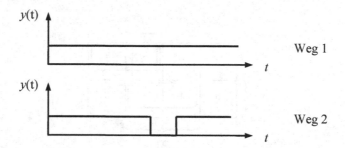

Bild 6-16 Zeitverlauf des Ausgangssignals des Schaltnetzes entsprechend Bild 6-15 für die beiden möglichen Schaltwege (1) und (2).

6.4.3 Klassifizierung von Hazards

Man unterscheidet zwischen den folgenden Hazard-Typen:

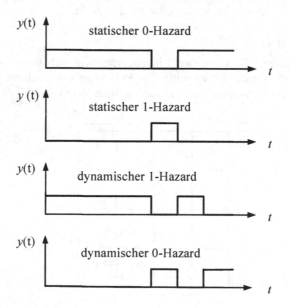

Bild 6-17 Klassifizierung von Hazards.

6.5 Übungen

Aufgabe 6.1 Eine boolesche Funktion $f(x_3, x_2, x_1, x_0)$ ist gegeben durch ihre Funktionstabelle:

x_3	x_2	x_1	x_0	$f(x_3, x_2, x_1, x_0)$
0	0	0	0	0
0	0	0	1	0
0	0	1	0	0
0	0	1	1	0
0	1	0	0	0
0	1	0	1	1
0	1	1	0	1
0	1	1	1	0
1	0	0	0	0
1	0	0	1	0
1	0	1	0	0
1	0	1	1	1
1	1	0	0	0
1	1	0	1	1
1	1	1	0	1
1	1	1	1	1

a) Tragen Sie die Werte der Funktion f in ein KV-Diagramm ein.
b) Bestimmen Sie alle Primimplikanten der KDNF von f.
c) Geben Sie die Kern-Primimplikanten, absolut eliminierbaren Primimplikanten und relativ eliminierbaren Primimplikanten an.
d) Bestimmen Sie eine minimale disjunktive Normalform von f.
e) Ermitteln Sie die minimale DNF mit Hilfe des Verfahrens von Quine-McCluskey.

Aufgabe 6.2

Eine unvollständig spezifizierte boolesche Funktion soll durch ihre Minterme und Maxterme gegeben sein. Die nicht spezifizierten Werte sind don't care. Die Funktion $f(x_4, x_3, x_2, x_1, x_0)$ hat die Minterme (x_4: MSB, x_0: LSB):

$m_0, m_2, m_4, m_7, m_{16}, m_{21}, m_{24}, m_{25}, m_{28}$,

und die Maxterme:

$M_1, M_9, M_{11}, M_{13}, M_{15}, M_{18}, M_{19}, M_{26}, M_{27}, M_{30}, M_{31}$

a) Zeichnen Sie das KV-Diagramm und tragen Sie Minterme und die Maxterme ein.
b) Bestimmen Sie eine möglichst einfache disjunktive sowie eine möglichst einfache konjunktive Normalform, wobei die don't care-Felder optimal genutzt werden sollen.

Aufgabe 6.3

Durch ihre Minterme m_i sind die folgenden drei Schaltfunktionen (x_3: MSB, x_0: LSB) gegeben:

$$f_1(x_3, x_2, x_1, x_0) = m_0, m_4, m_5$$

$$f_2(x_3, x_2, x_1, x_0) = m_4, m_5, m_7$$

$$f_3(x_3, x_2, x_1, x_0) = m_3, m_5, m_7, m_{11}, m_{15}$$

a) Geben Sie für jede Funktion getrennt eine minimale DNF an, indem Sie ein KV-Diagramm für jede Funktion aufstellen.

b) Zeigen Sie anhand der drei KV-Diagramme, dass die drei Funktionen gemeinsame Terme haben und geben Sie ein möglichst einfaches Schaltnetz an, in dem gemeinsame Terme nur einmal realisiert werden.

c) Zeichnen Sie das optimale Schaltnetz.

Aufgabe 6.4

Eine Schaltfunktionen (x_3: MSB, x_0: LSB) ist durch ihre Minterme m_i gegeben:

$$f(x_3, x_2, x_1, x_0) = m_1, m_4, m_5, m_6, m_7, m_9, m_{13}, m_{15}$$

Zeigen Sie wie die Funktion nur mit NAND-Gattern realisiert werden kann. Versuchen Sie mit möglichst wenigen Gattern auszukommen. Nehmen Sie an, dass die Eingangsvariablen x_3, x_2, x_1, x_0 auch invertiert zur Verfügung stehen.

Aufgabe 6.5

Im Bild ist eine Digitalschaltung gezeigt, in der ein Strukturhazard auftritt. Die Laufzeit durch ein Gatter (UND, ODER, NOT) soll jeweils gleich t_0 sein.

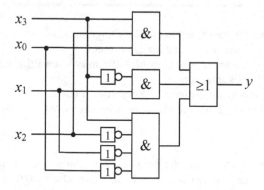

a) Geben Sie die boolesche Funktion $y = f(x_3, x_2, x_1, x_0)$ an.
b) Tragen Sie die Funktion in ein KV-Diagramm ein.
c) Markieren Sie im KV-Diagramm die Stelle, an der ein Hazard auftritt.
d) Schlagen Sie eine Schaltung mit der gleichen Funktion vor, in der kein Strukturhazard auftritt.

7 Asynchrone Schaltwerke

Ein asynchrones Schaltwerk kann man sich aus einem Schaltnetz entstanden denken, bei dem zumindest ein Ausgang auf den Eingang zurückgeführt wurde. Dieses Schaltnetz wird im Folgenden mit Schaltnetz 1 (SN1) bezeichnet. Schaltwerke werden auch sequentielle Schaltungen oder endliche Automaten genannt. Das Verhalten eines Schaltwerks hängt neben den aktuell anliegenden Eingangsvariablen auch von den Eingangsvariablen x_i vorhergegangener Zeiten ab. Es ist daher in der Lage Information zu speichern. Die gespeicherten Größen heißen Zustandsgrößen, die hier mit z_i bezeichnet werden.

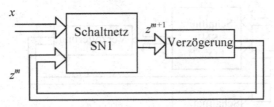

Bild 7-1 Asynchrones Schaltwerk: Schaltnetz mit Rückkopplung und dem Eingangsvektor x, dem Rückkopplungsvektor z zu den Zeitpunkten m und $m+1$.

Zur Entkopplung der Ein- und Ausgänge benötigen asynchrone Schaltwerke eine Verzögerung in der Rückkopplung. Schaltwerke, bei denen ein Taktsignal entkoppelnde Pufferspeicher in der Rückkopplung kontrolliert, heißen synchrone Schaltwerke. Sie werden im nächsten Kapitel behandelt. Durch die Verzögerung zwischen Ein- und Ausgang ist es sinnvoll, die Zustandsgrößen zu zwei verschiedenen Zeitpunkten zu betrachten, die mit den Indizes m und $m+1$ bezeichnet werden.

Es sollen nur Eingangssignale x_i betrachtet werden, die zu diskreten Zeiten ihre Werte ändern. Der Abstand zwischen zwei Änderungen der Eingangssignale soll so groß sein, dass sich inzwischen auf allen Verbindungsleitungen feste Werte eingestellt haben. Man nennt dies Betrieb im Grundmodus.

7.1 Prinzipieller Aufbau von Schaltwerken

Ein Schaltwerk enthält immer ein Schaltnetz, hier SN1 genannt, welches über eine Verzögerungsstrecke zurückgekoppelt ist. Ein Schaltwerk hat aber auch Ausgänge, die auf zwei verschiedene Arten in einem zweiten Schaltnetz SN2 erzeugt werden können (Bild 7-2):

- Im Moore-Schaltwerk (Moore-Automat) werden die Ausgangsvariablen y nur aus den Zustandsgrößen z^m berechnet.
- Der Mealy-Automat verwendet dagegen im Schaltnetz SN2 nicht nur die Zustandsgrößen z^m, sondern auch die Eingangsvariablen x als Eingangsgrößen.

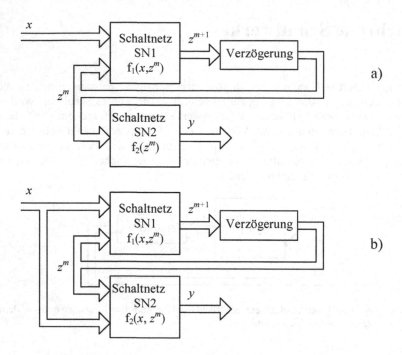

Bild 7-2 a) Moore-Schaltwerk, b) Mealy-Schaltwerk.

7.2 Analyse asynchroner Schaltwerke

Als Beispiel sei die Analyse eines NOR-Flipflops durchgeführt. Es besteht aus einem idealen rückgekoppelten Verknüpfungsnetz (Bild 7-3). Mit dieser Schaltung können Daten gespeichert werden. Die Abkürzungen S und R für die Eingangssignale bedeuten „Setzen" bzw. „Rücksetzen". Der Ausgang wird hier mit Q_1 bezeichnet, alternativ ist auch Q üblich. Ein zweiter Ausgang Q_2 wird auch als invertierender Ausgang $\neg Q$ bezeichnet. Die invertierende Funktion des zweiten Ausgangs ist allerdings nicht immer gegeben, wie wir unten sehen werden.

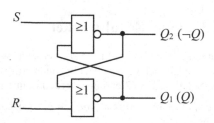

Bild 7-3 NOR-Flipflop (in Klammern: alternative Bezeichnung der Ausgänge).

Man kann diese einfache Schaltung bereits durch die Anwendung der bei der Analyse der Schalt-netze gemachten Erfahrungen verstehen.

1. Wir beginnen mit dem Fall $S = 1$, $R = 0$. Der Ausgang des oberen NOR-Gatters in Bild 7-3 liegt dann auf $Q_2 = 0$. Beide Eingänge des unteren NOR-Gatters sind dann auf 0, so dass $Q_1 = 1$ gilt. Das Flipflop ist gesetzt. Dieses Ergebnis tragen wir in die Wahrheitstabelle 7-1 ein. Zwei mögliche Darstellungsformen der Wahrheitstabelle sind dort gezeigt.

2. Im umgekehrten Fall $S = 0$, $R = 1$ wird aus Symmetriegründen der Ausgang $Q_1 = 0$ und $Q_2 = 1$. Das Flipflop ist zurückgesetzt.

3. Nun soll der Fall $S = 0$, $R = 0$ betrachtet werden. Dann wird das Verhalten des Flipflops von der Vorgeschichte abhängig.

   War der Ausgang $Q_1 = 1$, so ist ein Eingang des oberen NOR-Gatters in Bild 7-3 gleich 1 und es bleibt auf $Q_2 = 0$. Es bleibt auch $Q_1 = 1$, da beide Eingänge dieses Gatters auf 0 liegen. Dieser Zustand ist stabil und bleibt daher erhalten.

   War dagegen der Ausgang $Q_2 = 1$, so folgt aus Symmetriegründen, dass $Q_1 = 0$ und $Q_2 = 1$ erhalten bleiben.

   In die Tabelle 7-1 wird daher eingetragen, dass der Vorzustand gespeichert wird ($Q^m = Q^{m+1}$). Die beiden Darstellungsformen der Tabelle 7-1 unterscheiden sich durch die Darstellung der Werte der Ausgänge Q und $\neg Q$ zu den Zeiten m und $m+1$.

4. Der letzte verbleibende Fall ist $S = 1$, $R = 1$. Dann gehen beide Ausgänge auf 0. Dieser Fall wird ausgeschlossen, da die Ausgänge nicht mehr invers zueinander sind.

Tabelle 7-1 Zwei Formen der Wahrheitstabelle eines RS-NOR-Flipflops.

S	R	Q^{m+1}
0	0	Q^m
0	1	0
1	0	1
1	1	verboten

S	R	Q^m	Q^{m+1}
0	0	0	0
0	0	1	1
0	1	0	0
0	1	1	0
1	0	0	1
1	0	1	1
1	1	0	verboten
1	1	1	verboten

7.3 Systematische Analyse

Eine systematische Analyse kann mit dem Aufstellen der booleschen Funktionen f_1 und f_2 (vergl. Bild 7-2) für die Schaltnetze SN1 und SN2 durchgeführt werden. Wir zeichnen dazu das Schalt-bild entsprechend Bild 7-4 um und führen die pauschale Verzögerungszeit t_1 für die Schaltung ein.

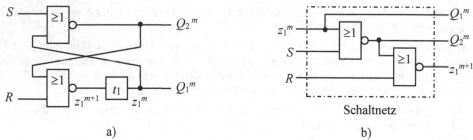

a)   b)

Bild 7-4 a) Verknüpfungsnetz mit Rückkopplung (RS-NOR-Flipflop), b) Rückkopplung aufgetrennt.

Die Übergangsfunktion beschreibt den Ausgang z_1^{m+1} des idealen Schaltnetzes SN1 als Funktion der Eingangsgrößen S, R, z_1^m:

$$z_1^{m+1} = \neg(\neg(S \vee z_1^m) \vee R) = \neg RS \vee \neg R z_1^m \qquad (7.1)$$

Die Ausgabefunktionen beschreiben das Verhalten des Schaltnetzes SN2, welches in der Realisierung teilweise identisch mit dem Schaltnetz SN1 ist, da auch das obere NOR-Gatter verwendet wird:

$$Q_1^m = z_1^m \qquad (7.2)$$

$$Q_2^m = \neg(S \vee z_1^m) = \neg S \neg z_1^m \qquad (7.3)$$

Q_2^m in Gleichung 7.3 ist eine Funktion der Eingangsgröße S, daher handelt es sich um ein Mealy-Schaltwerk. Aus den Zustandsgleichungen können die Tabellen 7-1 abgeleitet werden. Man kann die Zustandsgleichungen aber auch in die so genannte Zustandsfolgetabelle eintragen (Tabelle 7-2).

Tabelle 7-2 Zustandsfolgetabelle in Form eines KV-Diagramms.

z_1^m	z_1^{m+1}				Q_1^m, Q_2^m			
	$\neg S \neg R$	$S \neg R$	SR	$\neg SR$	$\neg S \neg R$	$S \neg R$	SR	$\neg SR$
0	⓪	1	⓪	⓪	01	00	00	01
1	①	①	0	0	10	10	10	10

In das erste Diagramm wird der neue Zustand z_1^{m+1} eingetragen. Diese Größe beeinflusst nach ihrer Wertänderung am Ausgang über die Rückkopplung den Eingang.

In das zweite Diagramm werden die Ausgabegrößen eingetragen, in diesem Fall Q_1^m und Q_2^m.

In der Zustandsfolgetabelle werden als nächstes die stabilen Zustände durch Kreise markiert. Sie sind durch die Gleichung $z_1^m = z_1^{m+1}$ gekennzeichnet. In diesen Fällen wird sich das Netzwerk nach dem Einstellen des Ausgangszustandes stabil verhalten. Ein Beispiel wäre die Eingangskombination $R = 0$, $S = 1$, wenn gleichzeitig $z_1^m = 1$ ist. Dann ergibt sich aus der Zustandsfolgetabelle nach der Laufzeit t_1 am Ausgang des Netzwerkes stabil $z_1^{m+1} = 1$.

Eine weitere Art der Darstellung ist das Zustandsdiagramm (Bild 7-5). Im Zustandsdiagramm, hier in der für ein Mealy-Schaltwerk üblichen Form, sind die inneren Zustände, in diesem Fall $z_1{}^m$, durch Kreise (sog. Knoten) gekennzeichnet. Die möglichen Übergänge sind durch Pfeile (sog. Kanten) dargestellt. Die dafür nötigen Bedingungen der Eingangsvariablen sind an den Pfeilen vermerkt. Durch einen Schrägstrich sind die Werte der Ausgangsvariablen davon getrennt. Es geht aus diesem Diagramm zum Beispiel hervor, dass der Übergang von $z_1{}^m = 0$ nach $z_1{}^m = 1$ mit $S = 1$, $R = 0$ bewirkt werden kann. Ein so genannter reflexiver Übergang ist bei $z_1{}^m = 0$ für $R = S = 1$. Der Zustand $z_1{}^m = 1$ ist reflexiv für $\neg R$, unabhängig von S.

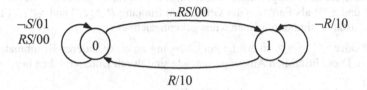

Bild 7-5 Zustandsdiagramm, in den Kreisen steht $z_1{}^m$, nach dem Querstrich: $Q_1 Q_2$.

Die in diesem Abschnitt vorgestellte systematische Form der Analyse liefert die gleichen Ergebnisse wie die in Abschnitt 7.2 mit der einfachen Betrachtungsweise gewonnenen.

7.4 Analyse unter Berücksichtigung der Gatterlaufzeit

Im Folgenden soll gezeigt werden, dass die obige Analyse zu stark vereinfacht ist, da das Verzögerungsverhalten der Gatter nicht vollständig berücksichtigt wird. Sie gibt einige der auftretenden Probleme nicht wieder. Am Beispiel des NOR-Flipflops soll nun demonstriert werden, wie auch das Verhalten einer Schaltung analysiert werden kann, in der beide NOR-Gatter eine endliche Verzögerungszeit haben (Bild 7-6).

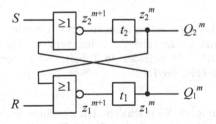

Bild 7-6 Verknüpfungsnetz mit Rückkopplung (RS-NOR-Flipflop) unter Berücksichtigung der Gatterlaufzeiten t_1 und t_2.

Man erkennt, dass nun zwei Zustandsvariablen vorliegen und liest aus Bild 7-6 die Übergangs-funktionen:

$$z_1^{m+1} = \neg(R \vee z_2^m) = \neg R \neg z_2^m \tag{7.4}$$

$$z_2^{m+1} = \neg(S \vee z_1^m) = \neg S \neg z_1^m \tag{7.5}$$

und die Ausgabefunktionen:

$$Q_1^m = z_1^m \tag{7.6}$$

$$Q_2^m = z_2^m \tag{7.7}$$

ab. Aus den Zustandsgleichungen kann wieder ein KV-Diagramm gewonnen werden. Es gibt die Signale z_1^{m+1} und z_2^{m+1} als Funktion der Größen am Eingang R, S, z_1^m und z_2^m an (Tabelle 7-3). Die stabilen Zustände sind durch einen Kreis gekennzeichnet.

Ist $z_1^{m+1} \neq z_1^m$ oder $z_2^{m+1} \neq z_2^m$, so erfolgt ein Übergang zu einer anderen Kombination von Ein-gangssignalen. Diese instabilen Ausgangszustände sind durch Unterstreichen hervorgehoben.

Tabelle 7-3 Zustandsfolgetabelle in Form eines KV-Diagramms.

$z_2^m z_1^m$	$z_2^{m+1} z_1^{m+1}$			
	$\neg R \neg S$	$\neg R S$	$R S$	$R \neg S$
00	<u>11</u>	0<u>1</u>	(00)	<u>1</u>0
01	(01)	(01)	0<u>0</u>	0<u>0</u>
11	<u>00</u>	<u>00</u>	<u>00</u>	<u>00</u>
10	(10)	<u>00</u>	<u>00</u>	(10)

Sind für eine Kombination von Eingangsvariablen beide Zustandsvariablen unterstrichen, ändern sich beide Zustandsgrößen. Man spricht von einem Zweikomponentenübergang. In diesem Fall ist es entscheidend, welche der beiden Gatterlaufzeiten kürzer ist. Diese bestimmt dann den nächsten Zustand, da der Übergang mit der kürzeren Gatterlaufzeit sich zuerst am Ausgang aus-wirkt.

Nun soll aus Tabelle 7-3 das Zustandsdiagramm konstruiert werden. Das soll an einem Beispiel erläutert werden. Wir nehmen an, dass sich das Schaltwerk mit den Eingangsvariablen $R = 1$, $S = 1$ stabil im Zustand $z_2^m z_1^m = 00$ befindet. In Tabelle 7-3 finden wir den stabilen Zustand $z_2^{m+1} z_1^{m+1} = 00$ in der ersten Zeile der Tabelle.

Nun sollen die Eingänge auf $R = 0$, $S = 0$ schalten. Die Zustände, die sich einstellen können, sind also in der ersten Spalte der Tabelle zu finden. Da die Zustandsvariablen $z_2^m z_1^m = 00$ zunächst bleiben, müssen wir in der ersten Zeile der Tabelle unter der neuen Eingangsvariablenkombina-tion die neuen Zustandsvariablen ablesen. Wir finden $z_2^{m+1} z_1^{m+1} = \underline{11}$. Das bedeutet, dass sich beide Zustandsvariablen ändern wollen. Wir können 3 Fälle unterscheiden:

1. Ist die Verzögerungszeit des ersten Gatters geringer ($t_1 < t_2$), so geht das Schaltwerk nach der Laufzeit t_1 zunächst in den Zustand $z_2{}^{m+1}z_1{}^{m+1} = 01$. Das weitere Verhalten richtet sich nach dem Größenverhältnis der Laufzeiten. Es ist eine Vielzahl von Abläufen möglich, die recht kompliziert sein können.

2. Ist $t_1 > t_2$, so geht das Schaltwerk in den Zustand $z_2{}^{m+1}z_1{}^{m+1} = 10$. Danach ergibt sich prinzipiell die gleiche Problematik wie unter 1.

3. Gilt $t_1 = t_2$, so geht es nach $z_2{}^{m+1}z_1{}^{m+1} = \underline{11}$. Es liegt wieder ein Zweikomponentenübergang vor. Das Schaltwerk wird also wieder zurück nach $z_2{}^{m+1}z_1{}^{m+1} = 00$ schwingen, um den Vorgang periodisch zu wiederholen.

Man erkennt, dass das Verhalten des Schaltwerks von den Verzögerungszeiten der Gatter abhängig wird. Man nennt diesen Vorgang Lauf oder „Race", wobei man zwischen kritischen und unkritischen Läufen unterscheidet, je nachdem, ob die Endzustände verschieden oder gleich sind. Im vorliegenden Fall ist der Lauf, der beim Schalten von $RS = 11$ nach $RS = 00$ auftritt, ein kritischer Lauf, da das Schaltwerk dabei 3 verschiedene Verhaltensweisen zeigen kann.

Dies ist in Bild 7-7a verdeutlicht. Die ersten Zustandsübergänge beim Wechsel von $RS = 11$ (im Zustand $z_2{}^m z_1{}^m = 00$) zu $RS = 00$ sind entsprechend den verschiedenen Gatterlaufzeiten aufgeschlüsselt. Dies ist der einzige kritische Lauf im RS-NOR-Flipflop. Man kann ihn z.B. vermeiden, indem man die Eingangskombination $RS = 11$ verbietet.

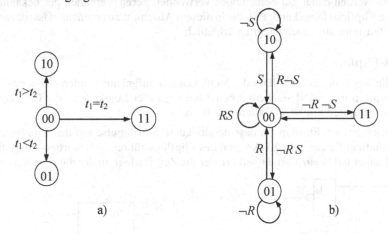

Bild 7-7 a) Zustandsübergänge des RS-NOR-Flipflops, die dem Übergang $RS=11$ (im Zustand $z_2{}^m z_1{}^m=00$) nach $RS=00$ folgen, aufgeschlüsselt nach den Gatterverzögerungszeiten. Weitere Übergänge sind möglich b) Zustandsdiagramm mit allen Übergängen ($t_1 = t_2$).

In Bild 7-7b ist das Zustandsdiagramm mit allen möglichen Übergängen für $t_1 = t_2$ gezeigt. Man stellt fest, dass der Zustand 00 zentral liegt, so dass er bei jedem Übergang durchlaufen wird. Wenn man die Eingangskombination $RS = 11$ verbietet, kann das Schaltwerk nicht im Zustand 00 stabil verbleiben, dieser Zustand wird dann nur noch schnell durchlaufen. Es gibt es keine kritischen Läufe mehr, da es nur noch Einkomponentenübergänge gibt.

Wenn sich das Flipflop im Zustand 10 befindet, ist es stabil für $S = 0$. Das Flipflop ist dann zurückgesetzt. Wechseln dann die Eingänge auf $SR = 10$, so geht es über den Zustand 00 zum Zustand 01, ohne im Zustand 00 zu verweilen. Zusammenfassend kann festgestellt werden:

- Die Eingangsvariablenkombination $R = S = 1$ beim RS-NOR-Flipflop führt zu nicht-komplementären Ausgängen.

- Wenn nach dem verbotenen Eingangswertepaar $RS = 11$ das Eingangswertepaar $RS = 00$ folgt, können nach Bild 7-7 drei verschiedene Verhalten resultieren: Schwingen zwischen 00 und 11, Stabilität in 10 oder Stabilität in 01. Dies ist der einzige kritische Lauf, der im Schaltwerk vorkommt. Er kann vermieden werden, wenn nach der verbotenen Eingangsvariablenkombination nicht sofort $RS = 00$ folgt.

- Probleme entstehen in asynchronen Schaltungen, wenn die Übergangsfunktionen nicht hazardfrei realisiert werden. Dann können kurze Störsignale an die Eingänge des Schaltnetzes SN1 gelangen und ein falsches oder unvorhergesagtes Verhalten des Schaltwerks bewirken.

- Zweikomponentenübergänge der Zustandsvariablen sollten möglichst vermieden werden. Es besteht die Möglichkeit eines Laufes.

7.5 Speicherglieder

Im letzten Abschnitt wurde deutlich, dass die Verwendung asynchroner Schaltwerke problematisch ist. Es werden daher nur Schaltungen verwendet, deren Verhalten gut bekannt ist. Dazu gehören die Flipflops (abgekürzt: FF), die in diesem Abschnitt zusammengefasst dargestellt werden. Alle Bausteine sind auch integriert erhältlich.

7.5.1 RS-Flipflop

Ein RS-Flipflop kann aus NAND- oder NOR-Gattern aufgebaut werden (Bilder 8-7 und 8-8). Das RS-Flipflop mit NAND-Gattern arbeitet mit negativer Logik, denn die Eingänge sind gegenüber dem Flipflop mit NOR-Gattern invertiert.

Problematisch am RS-Flipflop ist, dass bereits kurze Störimpulse auf den Eingängen R und S zum fehlerhaftem Setzen oder Rücksetzen des Flipflops führen. Als Verbesserung dieses Flipflops wird daher unten ein Takt eingeführt, der die Zeit festlegt, in der die Eingänge aktiv sind.

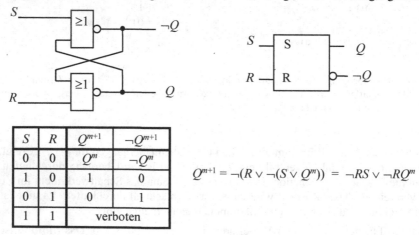

S	R	Q^{m+1}	$\neg Q^{m+1}$
0	0	Q^m	$\neg Q^m$
1	0	1	0
0	1	0	1
1	1	verboten	

$$Q^{m+1} = \neg(R \vee \neg(S \vee Q^m)) = \neg RS \vee \neg RQ^m$$

Bild 7-8 RS-Flipflop mit NOR-Gattern. Von oben nach unten: Schaltbild, Schaltsymbol, Wahrheitstabelle und Übergangsfunktion.

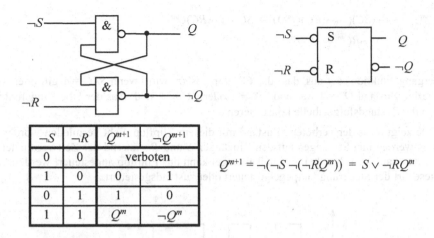

$$Q^{m+1} = \neg(\neg S \neg(\neg R Q^m)) = S \vee \neg R Q^m$$

$\neg S$	$\neg R$	Q^{m+1}	$\neg Q^{m+1}$
0	0	\multicolumn{2}{c}{verboten}	
1	0	0	1
0	1	1	0
1	1	Q^m	$\neg Q^m$

Bild 7-9 RS-Flipflop mit NAND-Gattern. Von oben nach unten: Schaltbild, Schaltsymbol, Wahrheitstabelle und Übergangsfunktion.

7.5.2 RS-Flipflop mit Takteingang

Mit einem Takt C kann die Zeit begrenzt werden, in der das Flipflop für Eingangssignale sensitiv ist. Das RS-Flipflop mit Takteingang wird auch als RS-Latch bezeichnet (Bild 7-10). Obwohl das Flipflop aus NAND-Gattern aufgebaut ist, arbeitet es mit positiver Logik.

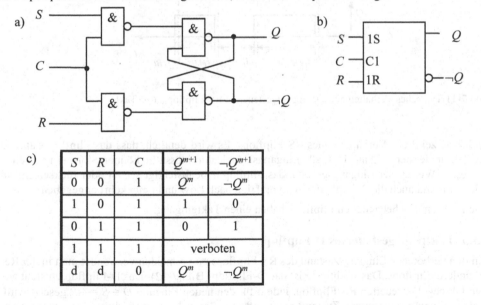

S	R	C	Q^{m+1}	$\neg Q^{m+1}$
0	0	1	Q^m	$\neg Q^m$
1	0	1	1	0
0	1	1	0	1
1	1	1	\multicolumn{2}{c}{verboten}	
d	d	0	Q^m	$\neg Q^m$

Bild 7-10 RS-Flipflop mit Takteingang. a) Schaltbild, b) Schaltsymbol, c) Wahrheitstabelle.

Die Übergangsfunktion für das zustandsgesteuerte RS-Flipflop erhält man, indem man sie aus dem Schaltbild 7-10a abliest:

$$Q^{m+1} = \neg(\neg(SC)(\neg(\neg(RC)Q^m))) = SC \lor (\neg(RC)Q^m)$$
$$= SC \lor \neg RQ^m \lor \neg CQ^m \tag{7.8}$$

Die Übergangsfunktion sagt aus, dass das Flipflop gesetzt wird, wenn $S \land C = 1$ gilt oder wenn der vorherige Zustand $Q^m = 1$ war und $\neg R = 1$ oder $\neg C = 1$ sind. Aus der Übergangsfunktion kann man die Zustandsfolgetabelle konstruieren.

Bild 7-10c zeigt, dass der verbotene Zustand mit diesem Flipflop nicht vermieden worden ist. Allerdings werden nun Störungen auf den Eingängen S und R während der Zeit vermieden, in der der Takt C auf 0 ist. Nur bei hohem Taktpegel kann das Flipflop angesteuert werden. Man nennt diese Art der Steuerung taktpegelgesteuert oder zustandsgesteuert.

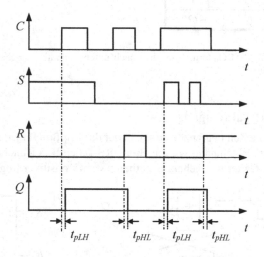

Bild 7-11 Typisches Verhalten eines taktpegelgesteuerten RS-Flipflops, C = Takt.

Bild 7-11 zeigt das Verhalten eines RS-Flipflops. Es wird deutlich, dass das Flipflop während der Zeit, in der der Takt auf 1 ist, alle Eingangssignale durchlässt. So können Störimpulse, selbst bei festen Werten der Eingangsgrößen, das Flipflop unbeabsichtigt setzen oder rücksetzen. Im Bild 7-11 sind auch die Signallaufzeiten von High nach Low und umgekehrt angegeben.

Alle im Weiteren behandelten Flipflops haben einen Takteingang.

7.5.3 Taktpegelgesteuertes D-Flipflop

Um den verbotenen Eingangszustand des RS-Flipflops zu vermeiden verwendet man in der Regel andere Flipflops. Das wichtigste ist das D-Flipflop (Bild 7-12). Das D-Flipflop entsteht aus dem taktpegelgesteuerten RS-Flipflop, indem für den neuen Eingang $D = S = \neg R$ gesetzt wird. Dadurch kann der verbotene Zustand nicht auftreten. Die Übergangsfunktion kann man ermitteln, indem man in Gleichung 7.8 $S = D$ und $R = \neg D$ einsetzt. Man erhält:

$$Q^{m+1} = DC \vee \neg CQ^m \tag{7.9}$$

Die Übergangsfunktion des D-Flipflops sagt aus, dass es für $C = 1$ den Dateneingang D durchschaltet und dass es für $C = 0$ den alten Zustand speichert.

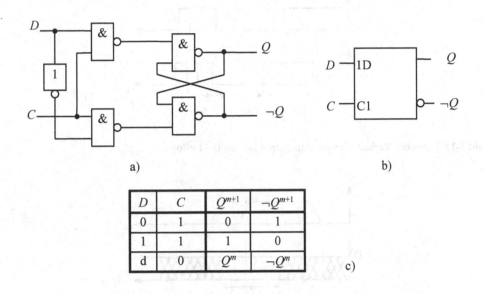

a)   b)

D	C	Q^{m+1}	$\neg Q^{m+1}$
0	1	0	1
1	1	1	0
d	0	Q^m	$\neg Q^m$

c)

Bild 7-12 Pegelgesteuertes D-Flipflop. a) Schaltbild, b) Schaltsymbol, c) Wahrheitstabelle.

Bild 7-13 zeigt einen typischen Zeitverlauf der Signale an einem taktpegelgesteuerten D-Flipflop. Man erkennt, dass das D-Flipflop Änderungen des Eingangssignals während des hohen Taktpegels direkt an den Ausgang weitergibt. Es erscheint in diesem Zustand wie ein reines Verzögerungsglied (daher D von engl. delay). Man sagt auch, es ist transparent. Daher ist im Englischen auch der Name „transparent latch" gebräuchlich.

Der Zeitraum in dem die Entscheidung fällt, welche Information in einem Flipflop gespeichert wird, nennt man Wirkintervall t_W. Ist das Eingangssignal innerhalb des Wirkintervalls nicht konstant, ist der gespeicherte Wert vom Zufall abhängig und daher undefiniert. Daher muss das Eingangssignal eine gewisse Zeit vor und nach der negativen Taktflanke konstant sein. Der Anteil des Wirkintervalls vor der Taktflanke heißt Setup-Zeit t_s, der Anteil nach der Taktflanke heißt Hold-Zeit t_h.

Die Verhältnisse sind in Bild 7-14 für das ungepufferte D-Flipflop gezeigt. Zeiten, in denen sich das Eingangssignal ändern darf kann, sind durch die Jägerzaun-ähnliche Darstellung markiert. Das Wirkintervall liegt am Ende der High-Phase des Taktintervalls.

Der Zeitraum, in dem sich das Ausgangssignal ändern kann, nennt man Kippintervall t_K, es ist auch durch die Jägerzaun-Darstellung markiert. Beim ungepufferten D-Flipflop überlappt sich das Kippintervall mit dem Wirkintervall, nämlich während der transparenten Phase.

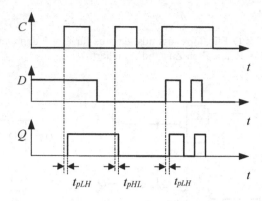

Bild 7-13 Typisches Verhalten eines taktpegelgesteuerten D-Flipflops.

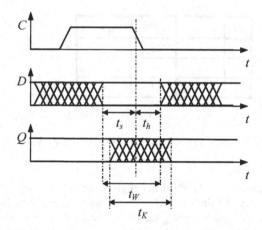

Bild 7-14 Definition der Setup-Zeit t_s, der Hold-Zeit t_h, des Wirkintervalls t_W und des Kippintervalls t_K.

Eine Realisierung des D-Flipflops mit der CMOS-Technologie ist in Bild 7-15 gezeigt. Das linke Transmission-Gate wird mit dem Takt C, das rechte mit dem invertierten Takt $\neg C$ angesteuert.

- Das linke Transmission-Gate ist bei hohem Taktpegel durchgeschaltet und lässt das Eingangssignal D über die beiden Inverter zum Ausgang durch. Dies ist die transparente Phase. Das rechte Transmission-Gate sperrt.

- Wenn der Takt auf den niedrigen Taktpegel wechselt, wird das linke Transmission-Gate gesperrt und das rechte leitet. Dadurch wird der Eingang D abgekoppelt und durch das rechte Transmission-Gate der Speicherkreis geschlossen. Gespeichert wird der Wert des Eingangssignals D, welcher am Ende des hohen Taktpegels anlag. Im Speicherkreis wird die Information durch den Kreis gespeichert, der durch die beiden Inverter gebildet wird, ähnlich wie im oben beschriebenen NOR-Flipflop, wenn für beide Eingänge $R = S = 0$ gilt.

Wichtig für die Funktion ist die Kontrolle der Flanken des Taktes und des invertierten Taktes.

a)

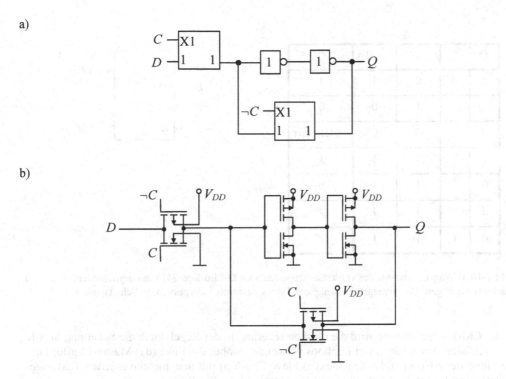

b)

Bild 7-15 Realisierung des taktpegelgesteuerten D-Flipflops: a) Prinzip b) Schaltung in CMOS-Technologie.

7.5.4 Flankengesteuertes D-Flipflop

Bei taktpegelgesteuerten D-Flipflops stört oft das transparente Verhalten. Bei der Weitergabe von einzelnen Bits in Schieberegistern kann es dazu führen, dass sie über mehrere Stufen des Schieberegisters weitergegeben werden. Auch ist das Wirkintervall relativ lang. Im Wirkintervall können Störungen oder Änderungen des Eingangssignals Einfluss auf die gespeicherte Information nehmen. Um diese Probleme zu vermeiden, verwendet man taktflankengesteuerte Flipflops. Bei einem taktflankengesteuerten Flipflop muss das Eingangssignal im Idealfall nur während der Taktflanke konstant sein. Bei diesem Flipflop spielt es keine Rolle, wie lang der Takt auf dem hohen Pegel ist. Für die Taktflanke wird bei einigen Halbleiter-Technologien eine Mindeststeilheit gefordert.

In der Wahrheitstabelle des vorderflankengesteuerten D-Flipflops in Bild 7-16 sind die ansteigenden Taktflanken durch Pfeile gekennzeichnet. Das durch die Tabelle beschriebene Flipflop hat zusätzlich einen asynchronen, invertierten Setzeingang $\neg S$ und einen asynchronen, invertierten Rücksetzeingang $\neg R$. Mit diesen Eingängen kann das Flipflop z.B. beim Einschalten unabhängig vom Takt in einen definierten Zustand gebracht werden. In der Regel verwendet man nur den Setzeingang oder nur den Rücksetzeingang. Dadurch vermeidet man, dass $\neg S = \neg R = 0$ wird, was laut Tabelle zu undefiniertem Verhalten führt. Im Schaltsymbol (Bild 7-16b) ist die Vorderflankensteuerung durch das Dreieck am Takteingang dargestellt.

a)   b)

D	C	$\neg S$	$\neg R$	Q^{m+1}
d	d	0	1	1
d	d	1	0	0
d	d	0	0	undefiniert
1	↑	1	1	1
0	↑	1	1	0
d	0	1	1	Q^m
d	1	1	1	Q^m

Bild 7-16 a) Wahrheitstabelle des vorderflankengesteuerten D-Flipflops 7474 mit asynchronem Setz- und Rücksetzeingängen. Die ansteigende Flanke des Taktes ist durch ↑ dargestellt. b) Schaltsymbol.

In der CMOS-Technologie wird die Flankensteuerung in der Regel durch die Schaltung in Bild 7-17 realisiert. Es werden zwei Flipflops verwendet, wobei das linke (das Master-Flipflop) mit dem invertierten Takt und das rechte (das Slave-Flipflop) mit dem nichtinvertierten Takt angesteuert wird. Derartige Schaltungen werden Master-Slave-Flipflops genannt.

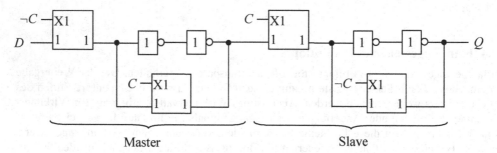

Bild 7-17 Schaltung des vorderflankengesteuerten D-Flipflops in CMOS-Technologie.

- Wenn die steigende Flanke des Taktsignals kommt, beginnt der Master zu speichern. Es speichert das Eingangssignal D, so wie es am Ende des niedrigen Taktpegels anlag. Das Slave-Flipflop wird dann transparent und der Ausgang Q zeigt das gespeicherte Eingangssignal.
- Wenn nun der niedrige Taktpegel kommt, wird die Speicherfunktion durch das Slave-Flipflop übernommen, welches weiterhin das Ausgangssignal Q ausgibt. Das Master-Flipflop ist transparent und leitet das jetzt anliegende Eingangssignal D an den Eingang des Slaves weiter. Bei der dann folgenden steigenden Flanke beginnt der Zyklus von neuem.

Da immer eines der beiden Flipflops speichert, zeigt das flankengesteuerte Flipflop keine transparenten Eigenschaften.

In Bild 7-18 ist das Zeitverhalten eines vorderflankengesteuerten D-Flipflops gezeigt. Das Wirkintervall ist deutlich kürzer als beim taktpegelgesteuerten D-Flipflop und liegt bei der ansteigenden Flanke. Man erkennt am Zeitdiagramm, dass der Ausgang erst nach dem Wirkintervall seinen Wert ändert. Dieses Verhalten, welches durch ein nicht überlappendes Wirk- und Kippintervall gekennzeichnet ist, nennt man Pufferung. Man charakterisiert dieses Flipflop daher als gepuffertes, vorderflankengesteuertes D-Flipflop.

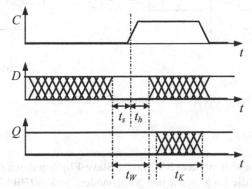

Bild 7-18 Zeitdiagramm des Verhaltens eines gepufferten, vorderflankengesteuerten D-Flipflops.

7.5.5 Zweiflankensteuerung

Ein Schieberegister besteht aus mehreren nacheinander geschalteten Flipflops, in denen Daten wie in einer Eimerkette weitergegeben werden sollen (Bild 7-19). In einer Schieberegisterkette dürfen nie Eingang und Ausgang der verwendeten Flipflops durchgeschaltet sein, damit die Daten nicht durch eine Stufe „hindurchfallen". Daher sind für diesen Anwendungsfall nur Flipflops geeignet, bei denen das Wirk- und das Kippintervall genügend weit auseinander liegen. Es können zum Beispiel die oben genannten gepufferten, vorderflankengesteuerten D-Flipflops verwendet werden. Solange kein Taktversatz t_0 (clock-skew) auftritt, wird die Information richtig weitergegeben, da sich Wirk- und Kippintervall nicht überlappen. Da die beiden Intervalle aber nur wenig entkoppelt sind, kann es bei einem Taktversatz t_0, der größer ist als der Abstand zwischen Wirk- und Kippintervall, zu Fehlschaltungen kommen.

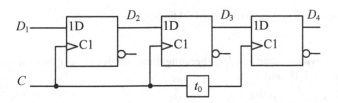

Bild 7-19 Schieberegister mit vorderflankengesteuerten D-Flipflops.

Besser sind für diese Anwendung zweiflankengesteuerte Flipflops geeignet, welche die Information erst mit der fallenden Taktflanke an den Ausgang weitergeben (Bild 7-20). Derartige Flipflops nennt man zweiflankengesteuertes D-Flipflops. Man kann sich aus zwei vorderflankengesteuerten D-Flipflops zusammengesetzt denken, bei denen das zweite Flipflop durch

Inversion des Taktes an der abfallenden Flanke getriggert wird. Auch diese Flipflops sind Master-Slave-Flipflops oder Zwischenspeicherflipflops.

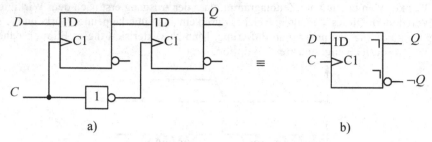

a)   b)

Bild 7-20 Zweiflankengesteuertes D-Flipflop: a) Prinzip, b) Schaltsymbol.

7.5.6 JK-Flipflop

Das JK-Flipflop kann man sich aus dem RS-Master-Slave-Flipflop durch die Rückkopplung der Ausgänge Q und $\neg Q$ auf die Eingänge R und S entstanden denken (Bild 7-21). Wenn der Takt auf dem hohen Pegel ist, gelten die folgenden Formeln:

$$S = J\neg Q^m \tag{7.10}$$

$$R = KQ^m \tag{7.11}$$

Es kann also nur gesetzt werden, wenn es rückgesetzt war und nur rückgesetzt werden, wenn es gesetzt war. Damit ist auch sichergestellt, dass R und S nicht gleichzeitig 1 sein können, da ja entweder $Q = 1$ oder $\neg Q = 1$ gilt.

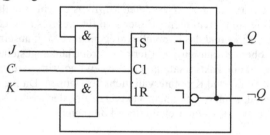

Bild 7-21 Aus einem RS-Flipflop entwickeltes JK-Flipflop.

Das JK-Flipflop entwickelt man aus der Übergangsfunktion des RS-Flipflops unter Verwendung der Gleichungen 7.8, 7.10 und 7.11:

$$Q^{m+1} = SC \vee (\neg R \vee \neg C)Q^m \tag{7.12}$$

$$Q^{m+1} = CJ\neg Q^m \vee (\neg(KQ^m) \vee \neg C)Q^m \tag{7.13}$$

$$Q^{m+1} = CJ\neg Q^m \vee \neg KQ^m \vee \neg CQ^m \tag{7.14}$$

Aus der Übergangsfunktion ergibt sich die Zustandsfolgetabelle in Bild 7-22.

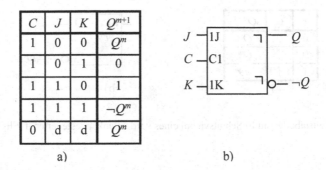

C	J	K	Q^{m+1}
1	0	0	Q^m
1	0	1	0
1	1	0	1
1	1	1	$\neg Q^m$
0	d	d	Q^m

a)   b)

Bild 7-22 a) Wahrheitstabelle und b) Schaltsymbol des JK-Flipflops.

Das JK-Flipflop verhält sich also, solange J und K nicht gleichzeitig 1 sind, wie ein RS-Master-Slave-Flipflop. Ist aber $J = K = 1$, so wechselt der Ausgang bei jedem Taktimpuls. Dies macht es sehr einfach, mit dem JK-Flipflop Frequenzteiler und Digitalzähler aufzubauen. Es muss ein Master-Slave-Flipflop verwendet werden, damit das Flipflop bei $J = K = 1$ und $C = 1$ nicht schwingt. Im Bild 7-23 ist das Verhalten eines zweiflankengesteuerten Flipflops an 4 Taktimpulsen gezeigt. Das Flipflop wird im ersten Taktimpuls gesetzt, im zweiten rückgesetzt und in den beiden folgenden Taktimpulsen wird gewechselt.

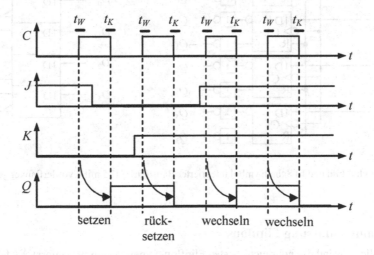

Bild 7-23 Zeitverhalten des JK-Flipflops mit Zweiflankensteuerung.

7.5.7 T-Flipflop

Das T-Flipflop (Bild 7-24) entsteht aus dem JK-Flipflop indem ein neuer Eingang T eingeführt wird, der mit beiden Eingängen des JK-Flipflops verbunden wird: $T = J = K$. Im Englischen wird es Toggle-Flipflop genannt.

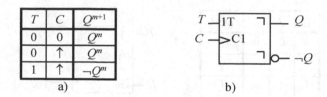

Bild 7-24 a) Wahrheitstabelle und b) Schaltsymbol eines vorderflankengesteuerten T-Flipflops.

7.5.8 Beispiel

Ein typisches Beispiel für ein integriertes Flipflop ist das D-Flipflop 74175. In diesem IC sind 4 gleiche vorderflankengesteuerte D-Flipflops enthalten, die alle vom gleichen Takt gesteuert werden. Alle Flipflops sind an den gleichen Rücksetzeingang R angeschlossen. Man nennt einen derartigen Baustein auch Register.

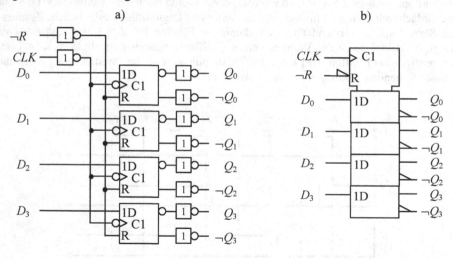

Bild 7-25 a) Schaltbild und b) Schaltsymbol integrierter Baustein 74175 mit 4 vorderflankengesteuerten D-Flipflops.

7.5.9 Zusammenfassung Flipflops

In der Tabelle 7-6 sind die gebräuchlichsten Flipflop-Typen zusammengefasst. Es fällt auf, dass einige der Flipflops nicht existieren. So ist zum Beispiel ein T-Flipflop ohne Takteingang instabil und das D-Flipflop degeneriert zu einer bloßen Durchverbindung.

Alle Flipflops in Tabelle 7-6 können noch zusätzliche asynchrone Setz- und Rücksetzeingänge haben mit denen ein Setzen und Rücksetzen unabhängig vom Takt möglich ist.

Tabelle 7-6 Tabellarische Zusammenfassung der wichtigsten Flipflops.

	Ohne Takt-steuerung	Zustands-Steuerung	2-Zustands-Steuerung	1-Flanken-Steuerung	2-Flanken-Steuerung
RS	S / R	1S / C1 / 1R	1S / C1 / 1R	1S / >C1 / 1R	1S / >C1 / 1R
D	Verzögerung	1D / C1	1D / C1	1D / >C1	1D / >C1
JK	instabil	instabil	1J / C1 / 1K	1J / >C1 / 1K	1J / >C1 / 1K
T	instabil	instabil	1T / C1	1T / >C1	1T / >C1

Die Tabelle 7-7 zeigt die Lage des Kipp- und Wirkintervalls bei den verschiedenen Flipflop-Typen relativ zur Lage der Taktflanken.

Tabelle 7-7 Lage des Kipp- und Wirkintervalls bei den verschiedenen Flipflop-Typen.

ohne Takt-steuerung	Zustands-Steuerung	2-Zustands-Steuerung	1-Flanken-Steuerung	2-Flanken-Steuerung
W / K	W / K	W / K	W / K	W / K

- Liegt keine Taktsteuerung vor, so umfassen Wirk- und Kippintervall die gesamte Taktperiode. Dies ist nur für das RS-Flipflop sinnvoll.
- Bei einer Takt-Zustandssteuerung ist das Wirkintervall mit dem hohen Taktpegel identisch (bei positiver Ansteuerung). Das Kippintervall überlappt sich mit dem Wirkintervall.

- Bei der Zweizustandssteuerung wird zusätzlich die Lage des Wirkintervalls durch den Takt kontrolliert. Wirk- und Kippintervall folgen dicht aufeinander.
- Die Zweiflankensteuerung legt Wirk- und Kippintervall an die positive bzw. an die negative Flanke des Taktsignals. Wichtig ist bei der Zweiflankensteuerung, dass sich durch die Wahl des Tastverhältnisses des Taktes, also des Verhältnisses der Dauer des hohen Pegels zu der des niedrigen Pegels, die Lage des Wirk- und Kippintervalls verschieben lässt. Wirk- und Kippintervall überlappen sich nicht.
- Pufferung bedeutet, dass sich Wirk- und Kippintervall nicht überlappen. Der Abstand beträgt in der Regel etwa eine Gatterlaufzeit. Pufferung ist oft mit einer 1-Flankensteuerung verbunden, wie es im Kapitel 7.5.4 für das D-Flipflop in CMOS-Technologie dargestellt ist.

7.6 Übungen

Aufgabe 7.1

Das asynchrone Schaltwerk mit einer Rückkopplung im untenstehenden Bild soll analysiert werden.

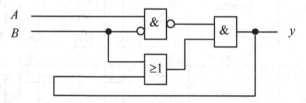

a) Ermitteln Sie die Übergangs- und Ausgabefunktionen. Stellen Sie die Zustandstabelle auf und tragen Sie alle stabilen Zustände ein.
b) Handelt es sich um ein Moore- oder ein Mealy-Schaltwerk?
c) Handelt es sich um eine bistabile Schaltung?
d) Zeichnen Sie das Zustandsdiagramm.
e) Tragen Sie den Verlauf des Ausgangssignals y in das unten gezeigte Impulsdiagramm ein.

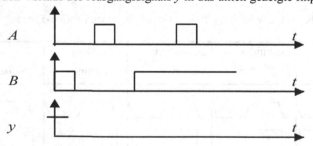

Aufgabe 7.2

Im untenstehenden Bild ist ein asynchrones Schaltwerk mit zwei Rückkopplungen gezeigt. Analysieren Sie diese Schaltung, in dem sie folgendermaßen vorgehen:

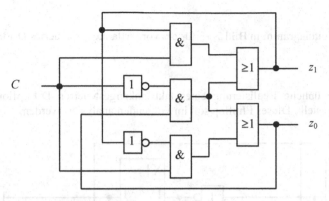

a) Stellen Sie die Zustandstabelle auf und tragen Sie alle stabilen Zustände ein.
b) Zeichnen Sie das Zustandsdiagramm.
c) Welche Probleme können in der Schaltung auftreten? Geben Sie eine Verbesserung der Schaltung an, mit der diese Probleme vermieden werden können.
d) Beschreiben Sie die Funktion der Schaltung.

Aufgabe 7.3

Im Bild unten ist eine Schaltung mit 3 Flipflops gezeigt. Diese Schaltung soll im Folgenden analysiert werden. Gehen Sie davon aus, dass die Flipflops am Ausgang eine halbe Taktperiode Verzögerung haben, während das NOR-Gatter keine Verzögerung aufweisen soll. Skizzieren Sie im untenstehenden Zeit-Diagramm die Verläufe der Signale Q_0, Q_1 und Q_2. Kennzeichnen Sie die Wirk- und Kippintervalle der Flipflops im Zeitdiagramm. Alle Flipflops seien zu Beginn zurückgesetzt.

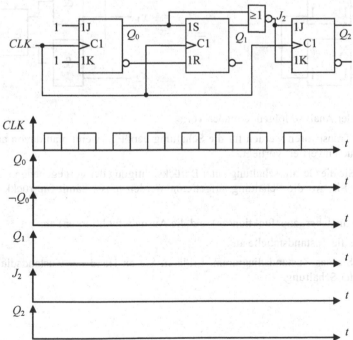

Aufgabe 7.4

Ändern Sie das Zeitdiagramm in Bild 7-13 für ein vorderflankengesteuertes D-Flipflop ab.

Aufgabe 7.5

Im Bild ist eine übliche Realisierung eines taktflankengesteuerten D-Flipflops in CMOS-Technologie dargestellt. Dieses Flipflop soll im Folgenden analysiert werden.

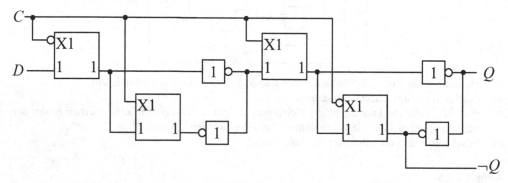

Jeweils zwei der Transmission-Gates können in dieser Schaltung zu einer UND-ODER-Schaltung nach folgendem Muster umgewandelt werden (Signalflussrichtung nur von links nach rechts):

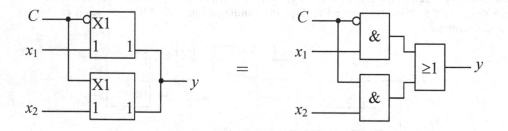

Gehen Sie bei der Analyse folgendermaßen vor:

a) Wie viele Transistoren werden für die Schaltung benötigt, wenn man davon ausgeht, dass der Takt auch invertiert vorliegt.

b) Zeichnen Sie die Gesamtschaltung unter Berücksichtigung der vorgegebenen Umwandlung. Markieren Sie, wo die Schaltung aufgetrennt werden muss, damit Sie rückkopplungsfrei wird.

c) Geben Sie die Übergangsfunktion(en) und die Ausgabefunktion(en) an.

d) Stellen Sie die Zustandstabelle auf.

e) Zeichnen Sie das Zustandsdiagramm. Erklären Sie an Hand des Zustandsdiagramms die Funktion der Schaltung.

8 Synchrone Schaltwerke

Ein Schaltwerk (auch endlicher Automat, Finite State Machine oder sequentielle Schaltung genannt) unterscheidet sich von einem Schaltnetz dadurch, dass es für mindestens eine Kombination von Eingangsvariablen mehrere Kombinationen der Ausgangsvariablen gibt. Die Ausgangsvariablen werden in diesem Fall von der Vergangenheit der Eingangswerte bestimmt. Diese Vergangenheit manifestiert sich in den Zustandsvariablen. Eine Kombination der Zustandsvariablen wird Zustand genannt. Ein System mit N Zustandsvariablen kann daher 2^N unterschiedliche Zustände einnehmen. Diese Tatsachen treffen für asynchrone und synchrone Schaltwerke gleichermaßen zu. Im Gegensatz zu asynchronen Schaltwerken werden die Zustandsvariablen bei synchronen Schaltwerken aber in Flipflops gespeichert.

Ein synchrones Schaltwerk besteht aus einem Schaltnetz (hier SN1 genannt), welches aus den Zustandsvariablen z^m zum Zeitpunkt m und den in der Regel mehreren Eingängen x die Zustandsvariablen z^{m+1} erzeugt (Bild 8-1). Die Indizes m und $m+1$ kennzeichnen aufeinander folgende Perioden des Taktes CLK. Die Gleichungen, die dieses Schaltnetz beschreiben, werden Übergangsfunktionen genannt:

$$z^{m+1} = f_1(x,z^m) \qquad (8.1)$$

Die neuen Zustandsvariablen z^{m+1} werden mit der steigenden Taktflanke in die Flipflops eingelesen und werden während des Kippintervalls über die Rückkopplung am Eingang des Schaltnetzes sichtbar. Dann beginnt der Zyklus von neuem.

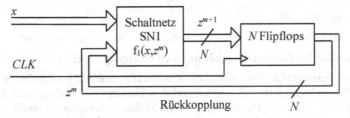

Bild 8-1 Synchrones Mealy-Schaltwerk mit Takteingang *CLK*.

Die Flipflops entkoppeln den geschlossenen Kreis, der durch die Rückkopplung entsteht. Der Vorteil des synchronen Schaltwerks gegenüber dem asynchronen Schaltwerk liegt darin, dass das Ausgangssignal des Verknüpfungsnetzes nur im eingeschwungenen Zustand auf das Verhalten des Schaltwerks Einfluss hat. Hazards spielen keine Rolle, solange sie bis zum Wirkintervall der Speicher abgeklungen sind. Auch können keine Läufe (Races) auftreten, da Eingang und Ausgang des Verknüpfungsnetzes durch die Speicherglieder entkoppelt sind.

Ein wesentlicher Unterschied zu asynchronen Schaltwerken besteht darin, dass die Wechsel zwischen den Zuständen immer synchron zum Takt stattfinden, denn die Zustandsvariablen z^{m+1} werden immer synchron zum Takt in die Speicher geladen. Oft werden zweiflankengesteuerte Flipflops als Speicher verwendet, so dass auch die Ausgänge der Speicher synchron schalten. Dadurch hat man eine sehr gute Kontrolle über die zeitlichen Abläufe im Schaltwerk.

© Springer Fachmedien Wiesbaden GmbH, ein Teil von Springer Nature 2023
K. Fricke, *Digitaltechnik*, https://doi.org/10.1007/978-3-658-40210-5_8

8.1 Beispiel 1: Schaltwerk „Binärzähler"

Wir betrachten das im Bild 8-2 gezeigte Beispiel. Es handelt sich um ein Schaltwerk mit zwei Zustandsvariablen $z_0{}^m$ und $z_1{}^m$. Für jede der Zustandsvariablen wird ein D-Flipflop verwendet. Der einzige Eingang ist x. Dieses synchrone Schaltwerk soll nun analysiert werden.

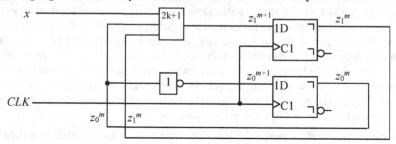

Bild 8-2 Beispiel 1 für ein synchrones Schaltwerk.

Schritt 1: Aufstellen der Übergangsfunktionen $z^{m+1} = f(x, z^m)$

Da es zwei Zustandsvariablen und damit 2 Rückkopplungen gibt, werden 2 Übergangsfunktionen aufgestellt. Das Gatter mit der Beschriftung 2k+1 ist die Erweiterung der Exklusiv-Oder-Funktion auf mehr als 2 Eingänge. Der Ausgang wird gleich 1, wenn eine ungerade Zahl von Eingängen auf 1 liegt.

$$z_0{}^{m+1} = \neg z_0{}^m \tag{8.2}$$

$$z_1{}^{m+1} = x \leftrightarrow z_0{}^m \leftrightarrow z_1{}^m = \neg x \neg z_0{}^m z_1{}^m \vee \neg x\, z_0{}^m \neg z_1{}^m \vee x \neg z_0{}^m \neg z_1{}^m \vee x\, z_0{}^m z_1{}^m \tag{8.3}$$

Schritt 2: Aufstellen der Zustandsfolgetabelle (auch Übergangstabelle).

Aus den beiden Übergangsfunktionen wird die Zustandsfolgetabelle 8-1a aufgestellt. Sie hat als Eingänge die Zustandsvariablen $z_0{}^m$ und $z_1{}^m$ und den Eingang x. Ausgang sind die neuen Zustandsvariablen $z_0{}^{m+1}$ und $z_1{}^{m+1}$. Die Reihenfolge der Zeilen ist beliebig. Sinnvoll ist eine Anordnung im Binärcode oder wie hier in einem Gray-Code, so dass die Zustandsfolgetabelle die Form eines KV-Diagramms hat. Oft werden die Zustandsvariablen durch die dezimale Codierung dargestellt. Dadurch erhält man die 4 dezimal codierten Zustände Z^m in Tabelle 8-1b.

Tabelle 8-1 Zustandsfolgetabelle für das Beispiel a) mit binär dargestellten b) mit dezimal dargestellten Zuständen.

a)

$z_1{}^m$ $z_0{}^m$	$z_1{}^{m+1}$ $z_0{}^{m+1}$			
	$x = 0$		$x = 1$	
0　0	0	1	1	1
0　1	1	0	0	0
1　1	0	0	1	0
1　0	1	1	0	1

b)

Z^m	Z^{m+1}	
	$x = 0$	$x = 1$
0	1	3
1	2	0
3	0	2
2	3	1

Schritt 3: Zeichnen des Zustandsdiagramms.

Der Inhalt der Tabelle kann auch in Form eines Diagramms dargestellt werden. Die Zustände werden als Knoten (Kreise) dargestellt. In sie wird die binäre oder dezimale Codierung des Zustandes eingetragen. Alternativ kann auch der Zustand symbolisch beschrieben werden. Die Übergänge zwischen den Zuständen werden als Kanten (Pfeile) bezeichnet. An den Kanten stehen die Bedingungen für den Eingang x, für die der Übergang stattfindet. Keine Bedingung an einer Kante bedeutet, dass der Übergang immer stattfindet. Alternativ sind auch andere Beschriftungen der Kanten üblich. So kann z.B. statt 0 auch $\neg x$ stehen und für 1 steht x.

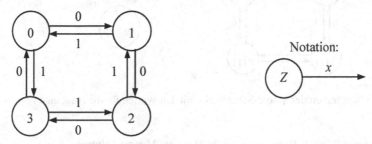

Notation:

Bild 8-3 Zustandsdiagramm für das Beispiel 1 in Bild 8-2.

Aus dem Zustandsdiagramm lässt sich das Verhalten gut ablesen: Das Schaltwerk durchläuft für $x = 0$ die vier Zustände zyklisch in der Reihenfolge 0,1,2,3,0 usw., während es für $x = 1$ die umgekehrte Reihenfolge durchläuft 0,3,2,1,0 usw. Es handelt sich daher um einen Vorwärts-Rückwärts-Zähler, wobei mit dem Eingang x die Zählrichtung gesteuert werden kann.

8.2 Moore-Schaltwerk

In der Regel hat ein Schaltwerk auch Ausgänge. Sind die Ausgänge y nur von den Zustandsvariablen abhängig, so nennt man dieses Schaltwerk Moore-Schaltwerk (Bild 8-4). Die Ausgänge werden in einem zweiten Schaltnetz SN2 erzeugt. Die Gleichungen, die das Schaltnetz SN2 beschreiben, heißen Ausgabefunktionen oder Ausgangsfunktionen:

$$y = f_2(z^m) \tag{8.4}$$

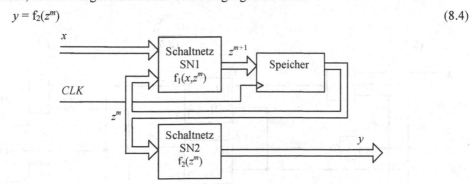

Bild 8-4 Prinzip des synchronen Moore-Schaltwerks.

Als Beispiel soll hier der Fall behandelt werden, dass 4 Ausgänge 4 Leuchtdioden ansteuern, und zwar so, dass im Zustand 0 eine, im Zustand 1 zwei, im Zustand 2 drei und im Zustand 3 alle Leuchtdioden brennen. Die Ausgänge heißen y_i ($0 \le i \le 3$). Im Zustandsdiagramm des Mooreschaltwerks (Bild 8-5) ist es üblich, die Werte der Ausgänge in die Kreise für die Zustände einzutragen, da die Zuordnung eindeutig ist. Die Zustandsfolgetabelle 8-2 wird durch eine zusätzliche Spalte für die Ausgänge ergänzt. Dieser Teil der Tabelle heißt Ausgabetabelle.

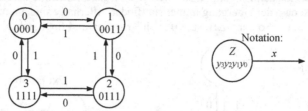

Bild 8-5 Zustandsdiagramm des Moore-Schaltwerks mit den Werten für die Ausgänge y_i.

Tabelle 8-2 Zustandsfolgetabelle mit Ausgabetabelle für das Mooreschaltwerk.

$z_1{}^m \ z_0{}^m$	$z_1{}^{m+1} \ z_0{}^{m+1}$		$y_3 \ y_2 \ y_1 \ y_0$
	$x = 0$	$x = 1$	
0 0	0 1	1 1	0 0 0 1
0 1	1 0	0 0	0 0 1 1
1 1	0 0	1 0	1 1 1 1
1 0	1 1	0 1	0 1 1 1

Da die Ausgänge für jeden Zustand eindeutig bestimmt sind, ist es möglich die Ausgabefunktionen als Funktion der Zustandsvariablen darzustellen. Bei einem Moore-Schaltwerk sind die Ausgabefunktionen nur Funktionen der Zustandsvariablen $z_i{}^m$:

$$y_0 = 1 \qquad\qquad y_1 = z_0{}^m \vee z_1{}^m \qquad\qquad y_2 = z_1{}^m \qquad\qquad y_3 = z_0{}^m \, z_1{}^m$$

$$(8.5) \qquad\qquad\qquad (8.6) \qquad\qquad\qquad\qquad (8.7) \qquad\qquad\qquad\qquad (8.8)$$

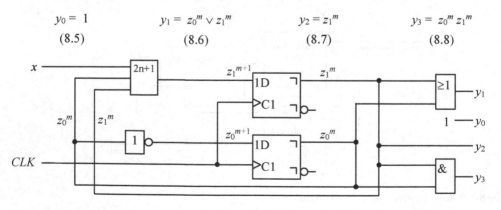

Bild 8-6 Moore-Schaltwerk (Ergänzung der Ausgänge zum Beispiel 1).

8.3 Mealy-Schaltwerk

In einem Mealy-Schaltwerk sind die Ausgänge y nicht nur von den Zustandsvariablen z_i^m, sondern zusätzlich auch von den Eingängen x abhängig. Daher sind die Ausgabefunktionen auch Funktionen der Eingangsvariablen x:

$$y = f_2(z^m, x) \tag{8.9}$$

Das Blockschaltbild des synchronen Mealy-Schaltwerks zeigt Bild 8-7. Es unterscheidet sich vom Moore-Schaltwerk nur durch die zusätzlichen Eingänge x am Schaltnetz SN2.

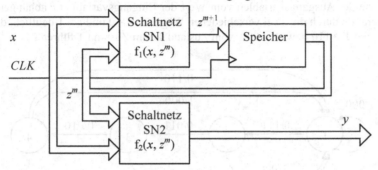

Bild 8-7 Synchrones Mealy-Schaltwerk mit Takteingang *CLK*.

8.3.1 Beispiel 2: Mealy-Schaltwerk „Maschinensteuerung"

An einem Beispiel soll die Entwicklung eines synchronen Mealy-Schaltwerks exemplarisch durchgeführt werden. Es soll ein Schaltwerk mit 4 Zuständen entworfen werden, welches 3 Maschinen über den Ausgangsvektor $Y = (y_1, y_2, y_3)$ ein- und ausschaltet. Das Verhalten soll abhängig vom Eingang r sein:

Für $r = 0$ sollen die 4 Zustände zyklisch der Reihe nach durchlaufen werden. Die 3 Maschinen sollen entsprechend der Tabelle 8-3 in den vier möglichen Zuständen eingeschaltet sein.

Wenn der Eingang $r = 1$ ist, soll das Schaltwerk in den Zustand 1 gehen. Das Schaltwerk soll in diesem Zustand bleiben, solange $r = 1$ ist. Die Maschinen sollen in allen Zuständen so schnell wie möglich ausgeschaltet werden. r erfüllt also die Anforderungen, die man an einen Not-Ausschalter stellt.

Tabelle 8-3 Ansteuerung der Maschinen $Y = (y_1, y_2, y_3)$ in den 4 Zuständen.

Zustand	y_1 y_2 y_3	
	$r = 0$	$r = 1$
1	ein ein ein	aus aus aus
2	aus ein ein	aus aus aus
3	aus ein aus	aus aus aus
4	ein ein aus	aus aus aus

Aufstellen des Zustandsdiagramms

Im Zustandsdiagramm eines Mealy-Schaltwerks werden die Werte der Ausgänge nicht in den Kreisen für die Zustände notiert, sondern an den Kanten. Sie werden oft durch einen Querstrich von den Bedingungen für die Übergänge getrennt.

Das Zustandsdiagramm (Bild 8-8) kann ausgehend vom Zustand 1 entworfen werden. Für $r = 0$ durchläuft das Schaltwerk die vier Zustände der Reihe nach, wobei wir die 3 Ausgänge entsprechend der Tabelle durch einen Schrägstrich vom Wert für r trennen. Wird $r = 1$, so geht das Schaltnetz in den Zustand 1 und bleibt dort solange $r = 1$ ist. Die drei Ausgänge bleiben auf 000. Dass die Werte der Ausgangsvariablen vom Wert der Eingangsvariablen r abhängen, wird im Zustandsdiagramm durch die zwei verschiedenen Wege für $r = 0$ und $r = 1$ deutlich, die mit den Ausgangswerten $Y = 110$ bzw. $Y = 000$ vom Zustand 4 zum Zustand 1 führen

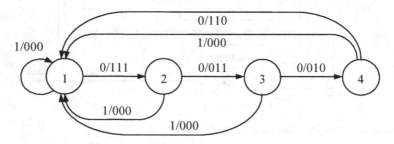

Bild 8-8 Zustandsdiagramm eines Mealy-Schaltwerks Beispiel 2 (Notation an den Kanten: $r \,/\, y_1, y_2, y_3$). In den Kreisen stehen die symbolischen Bezeichnungen der Zustände.

Da 4 Zustände durchlaufen werden, kommt man mit zwei Zustandsvariablen $z_1{}^m$ und $z_0{}^m$ aus, die in zwei Flipflops gespeichert werden. Die in den zwei Flipflops gespeicherten Werte müssen jetzt den 4 Zuständen zugeordnet werden. Wir wählen in diesem Fall einen Gray-Code für die Zustandscodierung, wie sie in Tabelle 8-4 angegeben ist. Eine andere Codierung kann unter Umständen eine einfachere Schaltung ergeben.

Tabelle 8-4 Codierung der 4 Zustände.

Zustand	z_1	z_0
1	0	0
2	0	1
3	1	1
4	1	0

Aufstellen der Zustandsfolgetabelle

Die Zustandsfolgetabelle kann aus dem Zustandsdiagramm in Bild 8-8 abgelesen werden. Die einzelnen Zustände mit dem Index m und dem Index $m+1$ unterscheiden sich bei synchronen Schaltwerken um eine Taktperiode. Abhängig von den Eingangswerten r, $z_1{}^m$, $z_0{}^m$ werden die Folgezustände $z_1{}^{m+1}, z_0{}^{m+1}$ und die Ausgänge für die 3 Maschinen y_1, y_2, y_3 in die Tabelle eingetragen.

Tabelle 8-5 Zustandsfolgetabelle und Ausgabetabelle der Maschinensteuerung (Beispiel 2).

$z_1^m \ z_0^m$	$z_1^{m+1} \ z_0^{m+1}$		$y_1 \ y_2 \ y_3$	
	$r = 0$	$r = 1$	$r = 0$	$r = 1$
0 0	0 1	0 0	1 1 1	0 0 0
0 1	1 1	0 0	0 1 1	0 0 0
1 1	1 0	0 0	0 1 0	0 0 0
1 0	0 0	0 0	1 1 0	0 0 0

Nun müssen die Übergangsgleichungen für die Ansteuerung der Eingänge der Flipflops aufgestellt werden. Da bei D-Flipflops die am D-Eingang anliegenden Werte bei der steigenden Flanke des Taktes in das Flipflop eingelesen werden, sind die Ansteuerfunktionen $D_i = z_i^{m+1}$. Die Werte aus der Zustandsfolgetabelle 8-5 werden in zwei KV-Diagramme (Tabelle 8-6) eingetragen.

Tabelle 8-6 KV-Diagramme für die Ansteuerfunktionen der D-Flipflops und für die Ausgangsfunktionen.

$D_1 D_0$	$D_1 D_0$	$y_1 y_2 y_3$	$y_1 y_2 y_3$	
0 1	0 0	111	000	
1 1	0 0	011	000	$\Big\} z_0^m$
1 0	0 0	010	000	
0 0	0 0	110	000	$\Big\} z_1^m$

Für die Ansteuerfunktionen der D-Flipflops, die das Schaltnetz SN1 beschreiben, liest man aus dem linken KV-Diagramm der Tabelle 8-6 ab:

$$D_0 = \neg r \neg z_1^m \tag{8.10}$$

$$D_1 = \neg r z_0^m \tag{8.11}$$

Die Ausgangsfunktionen, die im Schaltnetz SN2 realisiert sind, können aus dem rechten KV-Diagramm der Tabelle 8-6 ermittelt werden:

$$y_1 = \neg r \neg z_0^m \tag{8.12}$$

$$y_2 = \neg r \tag{8.13}$$

$$y_3 = \neg r \neg z_1^m = D_0 \tag{8.14}$$

An den Gleichungen 8.12 bis 8.14 kann man direkt erkennen, dass es sich um ein Mealy-Schaltwerk handelt, da sie alle Funktionen der Eingangsvariablen r sind. Dadurch werden bei einem Not-Aus die Motoren ohne Zustandswechsel und unabhängig vom Takt sofort ausgeschaltet.

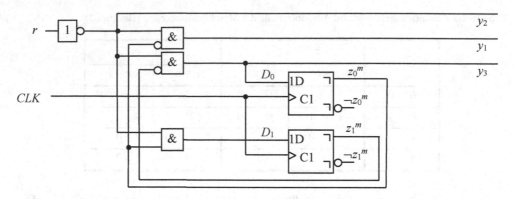

Bild 8-9 Schaltbild der Maschinensteuerung (Beispiel 2).

8.3.2 Realisierung der Maschinensteuerung als Moore-Schaltwerk

Hätte man bei der Entwicklung der Schaltung ein Moore-Schaltwerk zugrunde gelegt, so hätte man einen zusätzlichen Zustand 5 benötigt, in den das Schaltwerk geht, wenn der Not-Ausschalter betätigt wird (Bild 8-10). Bei einem Moore-Schaltwerk kann man die Werte der Ausgänge in die Kreise für die Zustände eintragen. Es sind für die Codierung der Zustände mindestens 3 Zustandsvariablen erforderlich. Nachteilig kann sein, dass bei einem Not-Aus erst nach einem Zustandswechsel die Motoren ausgeschaltet werden. Das Moore-Schaltwerk reagiert also langsamer. Dieser Nachteil ist umso bedeutsamer, je langsamer der Takt CLK ist.

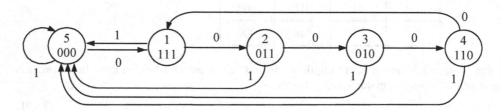

Bild 8-10 Alternatives Zustandsdiagramm der Maschinensteuerung (Beispiel 2) als Moore-Schaltwerk. In den Kreisen stehen jeweils der symbolische Zustand und die Ausgänge $y_1\,y_2\,y_3$.

8.4 Zustandscodierung

Wir haben oben gesehen, dass es mehrere Alternativen für die Codierung der Zustände gibt. Die Auswahl der Codierung hat einen entscheidenden Einfluss auf den Aufwand. Wichtig ist natürlich, dass alle Zustände unterscheidbar sind. Die Auswirkungen sollen am folgenden Beispiel diskutiert werden:

Beispiel 3: Ampelsteuerung

Es soll eine Ampelsteuerung entworfen werden, die zyklisch die Signale *rot - rot* und *gelb - grün - gelb - rot* ... auf 1 setzt. Die Weiterschaltung soll durch den Takt erfolgen. Die Schaltung hat keinen Eingang außer dem Takt CLK. Man kann das untenstehende Zustandsdiagramm angeben. Die Zustände werden, ohne Steuerung durch einen Eingang kreisförmig durchlaufen. Die

Weiterschaltung erfolgt bei jedem Takt unabhängig von einem Eingang. Man nennt dies einen autonomen Automat. Es handelt sich um ein Moore-Schaltwerk.

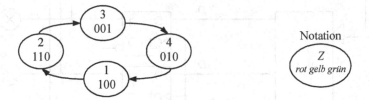

Bild 8-11 Zustandsdiagramm der Ampelsteuerung (Beispiel 3) mit den Zuständen 1,2,3 und 4 sowie den Werten für die Ausgänge *rot*, *gelb*, *grün*.

In der Praxis haben sich u.a. [19] die folgenden Strategien für die Codierung von Zuständen bewährt, die in der Regel nacheinander durchlaufen werden: Binäre-Codierung, Gray-Code, ausgangsorientierte Codierung und „One-Hot"-Codierung. Sie sind in Tabelle 8-7 zusammengefasst und sollen im Folgenden verglichen werden.

Tabelle 8-7 Zustandscodierung: Binäre-Codierung, Gray-Code, ausgangsorientierte Codierung, „One-Hot"-Codierung für das Beispiel 3 Ampelsteuerung.

	Binär		Gray-Code		Ausgangs-orientierte Codierung			One-Hot-Codierung			
Zustand	z_1	z_0	z_1	z_0	z_2	z_1	z_0	z_3	z_2	z_1	z_0
1	0	0	0	0	1	0	0	0	0	0	1
2	0	1	0	1	1	1	0	0	0	1	0
3	1	0	1	1	0	0	1	0	1	0	0
4	1	1	1	0	0	1	0	1	0	0	0

8.4.1 Binäre Codierung

Diese Möglichkeit findet man im Beispiel in Kapitel 8.1 „Binärzähler" beschrieben. Man benötigt zwei Zustandsvariablen und zwei Flipflops.

8.4.2 Codierung nach dem Gray-Code

Diese Möglichkeit der Codierung wurde bei der Schaltung der Maschinensteuerung verwendet: Man benötigt zwei Zustandsvariablen und zwei Flipflops. Wenn die Zustände der Reihe nach durchlaufen werden ergibt dies oft einen geringeren Aufwand bei der Realisierung als die binäre Codierung.

8.4.3 Ausgangsorientierte Codierung

In dieser Codierung wird jedem Ausgang ein Flipflop zugeordnet. Daher steuert je ein D-Flipflop entsprechend Bild 8-12 eine der Lampen direkt an. Man benötigt drei Flipflops, obwohl für die

Realisierung der vier Zustände zwei Flipflops ausgereicht hätten. Das Schaltnetz SN2 ist zu Durchverbindungen degeneriert und fällt daher weg. Das ist der Vorteil dieser Codierung.

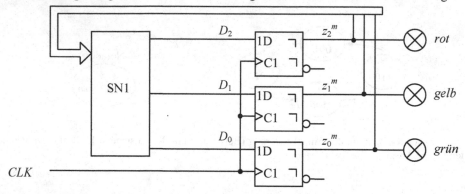

Bild 8-12 Struktur des Schaltwerks für die Ampelsteuerung mit ausgangsorientierter Codierung.

Das Zustandsdiagramm der Ampelsteuerung mit dieser Codierung ist in Bild 8-13 angegeben. Die drei Ausgänge sind im Zustandsdiagramm nicht angegeben, da ja die einfache Beziehung: $rot = z_2{}^m$, $gelb = z_1{}^m$ und $grün = z_0{}^m$ gilt. Aus dem Zustandsdiagramm wird die Zustandsfolgetabelle (Tabelle 8-8) abgeleitet. Wichtig ist es festzustellen, dass nur 4 der möglichen $2^3 = 8$ Zustände verwendet werden.

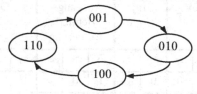

Bild 8-13 Zustandsdiagramm für die Ampelsteuerung (in den Zuständen $z_2{}^m$, $z_1{}^m$, $z_0{}^m$).

Tabelle 8-8 Zustandsfolgetabelle für die Ampelsteuerung mit ausgangsorientierter Codierung.

$z_2{}^m$	$z_1{}^m$	$z_0{}^m$	$z_2{}^{m+1}$	$z_1{}^{m+1}$	$z_0{}^{m+1}$
1	0	0	1	1	0
1	1	0	0	0	1
0	0	1	0	1	0
0	1	0	1	0	0

Es wurden nur die vier Zustände eingetragen, die im Zyklus durchlaufen werden. Die vier nicht benutzten Zustände werden zunächst nicht berücksichtigt. Es soll aber sichergestellt werden, dass das Schaltwerk nach dem Einschalten, wobei es in einen zufälligen Zustand geht, nach einigen Takten in den normalen Zyklus übergeht. Das muss später kontrolliert werden. Für die Entwicklung des Schaltnetzes für die Ansteuersignale der drei D-Flipflops werden drei KV-

Diagramme aus der Zustandsfolgetabelle entwickelt. Das ist einfach, da ein D-Flipflop den Wert, der am D-Eingang anliegt, als nächsten Zustand speichert: $D_i = z_i^{m+1}$. Die Werte für die nicht benötigten Zustände werden beliebig angesetzt (d).

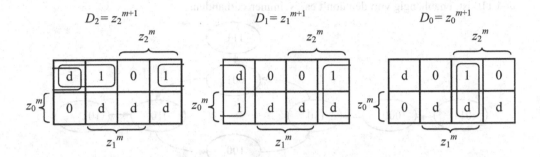

$D_2 = z_2^{m+1}$

$D_1 = z_1^{m+1}$

$D_0 = z_0^{m+1}$

Bild 8-14 KV-Diagramme zur Minimierung der Ansteuernetze für die D-Flipflops.

Aus Bild 8-14 leitet man die folgenden Ansteuergleichungen ab:

$$D_2 = z_2^{m+1} = \neg z_1^m \neg z_0^m \vee \neg z_2^m \neg z_0^m = \neg z_0^m (\neg z_1^m \vee \neg z_2^m) = \neg(z_0^m \vee z_1^m z_2^m) \qquad (8.15)$$

$$D_1 = z_1^{m+1} = \neg z_1^m \qquad (8.16)$$

$$D_0 = z_0^{m+1} = z_1^m z_2^m \qquad (8.17)$$

Mit den Ansteuergleichungen liegen nun auch die Folgezustände der zunächst nicht benötigten Zustände 000, 011, 101 und 111 fest. Die vollständige Zustandstabelle (Tabelle 8-9) wird durch Ergänzen dieser Zustände in Tabelle 8-8 unter Verwendung der Gleichungen 8.15 bis 8.17 zusammengestellt.

Tabelle 8-9 Vollständige Zustandsfolgetabelle für Ampelsteuerung mit ausgangsorientierter Codierung.

z_2^m	z_1^m	z_0^m	z_2^{m+1}	z_1^{m+1}	z_0^{m+1}
0	0	0	1	1	0
0	0	1	0	1	0
0	1	0	1	0	0
0	1	1	0	0	0
1	0	0	1	1	0
1	0	1	0	1	0
1	1	0	0	0	1
1	1	1	0	0	1

Tabelle 8-9 liefert das Zustandsdiagramm in Bild 8-15. Aus dem nun vollständigen Zustandsdiagramm geht hervor, dass alle Zustände, in die das Netzwerk zufällig beim Einschalten kommen kann, letztendlich in den Zyklus führen. Dazu sind maximal 2 Takte nötig. Man beachte, dass eine andere Wahl der don't care-Terme im KV-Diagramm (Bild 8-14) zu einem anderen Zustandsdiagramm geführt hätte. Es kann passieren, dass die Zustände, die nicht zum Kreis-Zyklus des Schaltwerkes gehören, nicht automatisch nach einigen Takten in diesen Kreis führen. Dann kann es vorkommen, dass das Schaltwerk beim Einschalten nicht in den gewünschten Zyklus geht, sondern in einem anderen Zyklus hängen bleibt. Will man das verhindern, so muss man die don't care-Terme anders festlegen. Der kreisförmige Zyklus aus den Zuständen 001, 010, 100 und 110 ist, unabhängig von den don't cares, immer vorhanden.

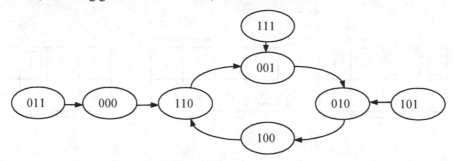

Bild 8-15 Zustandsdiagramm für die Ampelsteuerung mit allen Zuständen.

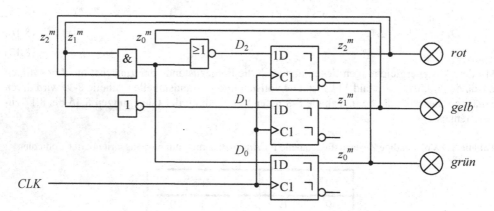

Bild 8-16 Schaltbild der Ampelsteuerung mit ausgangsorientierter Codierung.

8.4.4 „One-Hot"-Codierung

Üblich ist auch die so genannte „One-Hot"-Codierung. Man benötigt nun 4 Zustandsvariablen $z_3^m, z_2^m, z_1^m, z_0^m$ von denen nur immer eine gleich 1 ist, während die anderen 0 sind. Man benötigt dann 4 Flipflops. Allerdings wird das Ansteuernetzwerk SN1 sehr einfach. Die Codierung der Zustände ist in Tabelle 8-7 dargestellt.

Man erhält, unter Zuhilfenahme der Tabelle 8-7, die Zustandsfolgetabelle 8-10. Es gibt sehr viele nicht benötigte Zustände (14).

Tabelle 8-10 Zustandsfolgetabelle der Ampelsteuerung mit „One-Hot"-Codierung.

$z_3^m\ z_2^m\ z_1^m\ z_0^m$	$z_3^{m+1}\ z_2^{m+1}\ z_1^{m+1}\ z_0^{m+1}$	rot	gelb	grün
0 0 0 1	0 0 1 0	1	0	0
0 0 1 0	0 1 0 0	1	1	0
0 1 0 0	1 0 0 0	0	0	1
1 0 0 0	0 0 0 1	0	1	0

Aus der Zustandsfolgetabelle gewinnt man die KV-Diagramme in Bild 8-17 für die Minimierung des Schaltnetzes SN1. Aus den KV-Diagrammen liest man die Gleichungen ab:

$$z_3^{m+1} = z_2^m \ ; \ z_2^{m+1} = z_1^m \ ; \ z_1^{m+1} = z_0^m \ ; \ z_0^{m+1} = z_3^m \tag{8.18}$$

Daher ist kein Schaltnetz SN1 nötig und die D-Flipflops sind im Kreis angeordnet. Das ist typisch für die „One-Hot"-Codierung. Durch die vielen don't cares wird das Schaltnetz SN1 in der Regel sehr einfach. Allerdings benötigt man viele Flipflops, da man mehr Zustandsvariablen benötigt.

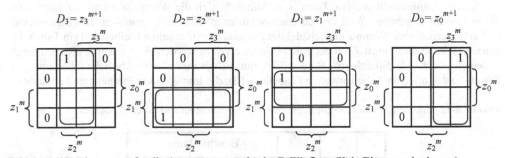

Bild 8-17 KV-Diagramme für die Ansteuernetzwerke der D-Flipflops (Kein Eintrag = don't care).

Für das Schaltnetz SN2 erhält man $rot = z_0^m \vee z_1^m$, $gelb = z_1^m \vee z_3^m$ und $grün = z_2^m$. Die Schaltung (Bild 8-18) benötigt ein Initialisierungssignal *Init*, um einen Anfangszustand z.B. 0001 einzustellen.

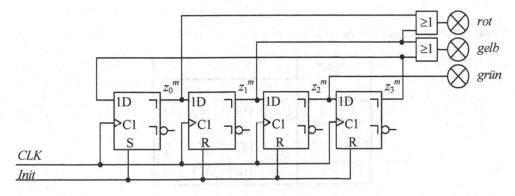

Bild 8-18 Struktur der Ampelsteuerung mit „One-Hot"-Codierung.

8.5 Wahl der Flipflops

Es kann vorkommen, dass z.B. nur JK-Flipflops verfügbar sind. Auch ist der Aufwand unterschiedlich, je nachdem welcher Flipflop-Typ verwendet wird. Wir greifen dazu das Beispiel 1 aus Kapitel 8.1 auf, den Binärzähler, und realisieren es diesmal mit JK-Flipflops.

Tabelle 8-11 Zustandsfolgetabelle

$z_1^m \ z_0^m$	$z_1^{m+1} \ z_0^{m+1}$	
	$x = 0$	$x = 1$
0 0	0 1	1 1
0 1	1 0	0 0
1 1	0 0	1 0
1 0	1 1	0 1

Es müssen die Gleichungen für die Ansteuerung der Eingänge der JK-Flipflops, nämlich für J_1, K_1, J_0 und K_0 aufgestellt werden. Dazu ist es hilfreich, sich die Werte für J und K zu notieren, die bei einem gegebenen Wert der Zustandsvariablen z^m für einen gewünschten Folgezustand z^{m+1} erforderlich sind. Wenn zum Beispiel der Zustand $z^m = 0$ erhalten bleiben soll (in Tab. 8-11 markiert), kann dies durch $J = 0$ bei beliebigem K erreicht werden. $K = 1$ würde „Rücksetzen" bedeuten und $K = 0$ „Speichern". Beides führt zum Erhalt von $z^m = 0$. Ähnliche Überlegungen führen zu den anderen Tabellenwerten (Tabelle 8-12), die immer einen Freiheitsgrad enthalten.

Tabelle 8-12 Ansteuerung eines JK-Flipflops abhängig von den alten und neuen Zuständen.

z^m	z^{m+1}	J	K	Beschreibung
0	0	0	d	Speichern oder Rücksetzen
0	1	1	d	Wechseln oder Setzen
1	0	d	1	Wechseln oder Rücksetzen
1	1	d	0	Speichern oder Setzen

Tabelle 8-13 KV-Diagramm für die Ansteuerfunktionen der JK-Flipflops.

$z_1^m \ z_0^m$	$J_1K_1 \quad J_0K_0$			
	$x = 0$		$x = 1$	
0 0	0d	1d	1d	1d
0 1	1d	d1	0d	d1
1 1	d1	d1	d0	d1
1 0	d0	1d	d1	1d

Mit Hilfe der Tabelle 8-12 wird aus der Zustandsfolgetabelle 8-11 das KV-Diagramm 8-13 entwickelt. (markiert ist der gleiche Übergang wie in Tabelle 8-11)

Für die Ansteuerfunktionen der JK-Flipflops, die das Schaltnetz SN1 beschreiben, liest man aus dem KV-Diagramm (Tabelle 8-13) unter Ausnutzung der don't care-Terme ab:

$$J_0 = 1 \qquad\qquad K_0 = 1 \qquad\qquad \begin{aligned} J_1 &= \neg x z_0{}^m \vee x \neg z_0{}^m \\ &= x \leftrightarrow z_0{}^m \end{aligned} \qquad\qquad K_1 = J_1$$

$$(8.19) \qquad\qquad (8.20) \qquad\qquad (8.21) \qquad\qquad (8.22)$$

Die Ausgangsfunktionen, die im Schaltnetz SN2 realisiert sind, bleiben natürlich gleich.

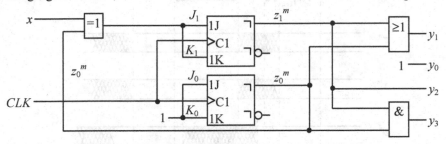

Bild 8-19 Moore-Schaltwerk (Beispiel 1) mit JK-Flipflops.

8.6 Zeitverhalten von Schaltwerken

Damit ein Schaltwerk (Bild 8-20) so funktioniert, wie es im letzten Abschnitt berechnet wurde, müssen einige Zeitbedingungen eingehalten werden. Diese Zeitbedingungen sollen nun genauer untersucht werden. Dazu zeichnen wir die Wirk- und Kippintervalle der Flipflops in der Rückkopplung relativ zum Takt CLK auf (Bild 8-21).

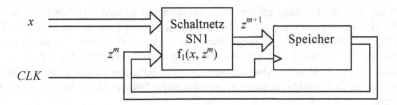

Bild 8-20 Synchrones Schaltwerk.

Im Bild ist eine Überlappung t_{krit} von Wirk- und Kippintervall eingezeichnet. Werden bei einem Schaltwerk mehrere Flipflops verwendet, so ergibt sich durch die Verschiebung des Taktes (clock skew) eine Verbreiterung der Wirk- und Kipp-Intervalle. Das kann dazu führen, dass sich auch bei einflankengesteuerten D-Flipflops die Wirk- und Kippintervalle überlappen. Bei zweiflankengesteuerten Flipflops überlappen sich die Wirk- und Kippintervalle nicht, so dass t_{krit} negativ wird.

In Bild 8-20 sind auch die Ausgänge z^m der Flipflops eingezeichnet. Sie sind außerhalb der Kippintervalle stabil. In den Kippintervallen können sie sich dauernd ändern. Mögliche Signaländerungen sind, wie es üblich ist, durch einen „Jägerzaun" dargestellt. Die Eingangssignale x^m wurden im Bild so eingezeichnet, dass sie zu den gleichen Zeiten wie die Ausgänge der Flipflops stabil sind.

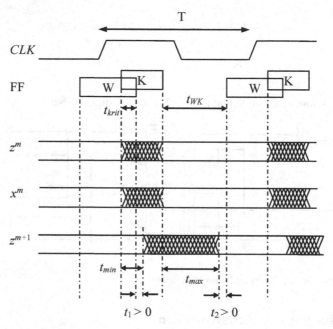

Bild 8-21 Zeitverhalten eines Schaltwerks.

Nun können die Ausgänge des Schaltnetzes SN1 betrachtet werden. Dazu soll kurz das generelle Verhalten eines Schaltnetzes analysiert werden:

- Wenn sich die Eingangsgrößen eines Schaltnetzes ändern, so ändert sich der Ausgang für eine gewisse Zeit t_{min} nicht. Diese Zeit t_{min} ist eine Totzeit. Sie wird zum Teil durch die Laufzeit der Gatter hervorgerufen. Der andere Teil ergibt sich durch die Laufzeit der Signale auf den Leitungen zwischen Speichern und dem Schaltnetz.
- Dann beginnen sich die Ausgangsgrößen zu ändern. Nach einer gewissen Zeit t_{max} sind auch alle Einschwingvorgänge (Hazards) abgeklungen. Dann ist das Ausgangssignal stabil.

Die Zustandsvariablen z^{m+1} des Schaltwerks ändern sich also frühestens nach Ablauf der Zeit t_{min} nach Beginn des Kippintervalls. Stabil sind die Ausgänge z^{m+1} des Schaltwerks nach der Zeit t_{max} nach dem Ende des Kippintervalls (Bild 8-21). Aus dem Bild lassen sich nun die Bedingungen für das Funktionieren des Schaltwerks ablesen. Eine wesentliche Bedingung für das Funktionieren eines Schaltwerkes ist, dass die Eingangsvariablen der Flipflops während des Wirkintervalls stabil sein müssen.

- Die Zustandsvariablen z^{m+1} dürfen sich daher erst nach dem Ende des Wirkintervalls ändern. Die Zeit t_1 muss also größer als 0 sein.

$$t_1 = t_{min} - t_{krit} > 0 \qquad\qquad (8.23)$$

Ohne Taktversatz sagt diese Bedingung, dass sich Wirk- und Kippintervall maximal um die minimale Laufzeit t_{min} des Schaltnetzes überlappen dürfen. Bei großem Taktversatz ist die Bedingung nur mit zweiflankengesteuerten Flipflops zu erfüllen. Durch die Wahl des Tastverhältnisses des Taktes können die Zeiten in einem weiten Rahmen variiert werden.

- Nach dem Ende des Kippintervalls muss das Schaltnetz die neuen Eingangsvariablen für die Speicher berechnen. Dies muss, inklusive aller Einschwingvorgänge, abgeschlossen sein, wenn das nächste Wirkintervall beginnt. Die zweite Rückkopplungsbedingung lautet daher:

$$t_2 = t_{WK} - t_{max} > 0 \tag{8.24}$$

Nun wollen wir die Verhältnisse im Schaltnetz SN2 für die Berechnung der Ausgangsfunktionen y betrachten. Ist die Laufzeit dieses Schaltnetzes gleich der von SN1, so sind die Ausgänge y zur gleichen Zeit gültig wie die z^{m+1}. Diese Tatsache kann ausgenutzt werden, um am Ausgang y Pufferspeicher anzubringen, die dafür sorgen, dass die Ausgangsgrößen synchron zu den x^m und z^m stabil zur Verfügung stehen (Bild 8-22). Die Bedingungen lassen sich noch genauer fassen, wenn man zwischen den Laufzeiten der Signale durch die Schaltnetze SN1 und SN2 unterscheidet.

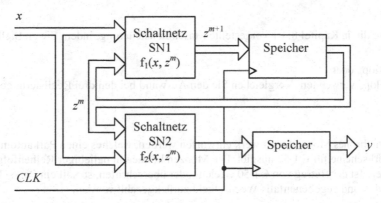

Bild 8-22 Synchrones Mealy-Schaltwerk mit Pufferspeichern am Ausgang.

8.7 Übungen

Aufgabe 8.1

Es soll ein Schaltwerk für eine Pumpensteuerung entworfen werden, welche den Wasserstand in einem Behälter kontrollieren soll (Bild unten links). Die Anordnung besteht aus einem Wasserbehälter, der einen unregelmäßigen Abfluss hat. Gefüllt wird der Behälter mit zwei Pumpen, deren gemeinsame Förderleistung größer ist als der maximal mögliche Abfluss. Drei Sensoren mit den Ausgangssignalen x_0, x_1 und x_2 zeigen mit dem Wert 1 an, dass der Wasserstand höher ist als der entsprechende Sensor angebracht ist.

Das geforderte Verhalten der Pumpen ist im rechten Bild dargestellt. Beide Pumpen sollen laufen, wenn der Wasserstand geringer ist als x_1. Wenn der Wasserstand weiter steigt, soll eine Pumpe beim Erreichen von x_1 abgeschaltet werden. Beim Erreichen von x_2 wird auch die letzte Pumpe abgeschaltet. Im Falle eines fallenden Wasserstandes soll bei x_1 die erste und bei x_0 die zweite Pumpe eingeschaltet werden.

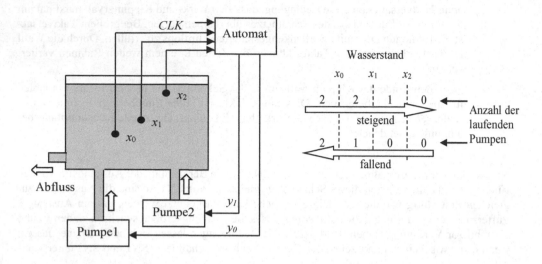

Aufgabe 8.2

Entwerfen Sie die in Kapitel 8.3.1 vorgestellte Maschinensteuerung, indem Sie an Stelle der D-Flipflops

a) RS-Flipflops oder
b) JK-Flipflops verwenden. Vergleichen Sie den Aufwand bei den drei Realisierungen.

Aufgabe 8.3

Es soll ein synchrones Moore-Schaltwerk entworfen werden, welches einen Parkautomaten realisiert, der Parkscheine für € 1,50 ausgibt. Die Münzen können in beliebiger Reihenfolge eingeworfen werden. Ist der Betrag von € 1,50 erreicht oder überschritten, so soll ein Parkschein ausgegeben werden und gegebenenfalls Wechselgeld zurückgezahlt werden.

Der Parkautomat hat einen Münzprüfer, der nur 50Cent und 1Euro-Stücke akzeptiert. Der Ausgang des Münzprüfers gibt nach jedem Taktsignal entsprechend der folgenden Wahrheitstabelle an, was eingeworfen wurde. Es ist ausgeschlossen, dass der Münzprüfer $M = (1,1)$ ausgibt und dass mehr als eine Münze innerhalb einer Taktperiode eingeworfen wird. Falsche Münzen werden automatisch zurückgegeben.

Einwurf	Ausgang des Münzprüfers $M = (x_1, x_0)$
Keine oder falsche Münze	00
50Cent-Stück	01
1Euro-Stück	10

Ein Parkschein wird mit dem Ausgangssignal $S = 1$ ausgegeben, gleichzeitig wird der Münzeinwurf mechanisch gesperrt, andernfalls ist der Münzeinwurf möglich. Mit dem Signal $R = 1$ wird ein 50Cent-Stück zurückgegeben.

a) Geben Sie das Zustandsdiagramm und die dazugehörige Zustandsfolgetabelle an.
b) Ermitteln Sie die Übergangsfunktionen und die Ausgabefunktionen.

9 Multiplexer und Code-Umsetzer

In diesem Kapitel werden zwei Standard-Bauelemente, nämlich Multiplexer und Code-Umsetzer, vorgestellt. Diese Bausteine sind für eine Reihe von Anwendungen geeignet, wie zum Beispiel die Realisierung von booleschen Funktionen oder die Bündelung von mehreren Nachrichtenkanälen auf einer Leitung.

9.1 Multiplexer

Ein Multiplexer ist ein Baustein, der einen von n digitalen Eingängen auf den Ausgang schaltet. Der Eingang, der durchgeschaltet wird, wird durch Selektionseingänge ausgewählt.

Als Beispiel ist in Bild 9-1 der Baustein 74151 gezeigt. Dieser Multiplexer wird als 8:1-Multiplexer bezeichnet, da mit ihm 8 verschiedene Eingänge I_i wahlweise auf den einen Ausgang y gelegt werden können. In der CMOS-Version ist der Baustein mit Transmission-Gates realisiert.

Mit den Selektionseingängen x_2, x_1, x_0 wird die Quelle ausgewählt. Nachdem sich die Adress- und Datensignale stabilisiert haben, kann die Quelle mit dem Aktivierungssignal En (Enable) durchgeschaltet werden. Der Ausgang y bleibt auf 0, solange $En = 1$ ist. Für $En = 0$ wird der ausgewählte Ausgang durchgeschaltet.

Der Baustein enthält ein Schaltnetz mit der Verknüpfung:

$$y = \neg En\,(\neg x_2 \neg x_1 \neg x_0 I_0 \vee \neg x_2 \neg x_1 x_0 I_1 \vee \neg x_2 x_1 \neg x_0 I_2 \vee \neg x_2 x_1 x_0 I_3 \vee x_2 \neg x_1 \neg x_0 I_4 \vee$$
$$\vee\, x_2 \neg x_1 x_0 I_5 \vee x_2 x_1 \neg x_0 I_6 \vee x_2 x_1 x_0 I_7)$$
$$= \neg En\,(m_0 I_0 \vee m_1 I_1 \vee m_2 I_2 \vee m_3 I_3 \vee m_4 I_4 \vee m_5 I_5 \vee m_6 I_6 \vee m_7 I_7) \tag{9.1}$$

Tabelle 9-1 Wahrheitstabelle des 8:1-Multiplexers 74151 aus Bild 9-1.

En	$x_2\,x_1\,x_0$	y
1	d d d	0
0	0 0 0	I_0
0	0 0 1	I_1
0	0 1 0	I_2
0	0 1 1	I_3
0	1 0 0	I_4
0	1 0 1	I_5
0	1 1 0	I_6
0	1 1 1	I_7

© Springer Fachmedien Wiesbaden GmbH, ein Teil von Springer Nature 2023
K. Fricke, *Digitaltechnik*, https://doi.org/10.1007/978-3-658-40210-5_9

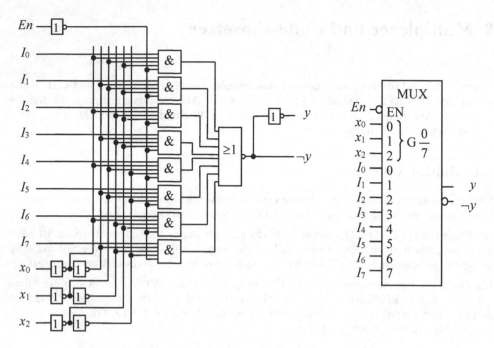

Bild 9-1 8:1-Multiplexer 74151 mit Schaltsymbol.

Das Schaltsymbol in Bild 9-1 des 8:1-Multiplexers 74151 ist durch die Überschrift MUX gekennzeichnet. Die Funktion des Multiplexers wird durch eine UND-Abhängigkeit (G) der Selektionseingänge x_i und der Dateneingänge I_i beschrieben. Die Selektionseingänge x_i werden von 0 für x_0 bis 2 für x_2 nummeriert.

9.1.1 Multiplexer-Realisierung von Funktionen

Ein Multiplexer kann verwendet werden, um ein Schaltnetz zu realisieren. Dies soll an einem Beispiel gezeigt werden. Das zu realisierende Verknüpfungsnetz wird durch sein Karnaugh-Diagramm in Bild 9-2 vorgegeben. Es soll ein 8:1-Multiplexer verwendet werden.

Ein 8:1-Multiplexer hat 3 Selektionseingänge, an die 3 der 4 Variablen angeschlossen werden können. Man hat für die Wahl dieser 3 Variablen 4 Möglichkeiten. Die jeweils nicht berücksichtigte Variable wird so an die Dateneingänge I_i angelegt, dass der vorgegebene Funktionswert der Funktion am Ausgang des Multiplexers erscheint. Das Vorgehen dafür soll nun erläutert werden. Zunächst muss festgelegt werden, welche Variablen an den Selektionseingängen anliegen sollen. Hier wurden x_3, x_2, x_1 ausgewählt. Mit diesen drei Variablen an den Selektionseingängen werden in einem KV-Diagramm jeweils Bereiche von 2 Mintermen ausgewählt. In Bild 9-2 sind die Bereiche I_i angegeben, die einem Eingangsvektor mit dem Dezimaläquivalent i zuzuordnen sind. Bei der Ermittlung des Dezimaläquivalents muss auf die Wertigkeit der Selektionseingänge geachtet werden. x_3 hat hier die Wertigkeit 2^2, x_2 die Wertigkeit 2^1 und x_1 die Wertigkeit 2^0.

An die Dateneingänge des Multiplexers müssen dann nur noch die entsprechenden Restfunktionen $f(x_0)$ angelegt werden. Enthält ein Bereich keine 1, so muss an den entsprechenden Dateneingang eine 0 angelegt werden. Sind zwei Einsen in einem Bereich, so wird der Dateneingang mit 1 beschaltet. Ist in dem Bereich nur eine 1, so kommt es auf die Position der 1 an, ob der Dateneingang mit der Variablen (x_0) oder der invertierten Variablen ($\neg x_0$) beschaltet wird. Zum Beispiel lässt sich aus Bild 9-2b ablesen, dass I_0 mit 1 beschaltet werden muss, denn der Bereich I_0 enthält nur Einsen. Dagegen muss I_1 mit $\neg x_0$ beschaltet werden, denn der Bereich I_1 hat nur eine 1 an der Position, die von der Randbezeichnung x_0 nicht überdeckt wird. Diese Beschaltung des Multiplexers ist in Bild 9-3 gezeigt.

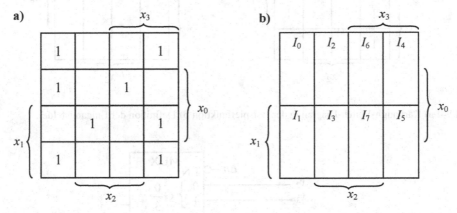

Bild 9-2 a) Karnaugh-Veitch-Diagramm der Beispielfunktion b) Definition der Bereiche I_i, die einem Eingangsvektor (x_3, x_2, x_1) mit dem Dezimaläquivalent i zuzuordnen sind.

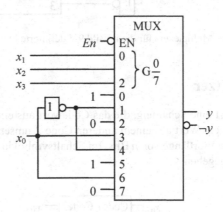

Bild 9-3 Beschaltung des Multiplexers für die in Bild 9-2 definierte Funktion.

Alternativ kann auch ein 16:1-Multiplexer verwendet werden. Dessen Dateneingänge müssen dann nur noch mit 0 und 1 beschaltet werden. Diese Variante bringt aber bezüglich des Aufwandes keinen Vorteil gegenüber einem 8:1-Multiplexer. Wird ein 4:1-Multiplexer verwendet, so liegen an den beiden Selektionseingängen 2 der Variablen an, an den 4 Dateneingängen liegt jeweils eine DNF (oder KNF) aus den anderen beiden Variablen an. Ein Beispiel ist in Bild 9-4 gezeigt. Beschaltet man die Selektionseingänge des Multiplexers mit x_3 und x_2, so wird die Beschaltung an den Dateneingängen besonders einfach. In diesem Fall kommt man mit einem 4:1-Multiplexer ohne weitere Gatter aus (Bild 9-5). Legt man x_1 und x_0 an die Selektionseingänge, so muss man die Dateneingänge mit zusätzlichen Gattern beschalten.

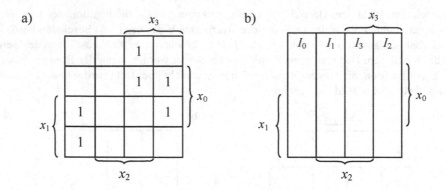

Bild 9-4 a) Karnaugh-Veitch-Diagramm der Beispielfunktion b) Definition der Eingangsfelder.

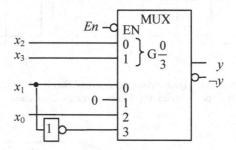

Bild 9-5 Beschaltung des Multiplexers für die in Bild 9-4 definierte Funktion.

9.2 Code-Umsetzer

Ein Code-Umsetzer ist eine Schaltung, die das Codewort aus einem Code 1, welches an den m Eingängen anliegt, in ein Wort aus einem anderen Code 2 umsetzt. Das Codewort am Ausgang hat in diesem Fall eine Wortlänge von n Bits. Im Schaltsymbol in Bild 9-6 sind die beiden Codes in der Überschrift angegeben.

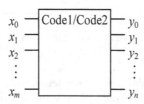

Bild 9-6 Schaltsymbol eines Code-Umsetzers.

Code-Umsetzer findet man in den folgenden Anwendungen:

- Integrierte Code-Umsetzer können zur Wandlung von Codes verwendet werden. Üblich sind zum Beispiel Umsetzer vom BCD-Code zum Hexadezimal-Code.
- Sie eignen sich zur Erzeugung von Funktionsbündeln.
- Spezielle Code-Umsetzer können als Demultiplexer eingesetzt werden. Der Demultiplexer ist, wie unten erläutert werden wird, das Gegenstück zu einem Multiplexer. Er dient zum Verteilen eines Nachrichtenkanals auf mehrere Leitungen.

9.2.1 Der BCD/Dezimal-Code-Umsetzer 7442

Hier soll als Beispiel der Code-Umsetzer 7442 vorgestellt werden (Bild 9-7). Er wandelt vom BCD-Code in den 1 aus 10-Code. Der hier verwendete 1 aus 10-Code ist ein Code, dessen Wörter die Eigenschaft haben, dass alle 10 Bit bis auf eins den Wert 1 haben. Der Code-Umsetzer hat 4 Eingänge und 10 Ausgangsleitungen. Die Ausgänge liegen normalerweise auf 1 und werden im Falle der Auswahl auf 0 geschaltet. Jeder Ausgang y_i realisiert den entsprechenden Maxterm:

$$y_i = M_i \text{ mit } i = 0,1,...9 \tag{9.2}$$

Die Funktion kann auch so interpretiert werden, dass jeder Ausgang den entsprechenden invertierten Minterm realisiert:

$$y_6 = M_6 = x_3 \vee \neg x_2 \vee \neg x_1 \vee x_0 = \neg(\neg x_3 x_2 x_1 \neg x_0) = \neg m_6 \tag{9.3}$$

Im Schaltsymbol des Code-Umsetzers 7442 werden die beiden Codes angegeben, zwischen denen gewandelt wird. In diesem Fall BCD/DEC, das heißt vom BCD-Code in den Dezimalcode. Die Wertigkeiten des BCD-Codes sind innerhalb der linken Berandung des Symbols angegeben. Auf der rechten Seite ist die Wertigkeit des dazugehörigen Ausgangs angegeben.

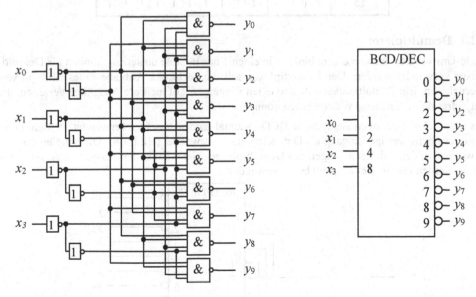

Bild 9-7 Schaltbild und Schaltsymbol des BCD/Dezimal-Code-Umsetzers 7442.

Tabelle 9-2 Wahrheitstabelle des BCD/Dezimal-Code-Umsetzers 7442.

Dezimal	$x_3\ x_2\ x_1\ x_0$	y_9	y_8	y_7	y_6	y_5	y_4	y_3	y_2	y_1	y_0
0	0 0 0 0	1	1	1	1	1	1	1	1	1	0
1	0 0 0 1	1	1	1	1	1	1	1	1	0	1
2	0 0 1 0	1	1	1	1	1	1	1	0	1	1
3	0 0 1 1	1	1	1	1	1	1	0	1	1	1
4	0 1 0 0	1	1	1	1	1	0	1	1	1	1
5	0 1 0 1	1	1	1	1	0	1	1	1	1	1
6	0 1 1 0	1	1	1	0	1	1	1	1	1	1
7	0 1 1 1	1	1	0	1	1	1	1	1	1	1
8	1 0 0 0	1	0	1	1	1	1	1	1	1	1
9	1 0 0 1	0	1	1	1	1	1	1	1	1	1
10	1 0 1 0	1	1	1	1	1	1	1	1	1	1
11	1 0 1 1	1	1	1	1	1	1	1	1	1	1
12	1 1 0 0	1	1	1	1	1	1	1	1	1	1
13	1 1 0 1	1	1	1	1	1	1	1	1	1	1
14	1 1 1 0	1	1	1	1	1	1	1	1	1	1
15	1 1 1 1	1	1	1	1	1	1	1	1	1	1

9.2.2 Demultiplexer

Code-Umwandler, die von einem binären in einen 1 aus n-Code umsetzen, können als Demultiplexer verwendet werden. Der Demultiplexer soll die reziproke Aufgabe eines Multiplexers übernehmen. Ein Demultiplexer soll also einen Eingang E auf mehrere Ausgänge verteilen, die mit Adressleitungen ausgewählt werden können.

Als Beispiel soll der oben angegebene BCD/Dezimal-Code-Umsetzer verwendet werden. Dazu wird der höchstwertige Eingang als Dateneingang E verwendet (Bild 9-8). Die Eingänge x_2, x_1, x_0 werden zu den Adresseingängen des Demultiplexers. Sie wählen den Ausgang aus. Als Ausgänge werden nur die Leitungen 0 bis 7 verwendet.

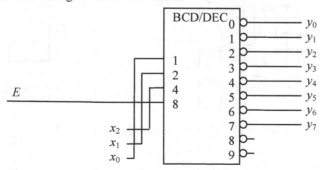

Bild 9-8 Verwendung eines Dezimal-Code-Umsetzers als Demultiplexer.

Die Funktion wird durch die Wahrheitstabelle 9-2 deutlich. Der höchstwertige Eingang x_3 entscheidet nämlich, ob der durch x_2, x_1, x_0 ausgewählte Ausgang auf 0 oder 1 liegt. In diesem Fall hätte man auch einen Binär nach Octal-Code-Wandler mit 8 Ausgängen verwenden können. Ein Multiplexer und ein Demultiplexer können zusammen eine Datenübertragungstrecke bilden, die die Übertragung von n parallelen Datenströmen über eine einzige Leitung ermöglicht. Bild 9-9 zeigt das Prinzip.

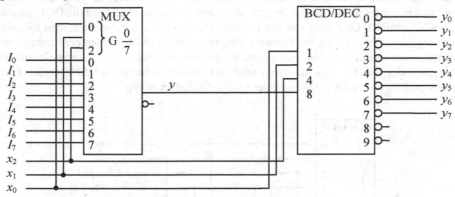

Bild 9-9 Prinzip einer Datenübertragungstrecke mit Multiplexer und Demultiplexer.

An die Adressleitungen des Multiplexers und des Demultiplexers werden die Adressen 0 bis 7 periodisch angelegt. Dadurch wird jeder Eingang I_i in einem Achtel der Zeit auf den Ausgang y_i übertragen. So wird jeder Leitung durch das System ein Zeitschlitz zugeteilt. Das Verfahren heißt auch Zeitmultiplex (Time Division Multiple Access = TDMA).

9.2.3 Erzeugung von Funktionsbündeln

Mit einem Code-Umsetzer, der in einen 1 aus n-Code wandelt, können Funktionsbündel erzeugt werden. Als Beispiel sollen 3 boolesche Funktionen y_3, y_2, y_1 und y_0 mit den 3 Eingängen x_2, x_1, x_0 realisiert werden. Sie sind in der Wahrheitstabelle 9-3 gegeben.

Tabelle 9-3 Wahrheitstabelle für 4 Beispielfunktionen y_3, y_2, y_1, y_0.

Dezimal	x_2 x_1 x_0	y_3 y_2 y_1 y_0
0	0 0 0	0 0 0 0
1	0 0 1	0 0 1 1
2	0 1 0	1 0 0 0
3	0 1 1	1 1 1 1
4	1 0 0	0 1 0 0
5	1 0 1	0 1 0 1
6	1 1 0	1 1 0 1
7	1 1 1	1 0 1 0

Man verwendet einen Umsetzer vom Binärcode zum Octal-Code, wie er im Baustein 74138 enthalten ist, denn dieser Code-Umsetzer hat 3 Eingänge und 8 Ausgänge. Jeder Ausgang geht auf 0, wenn der entsprechende Eingangsvektor an den Eingängen anliegt. Man kann daher sagen, dass die Ausgänge den invertierten Mintermen entsprechen. Alternativ kann man die Ausgänge als die Maxterme der Funktionen interpretieren.

Es sind zwei verschiedene Realisierungen möglich, je nachdem, ob die Ausgänge als die invertierten Minterme oder die Maxterme interpretiert werden. Im ersten Fall wird die DNF, im zweiten die KNF gebildet. Geht man von den invertierten Mintermen aus, so muss man folgendermaßen vorgehen: Der Ausgang der zu einem Eingangsvektor gehört, für den der Funktionswert 1 sein soll, muss an ein NAND-Gatter angeschlossen werden (Bild 9-10). Durch die Inversion der Ausgänge des 74138 und die Inversion des Funktionswertes durch das NAND ergibt sich ein logisches ODER, wie es für die Bildung der DNF erforderlich ist.

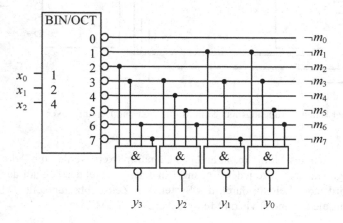

Bild 9-10 Realisierung der DNF von Funktionsbündeln mit einem Code-Umsetzer (74138).

Für die Bildung der KNF werden die Ausgänge als Maxterme interpretiert. Wir schließen also die Ausgänge, die zu den Eingangsvektoren gehören, deren Funktionswerte 0 sein sollen, an ein UND-Gatter an (Bild 9-11), da die Maxterme in der KNF UND-verknüpft werden.

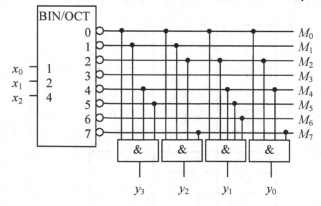

Bild 9-11 Realisierung der KNF von Funktionsbündeln mit einem Code-Umsetzer.

9.3 Analoge Multiplexer und Demultiplexer

Wenn analoge Signale gemultiplext werden sollen, können Transmission-Gates zum Schalten verwendet werden. Zur Ansteuerung der Transmission-Gates wird ein Multiplexer benötigt. Da die Transmission-Gates einen invertierten Steuereingang haben, muss der Multiplexer invertierende Ausgänge haben. Die Schaltung ist in Bild 9-12 gezeigt. Weil sie in beiden Richtungen verwendet werden kann, ist sie sowohl als Multiplexer als auch als Demultiplexer für analoge und digitale Signale verwendbar. Allerdings wird das zu übertragende Signal beim Durchlaufen des Schaltkreises gedämpft. Es müssen also externe Buffer angeschlossen werden.

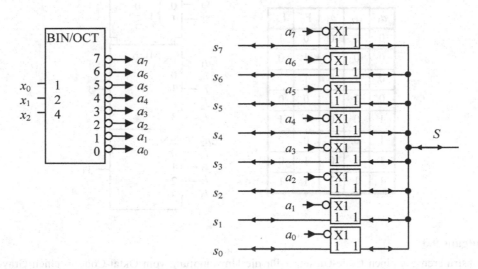

Bild 9-12 Analoger Multiplexer (Signalflussrichtung von links nach rechts) und Demultiplexer (Signalflussrichtung von rechts nach links).

9.4 Übungen

Aufgabe 9.1

Eine Schaltfunktion $f(a_2,a_1,a_0)$ nach untenstehender Tabelle soll mit dem gezeigten Multiplexer realisiert werden. Geben Sie die Beschaltung der Eingänge I_i und x_i des Multiplexers an.

a_2	a_1	a_0	f
0	0	0	0
0	0	1	0
0	1	0	1
0	1	1	0
1	0	0	1
1	0	1	1
1	1	0	0
1	1	1	1

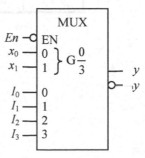

Aufgabe 9.2

Es soll ein Verknüpfungsnetz für die Funktionen $F_0(a_1, a_2, a_3)$ und $F_1(a_1, a_2, a_3)$ mit einem Multiplexer bzw. mit einem Code-Umsetzer realisiert werden. Die Funktionen sind durch untenstehende Wahrheitstabelle definiert.

a) Realisieren Sie die Funktionen mit dem Baustein 74153, welcher zwei 4:1 Multiplexer enthält. Das Schaltsymbol des 74153 ist unten rechts dargestellt.

b) Verwenden Sie den Code-Umsetzer 74138 (siehe S. 118), um die Funktionen zu realisieren.

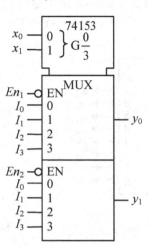

a_1	a_2	a_3	F_0	F_1
0	0	0	0	1
0	0	1	1	0
0	1	0	1	1
0	1	1	0	0
1	0	0	1	1
1	0	1	0	0
1	1	0	1	0
1	1	1	1	1

Aufgabe 9.3

Konstruieren Sie einen Code-Umsetzer für die Umwandlung vom Oktal-Code in einen Gray-Code nach folgender Tabelle:

Eingang	Ausgang	Eingang	Ausgang
$x_2\,x_1\,x_0$	$y_2\,y_1\,y_0$	$x_2\,x_1\,x_0$	$y_2\,y_1\,y_0$
0 0 0	0 0 0	1 0 0	1 1 0
0 0 1	0 0 1	1 0 1	1 1 1
0 1 0	0 1 1	1 1 0	1 0 1
0 1 1	0 1 0	1 1 1	1 0 0

10 Digitale Zähler

Digitale Zähler sind asynchrone oder synchrone Schaltwerke, die in der Regel aus kettenförmig angeordneten Registern bestehen. Der Registerinhalt wird als der Zählstand des Zählers interpretiert.

10.1 Asynchrone Zähler

Asynchrone Zähler sind asynchrone Schaltwerke. Das Eingangssignal ist die zu zählende Impulsfolge. Sie wird direkt auf den Takteingang des ersten Flipflops gelegt. Die Takteingänge der folgenden Flipflops sind an die Ausgänge der vorhergehenden Flipflops angeschlossen. Im Gegensatz dazu werden beim synchronen Zähler, der weiter unten besprochen wird, alle Flipflops vom gleichen Eingangssignal angesteuert. Im Folgenden sollen zwei einfache Schaltungen als Beispiele für asynchrone Zähler vorgestellt werden.

Asynchrone Zähler werden heute wegen des schwer kalkulierbaren Zeitverhaltens nur noch selten eingesetzt. Die weiter unten beschriebenen synchronen Zähler haben dieses Problem nicht.

10.1.1 Mod-8-Binärzähler

Ein mod-8-Binärzähler kann aus negativ flankengesteuerten JK-Flipflops aufgebaut werden, wie es in Bild 10-1 gezeigt ist. Die J- und K-Eingänge der JK-Flipflops sind auf 1 gesetzt. Der Ausgang des ersten Flipflops Q_0 wird also bei jeder negativen Flanke des Eingangs seinen Zustand wechseln. Genauso verhält es sich mit den Ausgängen der weiteren Flipflops.

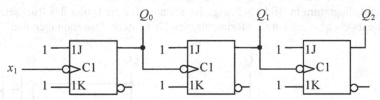

Bild 10-1 Mod-8-Binärzähler aus drei JK-Flipflops.

Daraus resultiert ein Impulsdiagramm, wie es in Bild 10-2 gezeigt wird. Nach dem Zählerstand 111 kehrt der Zähler wieder zu 000 zurück. Man nennt ihn mod-8-Zähler, da er 8 verschiedene Zählerstände aufweisen kann, die periodisch durchlaufen werden (mod = modulo).

Die Schaltung kann auch als Frequenzteiler verwendet werden. Wie man in Bild 10-2 erkennt, hat das Ausgangssignal einer jeden Stufe die halbe Frequenz der vorherigen Stufe.

© Springer Fachmedien Wiesbaden GmbH, ein Teil von Springer Nature 2023
K. Fricke, *Digitaltechnik*, https://doi.org/10.1007/978-3-658-40210-5_10

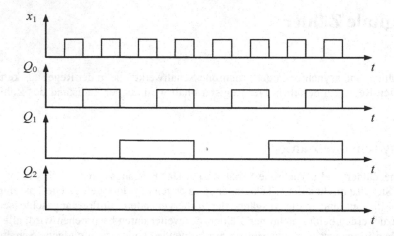

Bild 10-2 Zeitdiagramm des mod-8-Binärzählers aus Bild 10-1.

10.1.2 Mod-6-Zähler

Den asynchronen mod-6-Zähler kann man durch Erweiterung eines mod-8-Zählers erhalten. Man benötigt dazu JK-Flipflops mit einem Rücksetzeingang R. Man setzt die Flipflops zurück, wenn der Zählerstand 6 (110) erreicht ist. Die Abfrage wird mit einem UND-Gatter an den Ausgängen Q_1 und Q_2 durchgeführt (Bild 10-3). In einem mod-6-Zähler darf der Zählerstand 110 nicht auftauchen.

Wie das Impulsdiagramm in Bild 10-3 zeigt, ist das aber für die Dauer des Rücksetzvorganges der Fall. Es entsteht also ein kurzer Störimpuls, der für manche Anwendungen nicht tolerierbar ist.

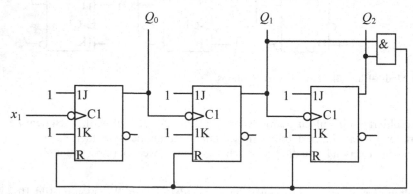

Bild 10-3 Mod-6-Binärzähler aus drei JK-Flipflops.

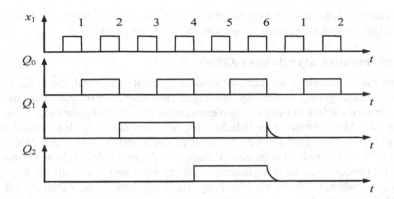

Bild 10-4 Zeitdiagramm des mod-6-Binärzählers aus Bild 10-3.

10.1.3 Asynchrone Rückwärtszähler

Soll ein asynchroner Zähler rückwärts zählen, so müssen nicht die Ausgänge Q_i der Flipflops an die Eingänge der nächsten Stufe angeschlossen werden, sondern die invertierten Ausgänge $\neg Q_i$ (Bild 10-5). Dadurch schalten die JK-Flipflops immer an der positiven Flanke und man erhält ein Impulsdiagramm wie es in Bild 10-6 gezeigt ist.

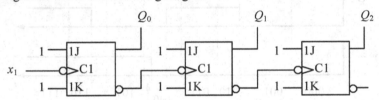

Bild 10-5 Mod-8-Abwärtszähler aus drei JK-Flipflops.

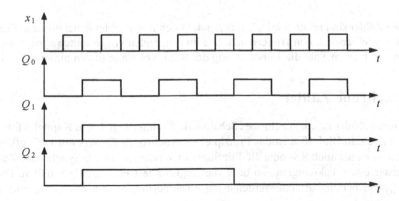

Bild 10-6 Zeitdiagramm des mod-8-Abwärtszählers aus Bild 10-5.

An der fallenden Flanke des Eingangssignals schaltet das erste Flipflop und dessen Ausgang geht auf H. Die folgenden Flipflops schalten im Idealfall alle gleichzeitig.

10.1.4 Zeitverhalten asynchroner Zähler

Asynchrone Zähler verhalten sich bei Taktperioden T_p nicht mehr ideal, die in der Größenordnung der Gatterverzögerung t_{pd} der Flipflops liegen. Bild 10-7 zeigt die Ausgänge der Flipflops eines asynchronen Zählers mit einer Gatterverzögerungszeit, die ungefähr einer halben Taktperiode entspricht. Man erkennt, dass zwischen den richtigen Zählerständen zusätzliche Zählerstände liegen. Bei etwas größerer Verzögerungszeit der Flipflops würde der Zählerstand 100 nicht mehr auftreten. Damit ist auch eine Abfrage von Zählerständen nicht mehr möglich. Die maximale Taktfrequenz f_{max} eines asynchronen Zählers mit n Stufen, die alle die gleiche Gatterverzögerung t_{pd} haben, ist durch die Gleichung (10.1) gegeben. Reale Zähler erreichen diesen Wert aber bei weitem nicht.

$$f_{max} = 1/(nt_{pd}) \hspace{5cm} (10.1)$$

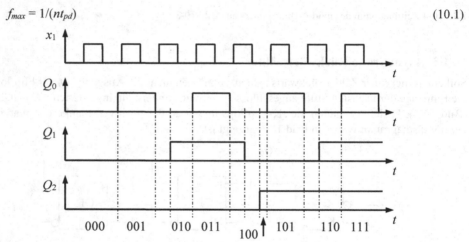

Bild 10-7 Zeitdiagramm des mod-8-Binärzählers aus Bild 10-1 mit endlicher Verzögerungszeit.

Asynchrone Zähler sind relativ einfach aufgebaut. Durch ihre Probleme bei höheren Frequenzen tritt dieser Vorteil aber in den Hintergrund. Die im Folgenden vorgestellten synchronen Zähler vermeiden durch einen Takt die Verschiebung der Schaltvorgänge in den hinteren Stufen.

10.2 Synchrone Zähler

Ein synchroner Zähler ist ein synchrones Schaltwerk. Es unterliegt den in Kapitel 8 formulierten Zeitbedingungen. In Bild 10-8 ist das Prinzip eines synchronen Zählers mit D-Flipflops dargestellt. Es können aber auch RS- oder JK-Flipflops verwendet werden. In synchronen Zählern hat jedes Register einen Takteingang, so dass alle Register fast gleichzeitig schalten. Die in den Registern gespeicherten Zustände werden in jeder Taktperiode aus den alten Zuständen in einem Schaltnetz erzeugt.

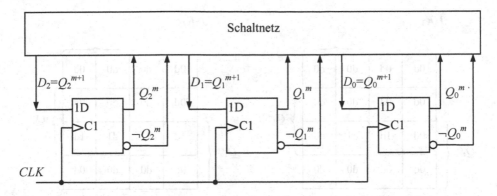

Bild 10-8 Prinzip eines synchronen Zählers.

Die Konstruktion eines synchronen Zählers kann daher mit den im Kapitel 8 dargestellten Methoden geschehen. Es werden im Folgenden zwei Beispiele vorgestellt.

10.2.1 4-Bit-Dualzähler

Die Aufgabenstellung: Es soll ein 4-Bit-Dualzähler mit vier JK-Flipflops aufgebaut werden. Er soll ein Übertragssignal c_4 liefern, wenn er von 1111 nach 0000 schaltet. Zunächst stellen wir die Zustandsfolgetabelle auf (Tabelle 10-1).

Aus der Zustandsfolgetabelle müssen dann die Ansteuergleichungen für die 4 JK-Flipflops entwickelt werden. Wir verwenden dafür wieder die Tabelle 8-4, in der die Ansteuergleichungen für einen Wechsel von einem Zustand zum Folgezustand festgehalten sind. Wir erhalten vier KV-Diagramme (Bild 10-9), in die wir die Paare der Funktionswerte J_iK_i eintragen.

Tabelle 10-1 Zustandsfolgetabelle eines 4-Bit-Dualzählers.

Q_3^m	Q_2^m	Q_1^m	Q_0^m	Q_3^{m+1}	Q_2^{m+1}	Q_1^{m+1}	Q_0^{m+1}	Q_3^m	Q_2^m	Q_1^m	Q_0^m	Q_3^{m+1}	Q_2^{m+1}	Q_1^{m+1}	Q_0^{m+1}
0	0	0	0	0	0	0	1	1	0	0	0	1	0	0	1
0	0	0	1	0	0	1	0	1	0	0	1	1	0	1	0
0	0	1	0	0	0	1	1	1	0	1	0	1	0	1	1
0	0	1	1	0	1	0	0	1	0	1	1	1	1	0	0
0	1	0	0	0	1	0	1	1	1	0	0	1	1	0	1
0	1	0	1	0	1	1	0	1	1	0	1	1	1	1	0
0	1	1	0	0	1	1	1	1	1	1	0	1	1	1	1
0	1	1	1	1	0	0	0	1	1	1	1	0	0	0	0

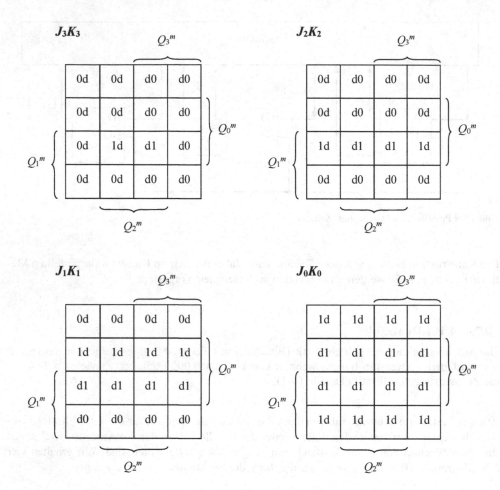

Bild 10-9 KV-Diagramme für die Ansteuerfunktionen der JK-Flipflops.

Man liest die folgenden Ansteuergleichungen für die JK-Flipflops ab:

$$J_0 = K_0 = 1 \tag{10.2}$$

$$J_1 = K_1 = Q_0{}^m \tag{10.3}$$

$$J_2 = K_2 = Q_0{}^m Q_1{}^m \tag{10.4}$$

$$J_3 = K_3 = Q_0{}^m Q_1{}^m Q_2{}^m \tag{10.5}$$

Die Gleichungen wurden mit Hilfe der KV-Diagramme abgeleitet, um die Systematik aufzuzeigen. Man kann die Gleichungen aber auch direkt anschreiben, wenn man in der Wahrheitstabelle erkennt, dass das Flipflop *i* immer genau dann wechselt, wenn die Ausgänge aller vorhergehenden Flipflops 1 sind.

Der Übertrag ist in der Tabelle c_4 nicht angegeben. Er berechnet sich analog zu obiger Überlegung einfach nach der Formel:

$$c_4 = Q_0{}^m Q_1{}^m Q_2{}^m Q_3{}^m \qquad (10.6)$$

Das Schaltbild des gesamten Zählers ist in Bild 10-10 dargestellt.

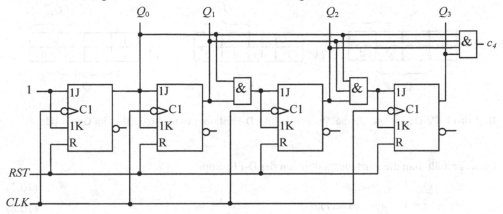

Bild 10-10 Schaltbild des synchronen 4Bit-Dualzählers.

10.2.2 Mod-6-Zähler im Gray-Code

Als zweites Beispiel soll die Konstruktion eines mod-6-Zählers im Gray-Code dargestellt werden. Er soll 6 Zahlen im Gray-Code durchzählen und beim Zählerhöchststand einen Übertrag liefern. Wir wollen für den Zähler drei D-Flipflops verwenden. Wir beginnen mit der Konstruktion der Zustandsfolgetabelle (Tabelle 10-2). Dazu stellen wir einen zyklischen Gray-Code für 6 Zustände auf. Beim Höchststand 100 wird das Übertragssignal $c_{\ddot{u}}$ gleich eins.

Tabelle 10-2 Zustandsfolgetabelle des mod-6-Zählers im Gray-Code.

$Q_2{}^m$	$Q_1{}^m$	$Q_0{}^m$	$Q_2{}^{m+1}$	$Q_1{}^{m+1}$	$Q_0{}^{m+1}$	$c_{\ddot{u}}$
0	0	0	0	0	1	0
0	0	1	0	1	1	0
0	1	1	0	1	0	0
0	1	0	1	1	0	0
1	1	0	1	0	0	0
1	0	0	0	0	0	1
1	1	1	d	d	d	0
1	0	1	d	d	d	0

Aus der Zustandsfolgetabelle können die drei KV-Diagramme der drei D-Flipflops entworfen werden:

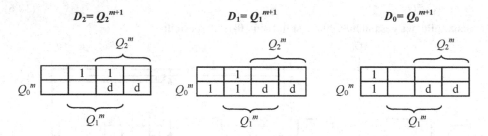

Bild 10-11 KV-Diagramme für die Ansteuerung der D-Flipflops des mod-6-Zählers im Gray-Code.

Daraus erhält man die Ansteuerfunktionen der D-Flipflops:

$$D_2 = Q_2^{m+1} = Q_1^m \neg Q_0^m \tag{10.7}$$

$$D_1 = Q_1^{m+1} = Q_0^m \vee Q_1^m \neg Q_2^m \tag{10.8}$$

$$D_0 = Q_0^{m+1} = \neg Q_1^m \neg Q_2^m \tag{10.9}$$

Die don't care-Terme für D_1 wurden immer als 1 interpretiert, während alle anderen don't care-Terme 0 gesetzt wurden. Daher geht der Zähler aus den unbenutzten Zählerständen im nächsten Takt zum Zählerstand 010. Der Übertrag $c_ü$ kann ohne KV-Diagramm angegeben werden:

$$c_ü = \neg Q_0^m \neg Q_1^m Q_2^m \tag{10.10}$$

Die fertige Schaltung ist in Bild 10-12 zu sehen. Das Zustandsdiagramm für die Schaltung mit den beiden nicht verwendeten Zuständen in Bild 10-13 zeigt, dass die Schaltung nach dem Einschalten auch aus diesen Zuständen den Zählzyklus im folgenden Takt beginnt.

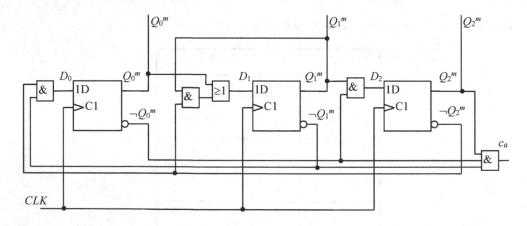

Bild 10-12 Schaltung des mod-6-Zählers im Gray-Code.

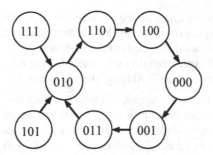

Bild 10-13 Zustandsdiagramm des mod-6-Zählers im Gray-Code.

10.2.3 Der synchrone 4-Bit Aufwärts/Abwärts-Binärzähler 74191

In diesem Abschnitt wird ein synchroner 4-Bit Aufwärts/Abwärts-Binärzähler exemplarisch vorgestellt. Der Baustein ist typisch für diese Art von Zählern. Das Schaltsymbol ist in Bild 10-14 gezeigt.

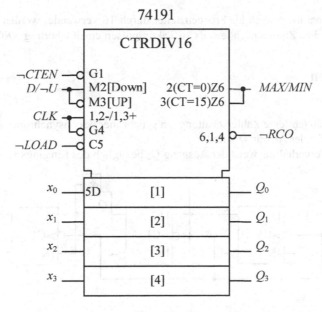

Bild 10-14 Schaltsymbol des synchronen 4-Bit Aufwärts/Abwärts-Binärzählers 74191.

Die Bezeichnung CTRDIV16 (counter dividing by 16) bedeutet, dass der Zähler ein mod-16-Zähler ist. Mit dem Signal $\neg CTEN$ (Counter Enable) wird der Zähler aktiviert. Mit $D/\neg U$ kann die Zählrichtung von Aufwärts auf Abwärts umgeschaltet werden.

Es wird mit jeder ansteigenden Flanke des Taktes CLK weitergezählt. Am Schaltsymbol sind die Zeichen 1,2- und 1,3+ angegeben. Das bedeutet, dass der Takt mit dem Anschluss $\neg CTEN$ (an dem G1 steht) UND verknüpft wird. Es gibt eine Betriebsartenumschaltung (Mode-Abhängigkeit M), die mit M2 für Abwärtszählen und M3 für Aufwärtszählen an den $D/\neg U$-Eingängen definiert wird. Außerdem ist der invertierte Takt mit dem Anschluss $\neg RCO$ UND-verknüpft, was durch die Bezeichnung G4 festgelegt wird.

Der Ausgang *MAX/MIN* hat verschiedene Funktionen für Aufwärtszählen (Ziffer 3) und Abwärtszählen (Ziffer 2). Es liegt also wieder eine M-Abhängigkeit vor. Beim Abwärtszählen geht der Ausgang *MAX/MIN* auf 1, wenn der Zählerstand 0 ist, was durch CT = 0 gekennzeichnet ist. Entsprechend wird beim Aufwärtszählen der maximale Zählerstand CT = 15 angezeigt. Der Ausgang *MAX/MIN* besitzt außerdem eine Z-Abhängigkeit (Z6) mit dem Ausgang $\neg RCO$.

Der Ausgang $\neg RCO$ ist also mit dem Ausgang *MAX/MIN* verbunden, wenn gleichzeitig der Takt *CLK* = 0 ist (wegen G4) und der Anschluss $\neg CTEN$ = 0 ist (wegen G1). Dies wird durch die Ziffernfolge 6,1,4 am Anschluss $\neg RCO$ festgelegt, die die Z- und die beiden G-Abhängigkeiten definiert. Der Ausgang $\neg RCO$ ist daher ein synchroner Ausgang, während *MAX/MIN* asynchron arbeitet.

Der Zähler ist über die Eingänge x_3, x_2, x_1, x_0 parallel ladbar. Dafür muss der Eingang $\neg LOAD$ auf 0 gesetzt werden. Diese Funktion ist asynchron. Der Zähler wird durch die parallele Ladbarkeit programmierbar. Legt man zum Beispiel beim Aufwärtszählen an die Eingänge (x_3, x_2, x_1, x_0) = 1000, so zählt der Zähler nur 7 Stufen bis 1111. Dann sendet er das Übertragssignal $\neg RCO$ = 0. Wird dieses mit $\neg LOAD$ verbunden, so wird der Zähler mit 1000 geladen und beginnt den Zyklus von neuem.

Der Zähler kann natürlich auch als Frequenzteiler durch 16 verwendet werden, denn er liefert beim kontinuierlichen Zählen nach jeweils 16 Taktimpulsen einen Übertrag $\neg RCO$.

10.3 Übungen

Aufgabe 10.1

a)   Ist die unten abgebildete Zählerschaltung ein synchroner oder asynchroner Zähler?
b)   Ist es ein Auf- oder Abwärtszähler?
c)   Welches Teilerverhältnis weist der Ausgang Q_2 bezüglich des Eingangs x_1 auf?

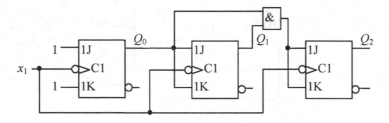

Aufgabe 10.2

Konstruieren Sie einen asynchronen Abwärtszähler, der die Folge 000, 111, 110, 101, 100, 011, 000, usw. durchläuft.

Aufgabe 10.3

Konstruieren Sie einen Dualzähler mit 3 D-Flipflops, der für V = 1 die Folge 000, 001, 010, 011, 100, 000 ... aufwärts zählt. Für V = 0 soll der Zähler die gleiche Folge rückwärts zählen.

Aufgabe 10.4

Wie muss der Binärzählerbaustein 74191 beschaltet werden, damit er als Dezimalteiler verwendet werden kann?

11 Schieberegister

Schieberegister bestehen aus einer Kette von mehreren Flipflops, in denen der Informationstransport wie in einer Eimerkette weitergegeben wird. Sie können z.B. aus D-Flipflops oder JK-Flipflops aufgebaut sein. Ein Beispiel mit 4 JK-Flipflops ist in Bild 11-1 gezeigt. Damit die Information kontrolliert und gleichzeitig über die Kette übertragen wird, werden flankengesteuerte Flipflops verwendet.

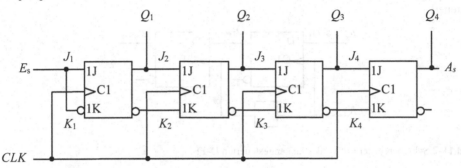

Bild 11-1 Schieberegisterkette aus vier JK-Flipflops.

Das dargestellte Schieberegister hat einen seriellen Eingang E_s und einen seriellen Ausgang A_s. Die parallelen Ausgänge heißen Q_i. Die Funktion dieses nach rechts schiebenden Schieberegisters wird durch die folgenden Gleichungen beschrieben:

$$Q_1^{m+1} = E_s^m \tag{11.1}$$

$$Q_i^{m+1} = Q_{i-1}^m \quad \text{für } 2 \leq i \leq 4 \tag{11.2}$$

$$A_s^m = Q_4^m \tag{11.3}$$

Schieberegister finden universelle Anwendung in der CPU von Rechnern für die Multiplikation und Division. Sie werden aber auch für die Serien-Parallel-Wandlung und die Parallel-Serien-Wandlung verwendet. Außerdem dienen sie als Eimerketten-Speicher (first in - first out, FIFO).

Schieberegister können die folgenden Eigenschaften aufweisen:

- Umschaltung zwischen Links- und Rechts-Schieben
- Parallele Eingänge zum gleichzeitigen Laden der Registerkette
- Parallele Ausgänge
- Serielle Ein- und Ausgänge.

© Springer Fachmedien Wiesbaden GmbH, ein Teil von Springer Nature 2023
K. Fricke, *Digitaltechnik*, https://doi.org/10.1007/978-3-658-40210-5_11

11.1 Zeitverhalten von Schieberegistern

Problematisch kann das Auftreten eines Taktversatzes (clock skew) sein, wenn Register mit geringem Abstand zwischen Wirk- und Kippintervall verwendet werden, wie das bei ungepufferten Flipflops der Fall ist. Ein Taktversatz kann dazu führen, dass die Information bei einem Taktimpuls über mehrere Stufen übertragen wird oder verloren geht. Das ist darauf zurückzuführen, dass der Taktversatz zu einer Überlappung von Wirk- und Kippintervall führt.

Dieser Fall soll nun an Hand einer Registerkette aus zwei einflankengesteuerten, gepufferten D-Flipflops gezeigt werden (Bild 11-2). Das zweite D-Flipflop wird mit einem Taktversatz t_0 angesteuert.

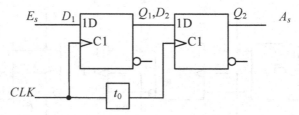

Bild 11-2 Schieberegister mit vorderflankengesteuerten D-FF.

In Bild 11-3a sind zunächst die Verhältnisse ohne Taktversatz gezeigt ($t_0 = 0$). Die Wirk- und Kippintervalle der beiden Flipflops liegen gleichzeitig. Das Bild zeigt, dass die Information richtig von einem Flipflop zum nächsten weitergegeben wird.

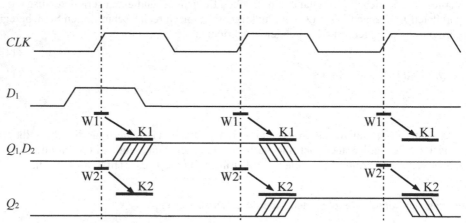

Bild 11-3a Zeitdiagramm der Schieberegisterkette aus Bild 11-2 ohne Taktversatz (t_0=0).

In Bild 11-3b ist der Takt des zweiten Flipflops gegenüber dem ersten um t_0 verzögert. Dadurch rückt das Wirkintervall W2 des zweiten Flipflops in das Kippintervall des ersten Flipflops K1, so dass es dem Zufall überlassen bleibt, was im zweiten Flipflop gespeichert ist.

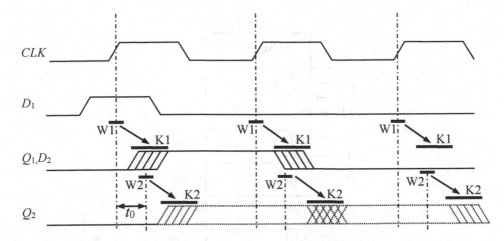

Bild 11-3b Zeitdiagramm der Schieberegisterkette aus Bild 11-2 mit Taktversatz t_0.

Bei einer etwas größeren Verschiebung t_0 würde der Ausgang Q_2 des zweiten Flipflops das gleiche Ausgangssignal liefern wie der Ausgang Q_1 des ersten Flipflops. Dann „fällt" das Bit ohne Speicherung durch das zweite Flipflop.

Wenn man einen großen Taktversatz tolerieren muss, wählt man deshalb oft zweiflankengesteuerte Flipflops. Wenn man zweiflankengesteuerte Flipflops verwendet, kann man einen Taktversatz fast bis zur halben Taktperiode zulassen.

11.1.1 Schieberegister 74194

Das Schieberegister 74194 wird hier als Beispiel in Bild 11-4 für ein 4-Bit-Schieberegister vorgestellt. Es ist ein flankengesteuertes Schieberegister mit mehreren Betriebszuständen, die mit den Signalen S_0 und S_1 eingestellt werden können (Tabelle 11-1). Die Betriebszustände werden im Schaltsymbol mit der Mode-Abhängigkeit beschrieben.

Tabelle 11-1 Betriebsarten des Schieberegisters 74194.

Betriebsart	S_0	S_1	CLK	E_{SR}	E_{SL}	Q_A^{m+1}	Q_B^{m+1}	Q_C^{m+1}	Q_D^{m+1}
Parallel Laden	1	1	↑	d	d	A	B	C	D
Rechts Schieben	0	1	↑	d	1	1	Q_A^m	Q_B^m	Q_C^m
			↑	d	0	0	Q_A^m	Q_B^m	Q_C^m
Links Schieben	1	0	↑	1	d	Q_B^m	Q_C^m	Q_D^m	1
			↑	0	d	Q_B^m	Q_C^m	Q_D^m	0
Takt ausblenden	0	0	d	d	d	Q_A^m	Q_B^m	Q_C^m	Q_D^m

Das Schieberegister ist über die Eingänge A, B, C, D parallel ladbar. Für $S_0 = 1$ und $S_1 = 1$ wird im Schaltsymbol die Ziffer 3 verwendet. Damit wird der Betriebszustand „parallel-Laden"

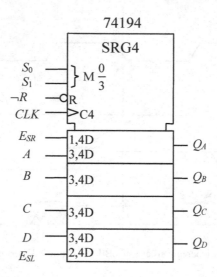

Bild 11-4 Schaltsymbol des 4 Bit-bidirektionalen, parallel ladbaren Schieberegisters 74194.

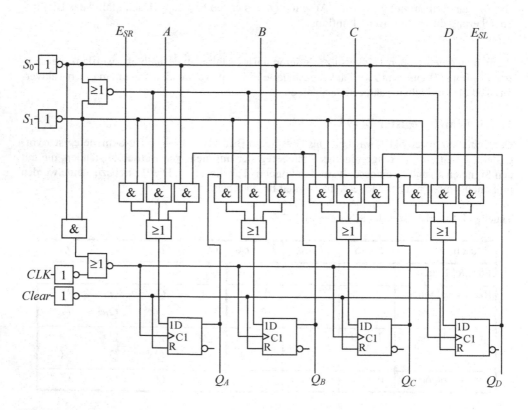

Bild 11-5 Schaltbild des 4 Bit-bidirektionalen, parallel ladbaren Schieberegisters 74194.

ausgewählt. Konsequenterweise sind die Eingänge *A*, *B*, *C*, *D* mit dieser Ziffer versehen. Über die Eingänge E_{SL} (beim Links-Schieben) und E_{SR} (beim Rechts-Schieben) kann ein Signal seriell eingespeist werden. Links-Schieben wird im Schaltsymbol durch die Ziffer 2 gekennzeichnet, daher ist auch der Eingang E_{SL} mit einer 2 gekennzeichnet. Als serieller Ausgang kann Q_A oder Q_D verwendet werden, je nachdem, ob Links- oder Rechts-Schieben gewählt wurde.

11.2 Rückgekoppelte Schieberegister

Koppelt man die einzelnen Ausgänge einer Schieberegisterkette über ein Schaltnetz auf den Eingang zurück, so erhält man ein rückgekoppeltes Schieberegister. Das Prinzip ist in Bild 11-6 gezeigt. Die Funktion des Schieberegisters kann durch die folgenden Gleichungen beschrieben werden:

$$Q_1^{m+1} = f(Q_1^m, Q_2^m, Q_3^m) \qquad (11.4)$$

$$Q_2^{m+1} = Q_1^m \qquad (11.5)$$

$$Q_3^{m+1} = Q_2^m \qquad (11.6)$$

Der einzige Freiheitsgrad liegt in der Wahl der Funktion $f(Q_1^m, Q_2^m, Q_3^m)$. Dadurch sind in jedem Zustand nur zwei verschiedene Folgezustände möglich.

Die Wahrheitstabelle des rückgekoppelten Schieberegisters mit 3 Speichern aus Bild 11-6 ist in Tabelle 11-2 dargestellt. In der linken Spalte ist der Inhalt der D-Flipflops zum Zeitpunkt *m* dargestellt. Zum Zeitpunkt *m* + 1 befindet sich im ersten D-Flipflop der durch das Schaltnetz erzeugte Funktionswert. In die beiden folgenden D-Flipflops 2 und 3 wurden die Werte von Q_1^m und Q_2^m geschoben.

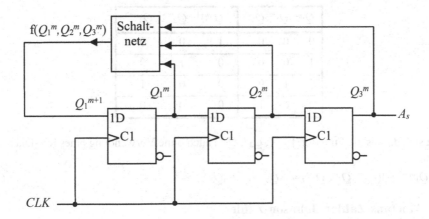

Bild 11-6 Prinzip eines rückgekoppelten Schieberegisters.

Tabelle 11-2 Wahrheitstabelle des rückgekoppelten Schieberegisters aus Bild 11-6.

$Q_1{}^m$	$Q_2{}^m$	$Q_3{}^m$	$Q_1{}^{m+1}$	$Q_2{}^{m+1}$	$Q_3{}^{m+1}$
0	0	0	f(0,0,0)	0	0
0	0	1	f(0,0,1)	0	0
0	1	0	f(0,1,0)	0	1
0	1	1	f(0,1,1)	0	1
1	0	0	f(1,0,0)	1	0
1	0	1	f(1,0,1)	1	0
1	1	0	f(1,1,0)	1	1
1	1	1	f(1,1,1)	1	1

Es soll zum Beispiel diese Folge der Registerinhalte erzeugt werden:

000, 100, 010, 001, 000 usw.

Am seriellen Ausgang A_s kann die Folge 000100010001... entnommen werden. Die Schaltung kann also als ein Frequenzteiler durch 4 verwendet werden. Alternativ können die verschiedenen Registerinhalte auch als Zählerstände eines Zählers interpretiert werden, der allerdings in einem speziellen Code zählt. Man hätte damit einen mod-4-Zähler entworfen.

Zur Realisierung dieses Schieberegisters stellt man eine Wahrheitstabelle auf, wie sie in Tabelle 11-3 gezeigt ist. In dieser Wahrheitstabelle sind nur die im gewünschten Zyklus vorkommenden Zustände berücksichtigt.

Tabelle 11-3 Wahrheitstabelle zur Erzeugung der Folge: 000, 100, 010, 001, 000.

$Q_1{}^m$	$Q_2{}^m$	$Q_3{}^m$	$Q_1{}^{m+1}$	$Q_2{}^{m+1}$	$Q_3{}^{m+1}$
0	0	0	1	0	0
1	0	0	0	1	0
0	1	0	0	0	1
0	0	1	0	0	0

Es lässt sich daraus die Funktion f($Q_1{}^m$, $Q_2{}^m$, $Q_3{}^m$) auch ohne Verwendung eines KV-Diagramms ablesen:

$$Q_1{}^{m+1} = f(Q_1{}^m, Q_2{}^m, Q_3{}^m) = \neg Q_1{}^m \neg Q_2{}^m \neg Q_3{}^m \tag{11.7}$$

11.2.1 Moebius-Zähler, Johnson-Zähler

Eine oft verwendete Form des Schieberegisters ist der Moebius- oder Johnson-Zähler. Bei diesem Zähler wird der Ausgang invertiert in den Eingang gegeben. In Bild 11-7 ist ein Johnson-Zähler mit 4 D-Flipflops abgebildet. Die Speicherinhalte sind durch die Wahrheitstabelle in Bild 11-4 gegeben. Es werden zwei unterschiedliche zyklische Folgen mit jeweils 8 Zuständen erzeugt.

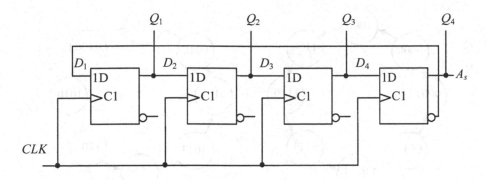

Bild 11-7 Johnsonzähler aus vier D-Flipflops.

Das Schaltnetz des Johnson-Zählers ist durch die folgende Formel gegeben:

$$D_1 = f(Q_1^m, Q_2^m, Q_3^m, Q_4^m) = \neg Q_4^m \tag{11.8}$$

In das erste der 4 D-Flipflops wird in jedem Takt der invertierte Inhalt des letzten Flipflops geladen. Es kann nun die Wahrheitstabelle (Tabelle 11-4) des Johnsonzählers aufgestellt werden. Man stellt fest, dass sich zwei unabhängige Zyklen ergeben, je nachdem mit welchem Anfangszustand der Zähler beim Einschalten startet. Beide Zyklen sind aber gleich lang. Will man einen bestimmten Zyklus erzwingen, so muss man den Anfangszustand vorgeben.

Tabelle 11-4 Wahrheitstabelle des Johnson-Zählers aus Bild 11-7.

$Q_1^m\,Q_2^m\,Q_3^m\,Q_4^m$	$Q_1^{m+1}\,Q_2^{m+1}\,Q_3^{m+1}\,Q_4^{m+1}$	$Q_1^m\,Q_2^m\,Q_3^m\,Q_4^m$	$Q_1^{m+1}\,Q_2^{m+1}\,Q_3^{m+1}\,Q_4^{m+1}$
0 0 0 0	1 0 0 0	0 0 1 0	1 0 0 1
1 0 0 0	1 1 0 0	1 0 0 1	0 1 0 0
1 1 0 0	1 1 1 0	0 1 0 0	1 0 1 0
1 1 1 0	1 1 1 1	1 0 1 0	1 1 0 1
1 1 1 1	0 1 1 1	1 1 0 1	0 1 1 0
0 1 1 1	0 0 1 1	0 1 1 0	1 0 1 1
0 0 1 1	0 0 0 1	1 0 1 1	0 1 0 1
0 0 0 1	0 0 0 0	0 1 0 1	0 0 1 0

Das Verhalten des Ringzählers kann auch in einem Zustandsdiagramm (Bild 11-8) dargestellt werden.

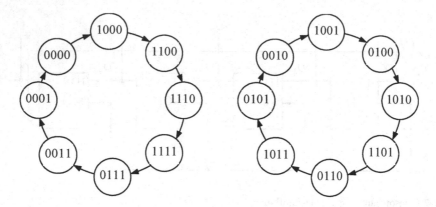

Bild 11-8 Zustandsdiagramm des Johnson-Zählers aus Bild 11-7. In den Kreisen steht $Q_1{}^m Q_2{}^m Q_3{}^m Q_4{}^m$.

11.2.2 Pseudo-Zufallsfolgen

Mit Schieberegistern können am seriellen Ausgang binäre Zahlenfolgen erzeugt werden, die eine
Verteilung von Nullen und Einsen haben, die fast gleich einer zufälligen binären Zahlenfolge ist.
Man nennt diese Zahlenfolgen pseudo-zufällig. Pseudo-zufällige Zahlenfolgen haben eine Peri-
ode und sind daher deterministisch.

Man erzeugt Pseudo-Zufallsfolgen, indem man einige Ausgänge der Schieberegisterkette über
ein Antivalenz-Gatter zurückkoppelt. Im Bild 11-9 ist ein Beispiel für $n = 7$ gezeigt.

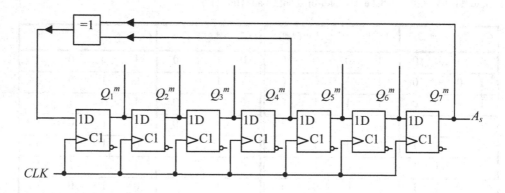

Bild 11-9 Schieberegister zur Erzeugung einer Pseudo-Zufallsfolge $n = 7$.

Abhängig von der Position der Rückkopplungsleitungen ergeben sich unterschiedlich lange Folgen am seriellen Ausgang A_s. Besonders interessant sind die Rückkopplungen, bei denen sich
eine maximal lange Periode der Folge ergibt. Diese maximal langen Folgen heißen M-Sequen-
zen, nur sie haben pseudo-zufällige Eigenschaften. Die Periode P einer maximal langen Zufallsfolge, die aus einem n-Bit langen Schieberegister gewonnen werden kann, ist:

$$P = 2^n - 1 \qquad\qquad\qquad\qquad\qquad\qquad\qquad\qquad\qquad\qquad\qquad (11.9)$$

Bei der Erzeugung von Pseudo-Zufallsfolgen enthält die Schieberegisterkette alle möglichen Binärzahlen mit Ausnahme der 0. Der Zustand 0 ist stabil. Er darf daher auch nicht als Anfangszustand auftreten. Daher haben die Pseudo-Zufallsfolgen die Eigenschaft, dass in der Periode eine 1 mehr auftritt als Nullen. Nullen und Einsen sind nicht gleichverteilt. Auch das ist eine Abweichung von einer idealen Zufallsfolge. Trotzdem eignen sie sich zum Testen von Nachrichtenkanälen.

Die Rückkopplungen für eine maximal lange Periode sind in Tabelle 11-5 bis $n = 8$ zusammengefasst. Sind mehr als zwei Rückkopplungen mit x markiert, so wird als Verknüpfung die Verallgemeinerung der Exklusiv-Oder-Funktion verwendet: ihr Ausgang ist 1, wenn eine ungerade Anzahl der Eingänge auf 1 liegt. Die maximal lange Pseudozufallsfolge enthält alle Binärzahlen der Länge n mit Ausnahme der Zahl 0. Die Zahl 0 darf nicht auftauchen, da sie bei beliebiger Wahl der Lage der Rückkopplungen wieder in den gleichen Zustand führt.

Tabelle 11-5 Rückkopplungen für Pseudo-Zufallsfolgen (- keine Rückkopplung, x Rückkopplung.)

n	\multicolumn{8}{c}{Rückkopplungen}	Periode
	1	2	3	4	5	6	7	8	
2	x	x							3
3	-	x	x						7
4	-	-	x	x					15
5	-	-	x	-	x				31
6	-	-	-	-	x	x			63
7	-	-	-	x	-	-	x		127
8	-	-	-	x	x	x	-	x	255

Für $n = 3$ ist in Bild 11-10 ein Beispiel für die Erzeugung einer Pseudo-Zufallsfolge angegeben. Die erzeugte Folge kann aus der Zustandsfolgetabelle ermittelt werden.

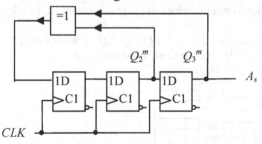

Bild 11-10 Schieberegister zur Erzeugung einer maximal langen Pseudo-Zufallsfolge $n = 3$.

Am seriellen Ausgang A_s des Schieberegisters aus Bild 11-10 bekommt man die Folge: 1110010. Es wurde vorausgesetzt, dass der Anfangsinhalt des Schieberegisters 111 war.

11.3 Übungen

Aufgabe 11.1

Konstruieren Sie eine Schieberegisterkette aus D-Flipflops, die die Folge 010011 periodisch am seriellen Ausgang liefert. Wie viele D-Flipflops benötigen Sie?

Aufgabe 11.2

Mit einer Schieberegisterkette aus 3 JK-Flipflops soll eine möglichst lange Folge von Zuständen erzeugt werden. Die Schaltung, die dafür verwendet werden soll, ist im Bild angegeben.

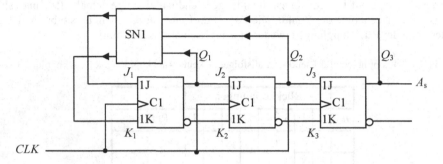

a) Geben sie eine möglichst lange Folge von Zuständen an, die mit diesem Schieberegister erzeugt werden kann. In der Folge sollen die Zustände 3,1,0,4,2 in dieser Reihenfolge enthalten sein (jeweils im Dezimaläquivalent mit Q_1 als MSB angegeben).
b) Stellen Sie die Zustandsfolgetabelle für die maximal lange Folge auf.
c) Geben Sie das Schaltnetz SN1 für die Erzeugung dieser Zustands-Folge an.

Aufgabe 11.3

Geben Sie die Pseudo-Zufallsfolge an, die aus einem Schieberegister mit 4 Flipflops entsteht. Die Rückkopplungen sollen so gelegt sein, dass die Folge maximal lang wird.

Aufgabe 11.4

Das unten gezeigte, rückgekoppelte Schieberegister mit einem JK-Flipflop und zwei D-Flipflops soll analysiert werden.
a) Stellen Sie die Ansteuerfunktion $E_s = f(Q_1{}^m, Q_2{}^m, Q_3{}^m)$ für das erste Flipflop auf.
b) Geben Sie die daraus folgende Zustandsfolgetabelle an.
c) Zeichnen sie das Zustandsdiagramm.

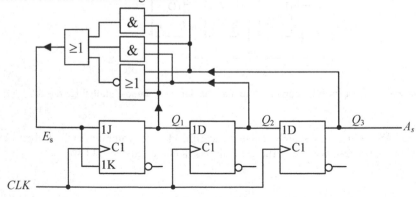

12 Arithmetische Bausteine

12.1 Volladdierer

Im Kapitel 2 wurde bereits die Addition zweier Binärzahlen unter Berücksichtigung des Übertrags definiert. Ein Schaltnetz, das die Addition von 3 Bit durchführt, heißt Volladdierer, ein Schaltnetz für die Addition von 2 Bit wird Halbaddierer genannt.

Beim Volladdierer werden der Übertrag von der vorherigen Stelle und die beiden Summanden addiert und die Summe und ein Übertrag zur nächsten Stelle ausgegeben. Der Volladdierer beinhaltet die Schaltfunktionen für den Summenausgang F_i und den Übertrag (carry) zur nächsten Stufe c_{i+1}:

$$F_i = \neg c_i \neg x_i\, y_i \vee \neg c_i\, x_i \neg y_i \vee c_i \neg x_i \neg y_i \vee c_i x_i\, y_i = x_i \leftrightarrow y_i \leftrightarrow c_i \tag{12.1}$$

$$c_{i+1} = x_i\, y_i \vee c_i\, (x_i \vee y_i) \tag{12.2}$$

Ein Volladdierer benötigt für die Ausführung der Addition 3 Gatterlaufzeiten t_p wobei die Inverter hier mit einer Gatterlaufzeit veranschlagt werden. $t_\Sigma = 3t_p$. Der Übertrag t_U ist schon nach zwei Gatterlaufzeiten berechnet: $t_U = 2t_p$.

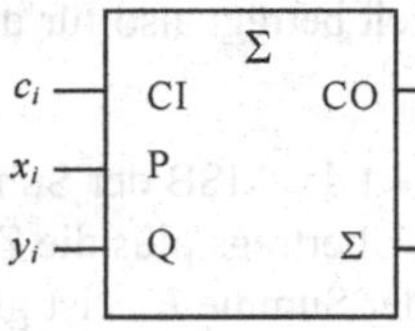

Bild 12-1 Schaltsymbol des Volladdierers nach den Gleichungen 12.1 und 12.2.

12.2 Serienaddierer

Sollen Dualzahlen mit z.B. 4 Stellen addiert werden, so kann man mit zwei Schieberegistern (Bild 12-2) die Summanden x und y an einen Volladdierer heranführen. Der Übertrag wird in einem Speicher zwischengespeichert. Das Ergebnis steht hinterher im Schieberegister von x. Bei jedem Taktimpuls C wird eine Addition durchgeführt.

Die für die Addition zweier m-stelliger Dualzahlen benötigte Zeit t_Σ beträgt m mal die Zeit, die eine Addition mit dem Volladdierer benötigt. $t_\Sigma = 3mt_p$.

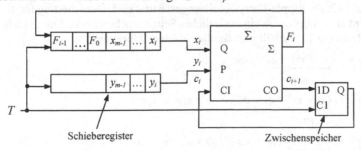

Bild 12-2 Serienaddierer für m Stellen. Es wird gerade der i-te Schritt durchgeführt.

© Springer Fachmedien Wiesbaden GmbH, ein Teil von Springer Nature 2023
K. Fricke, *Digitaltechnik*, https://doi.org/10.1007/978-3-658-40210-5_12

12.3 Ripple-Carry-Addierer

Auch aus m Volladdierern kann ein Addierwerk für zwei m-stellige Dualzahlen aufgebaut werden, indem der Übertragsausgang an den Übertragseingang des folgenden Volladdierers angeschlossen wird (Bild 12-3).

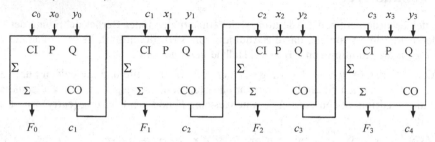

Bild 12-3 Ripple-Carry-Addierer für 4 Bit.

Wie groß ist nun die Ausführungszeit für eine Addition von zwei m-stelligen Binär-Zahlen? Der Übertrag c_1 benötigt nur 2 Gatterlaufzeiten, da für die Berechnung des Übertrags kein Inverter benötigt wird. Die Gesamtverzögerungszeit beträgt also für den Übertrag c_m:

$$t_U = 2\,mt_p \tag{12.3}$$

Das letzte Summenbit, welches feststeht, ist das MSB der Summe F_{m-1}. Man stellt fest, dass man $m-1$ mal die Zeit für die Berechnung des Übertrags plus die Zeit für die Berechnung der höchstwertigen Stelle F_{m-1} benötigt. Das MSB der Summe F_{m-1} ist gültig nach:

$$t_\Sigma = (2\,(m-1) + 3)\,t_p = (2m+1)\,t_p \tag{12.4}$$

Das ist eine sehr lange Ausführungszeit. Würde man eine Realisierung mit einem 2-stufigen Schaltwerk (ohne Berücksichtigung der Inverter) wählen, so erhielte man die optimale Ausführungszeit $3t_p$. Man beachte aber, dass die Wahrheitstabelle für die Addition von zwei 8-stelligen Dualzahlen eine Länge von $2^{17} = 131072$ Zeilen hat ($8\text{Bit} + 8\text{Bit} + 1\text{Bit}(c_0) = 17$). Die Realisierung eines solchen Schaltnetzes würde einen enormen Schaltungsaufwand bedeuten.

12.4 Carry-Look-Ahead Addierer

Einen Kompromiss bezüglich des schaltungstechnischen Aufwands und der Verzögerungszeit stellt der Carry-Look-Ahead-Addierer (CLA-Addierer) dar. Er besteht aus einem Schaltnetz aus Volladdierern, die wie ein Ripple-Carry-Addierer geschaltet sind. Der Übertrag für die einzelnen Volladdierer wird allerdings durch ein zusätzliches Schaltnetz berechnet. Durch mehrfache Anwendung der Gleichung 12.2 erhält man für die einzelnen Überträge:

$$c_1 = \underbrace{x_0\,y_0}_{g_0} \vee c_0 \underbrace{(x_0 \vee y_0)}_{p_0} = g_0 \vee c_0 p_0 \tag{12.5}$$

$$c_2 = \underbrace{x_1\,y_1}_{g_1} \vee c_1 \underbrace{(x_1 \vee y_1)}_{p_1} = g_1 \vee c_1 p_1 = g_1 \vee g_0 p_1 \vee c_0 p_0 p_1 \tag{12.6}$$

$$c_3 = \underbrace{x_2\,y_2}_{g_2} \vee c_2 \underbrace{(x_2 \vee y_2)}_{p_2} = g_2 \vee c_2 p_2 = g_2 \vee g_1 p_2 \vee g_0 p_1 p_2 \vee c_0 p_0 p_1 p_2 \tag{12.7}$$

$$c_4 = \underbrace{x_3\, y_3}_{g_3} \vee c_3\,\underbrace{(x_3 \vee y_3)}_{p_3} = g_3 \vee c_3 p_3 = \underbrace{g_3 \vee g_2 p_3 \vee g_1 p_2 p_3 \vee g_0 p_1 p_2 p_3}_{G} \vee \underbrace{c_0 p_0 p_1 p_2 p_3}_{P} \qquad (12.8)$$

Man hat dabei gesetzt:

$$g_i = x_i\, y_i \quad \text{und } p_i = x_i \vee y_i \qquad\qquad (12.9 \text{ und } 12.10)$$

$g_i = 1$ bedeutet, dass in jedem Term c_{i+1} ein Übertrag generiert wird. In diesem Fall sind beide Eingangsvariablen der jeweiligen Volladdiererstufe gleich 1 (vgl. Gleichung 12.9). Man nennt deshalb g_i auch „carry generate". Dagegen bewirkt p_i nur einen Übertrag, wenn auch $c_i = 1$ ist. p_i ist 1, wenn nur eine der beiden Eingangsvariablen gleich 1 ist (Gl. 12.10). p_i heißt auch „carry propagate" da es ein Carry eines vorherigen Addierers weiterleitet.

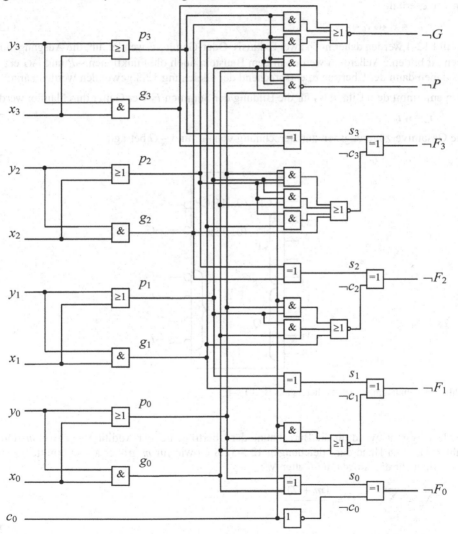

Bild 12-4 Addierer mit Schaltnetz zur Erzeugung der Überträge $\neg c_i$ nach dem Carry-Look-Ahead-Prinzip.

In Bild 12-4 ist eine Schaltung für einen Carry-Look-Ahead-Addierer gezeigt. Man erkennt, dass zunächst die Funktionen g_i und p_i gebildet werden. Daraus erhält man mit den invertierten Gleichungen 12.5 bis 12.7 die Größen $\neg c_0$ bis $\neg c_3$. Da man die Funktionen g_n und p_n schon gebildet hat, benutzt man sie auch, um die Summen F_i zu berechnen. Es gilt nämlich, wie man leicht nachprüfen kann:

$$x_i \leftrightarrow y_i = g_i \leftrightarrow p_i \tag{12.11}$$

daher ist nach Gleichung 12.1:

$$F_i = x_i \leftrightarrow y_i \leftrightarrow c_i = g_i \leftrightarrow p_i \leftrightarrow c_i \tag{12.12}$$

In der Schaltung wird die invertierte Ausgangsfunktion $\neg F_i$ verwendet, die man durch Invertieren von c_i erhält.

$$\neg F_i = x_i \leftrightarrow y_i \leftrightarrow \neg c_i \tag{12.13}$$

In Bild 12-4 werden daher noch zwei Exklusiv-Oder-Gatter verwendet, um die Ausgangsfunktionen zu bilden. Außerdem werden in dem Baustein noch die Funktionen $\neg P$ und $\neg G$ erzeugt, aus denen dann der Übertrag c_4 entsprechend der Gleichung 12.8 gewonnen werden kann.

Man entnimmt dem Bild, dass für die Bildung der Summen F_i vier Gatter durchlaufen werden:

$$t_\Sigma = 4\, t_p \tag{12.14}$$

Die Gesamtverzögerungszeit zur Berechnung von $\neg P$ und $\neg G$ beträgt:

$$t_P = t_G = 3\, t_p \tag{12.15}$$

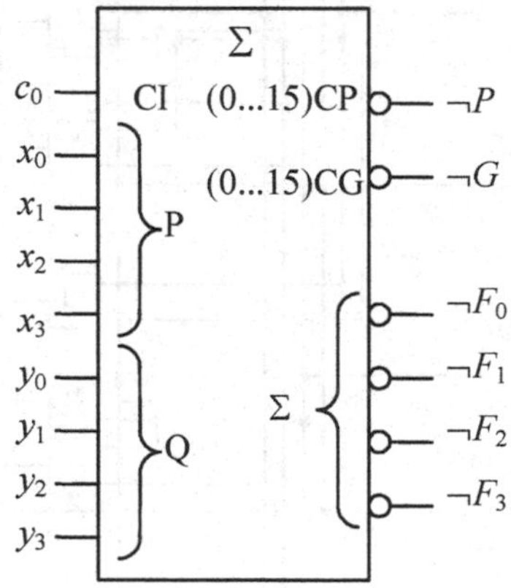

Bild 12-5 Schaltsymbol des Addierers aus Bild 12-4.

Der Hardwareaufwand für die Berechnung der Überträge bei der Addition von zwei m-stelligen Zahlen kann an Hand der Gleichungen 12.5-12.8 (sowie für m größer als 4) ermittelt werden. Man erhält für die Anzahl der Gatter N_G:

$$N_G = \sum_{i=1}^{m} (i + 3) = \frac{(m + 7)m}{2}$$

$$\tag{12.16}$$

und für die maximale Anzahl der Gatter-Eingänge N_E:

$$N_E = m \tag{12.17}$$

12.4.1 Kaskadierung von Carry-Look-Ahead-Addierern

Da die Zahl der benötigten Eingänge pro Gatter und die Anzahl der Gatter bei größeren Wortlängen m stark ansteigt, wie man den Gleichungen 12.16 und 12.17 entnimmt, baut man bei größeren Bitlängen zunächst Blöcke aus 4-Bit-Carry-Look-Ahead-Addierern auf. Das Verfahren soll zunächst an Hand eines Addierers für 16Bit-Dualzahlen gezeigt werden, welcher aus 4 Stück der oben beschriebenen 4-Bit CLA-Addierer aufgebaut ist.

Die Hilfssignale $\neg P_i$ und $\neg G_i$ und c_0 des 4-Bit-Addierers i ($i = 1...4$) werden entsprechend den untenstehenden Gleichungen einem CLA-Generator zugeleitet. Die verwendeten Gleichungen entsprechen den Gleichungen 12.5-12.8. Daraus werden die Überträge c_4, c_8 und c_{12} für die einzelnen Blöcke erzeugt. Dieser Baustein hat die Bezeichnung 74182.

$$c_4 = G_0 \lor c_0 P_0 = \neg(\neg G_0 \neg P_0 \lor \neg c_0 G_0) \tag{12.18}$$

$$c_8 = G_1 \lor c_4 P_1 = G_1 \lor G_0 P_1 \lor c_0 P_0 P_1 = \neg(\neg G_1 \neg P_1 \lor \neg G_0 \neg G_1 \neg P_0 \lor \neg c_0 \neg G_0 \neg G_1) \tag{12.19}$$

$$c_{12} = G_2 \lor c_8 P_2 = G_2 \lor G_1 P_2 \lor G_0 P_1 P_2 \lor c_0 P_0 P_1 P_2 =$$
$$= \neg(\neg G_2 \neg P_2 \lor \neg G_1 \neg G_2 \neg P_1 \lor \neg G_0 \neg G_1 \neg G_2 \neg P_0 \lor \neg c_0 \neg G_0 \neg G_1 \neg G_2) \tag{12.20}$$

$$c_{16} = G_3 \lor c_{12} P_3 = \underbrace{G_3 \lor G_2 P_3 \lor G_1 P_2 P_3 \lor G_0 P_1 P_2 P_3}_{G} \lor \underbrace{c_0 P_0 P_1 P_2 P_3}_{P}$$

$$\tag{12.21}$$

$$\neg P = \neg P_0 \lor \neg P_1 \lor \neg P_2 \lor \neg P_3 \tag{12.22}$$

$$\neg G = \neg G_3 \neg P_3 \lor \neg G_2 \neg G_3 \neg P_2 \lor \neg G_1 \neg G_2 \neg G_3 \neg P_1 \lor \neg G_0 \neg G_1 \neg G_2 \neg G_3 \tag{12.23}$$

c_{16} wird in der Schaltung des 74182 nicht erzeugt, sondern stattdessen die Signale $\neg G$ (Block Generate) und $\neg P$ (Block Propagate), aus denen dann mit zwei Gattern (nach der Gleichung 12.21) c_{16} gebildet werden kann.

In Bild 12-6 ist die komplette Schaltung des Carry-Look-Ahead-Generators gezeigt, wie sie im Baustein 74182 enthalten ist. Die Eingänge P_i und G_i und die Ausgänge P und G sind invertiert, um die Kompatibilität mit dem Addierer in Bild 12-4 zu erhalten.

Das Schaltsymbol für den Baustein 74182 findet man im Bild 12-7. Die Schaltung für einen Carry-Look-Ahead-Generator für 16 Bit kann aus 4-mal der ALU aus Bild 12-4 und einem 74182 zusammengesetzt werden. Die Schaltung ist in Bild 12-8 gezeigt.

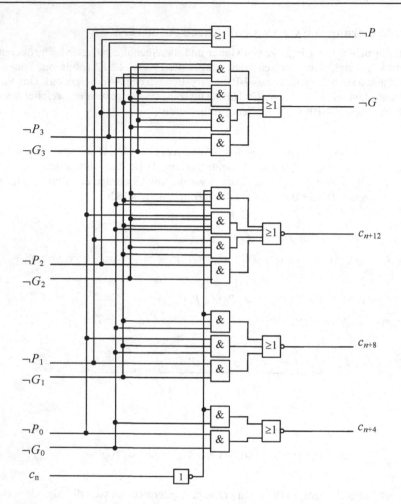

Bild 12-6 Carry-Look-Ahead-Generator 74182.

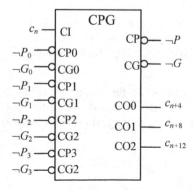

Bild 12-7 Schaltsymbol des Carry-Look-Ahead-Generators 74182.

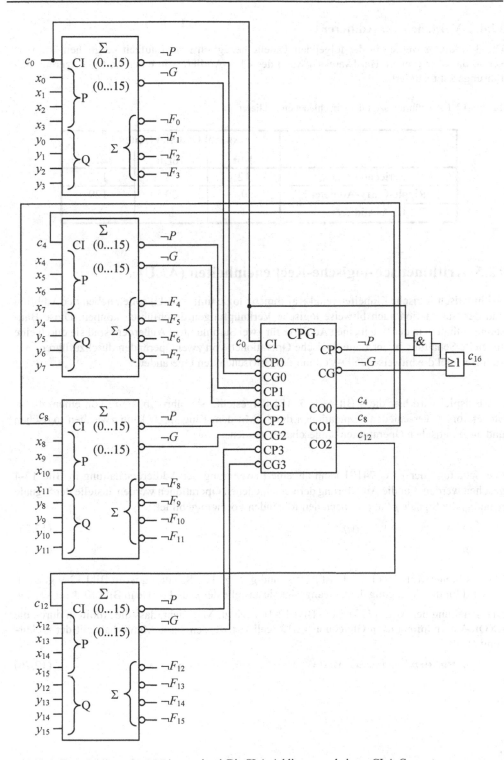

Bild 12-8 CLA-Addierer für 16 Bit aus vier 4-Bit-CLA-Addierern und einem CLA-Generator.

12.4.2 Vergleich der Addierer

Die 3 Addierer werden in der folgenden Tabelle bezüglich ihrer Laufzeit verglichen. Man erkennt, dass der größere Hardware-Aufwand des CLA-Addierers in einer weit geringeren Ausführungszeit resultiert.

Tabelle12-1 Ausführungszeit der verschiedenen Addierer.

	Anzahl Gatterlaufzeiten / t_p		
	4Bit	16Bit	64Bit
Serienaddierer	12	48	192
Ripple-Carry-Addierer	9	33	129
CLA-Addierer	4	8	12

12.5 Arithmetisch-logische-Recheneinheiten (ALU)

Arithmetisch-logische Einheiten (engl.: arithmetic logic unit = ALU) sollen neben der Addition und der Subtraktion auch bitweise logische Verknüpfungen durchführen können. Diese Bausteine enthalten in der Regel einen Addierer für zwei Summanden. Außerdem sind sie durch eine spezielle Schaltung in der Lage, logische Operationen von zwei Operanden durchzuführen, wie zum Beispiel die bitweise UND-Verknüpfung zwischen den Operanden.

Als Beispiel wird hier die 4-Bit-ALU 74181 dargestellt. Sie führt, abhängig von einem 4-Bit-Steuerwort S, verschiedene Operationen durch. Mit dem Eingang M kann zwischen logischen und arithmetischen Operationen umgeschaltet werden.

Die Schaltung der ALU 74181 kann als eine Erweiterung der Addiererschaltung in Bild 12-4 gesehen werden. Für die Ausführung der verschiedenen Operationen werden anstelle der Signale p_i und g_i die Signale p_i' und g_i' nach den folgenden Formeln gebildet:

$$g_i' = \neg(\neg x_i \vee s_0 \neg y_i \vee s_1 y_i) \tag{12.24}$$

$$p_i' = \neg(s_3 \neg x_i \neg y_i \vee s_2 \neg x_i\, y_i) \tag{12.25}$$

Für das Steuerwort S = (1,0,0,1) ist $p_i' = p_i$ und $g_i' = g_i$. Die Schaltung ist in Bild 12-9 gezeigt. Sie wird für die Erzeugung der Eingangssignale anstelle der p_i und g_i wie in Bild 12.4 verwendet.

Die Schaltung der ALU 74181 ist in Bild 12-10 gezeigt. Man sieht, dass die Addition durch die EXOR-Verknüpfung nach Gleichung 12.13 realisiert werden kann. Man erhält mit der Abkürzung t_i:

$$t_i = g_i' \leftrightarrow p_i' = \neg(s_3 \neg x_i \neg y_i \vee s_2 \neg x_i y_i \vee \neg s_1 x_i y_i \vee \neg s_0 x_i \neg y_i) \tag{12.26}$$

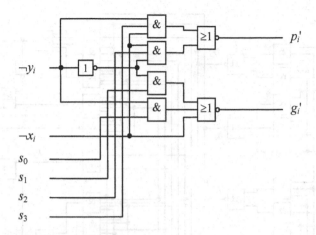

Bild 12-9 Schaltnetz für die Erzeugung von 16 verschiedenen Funktionen.

Für andere Steuerwörter S können andere Funktionen gebildet werden, wie unten gezeigt werden wird.

Wie werden nun die Überträge c_i verarbeitet? Zunächst stellt man fest, dass die Überträge $\neg c_i$ nur bei den arithmetischen Verknüpfungen benötigt werden. Man führt daher einen Eingang M ein, der für die arithmetischen Operationen 0 gesetzt werden muss. Für eine Carry-Look-Ahead-Logik aus den Gleichungen 12.5-12.7 erhält man durch die Berücksichtigung von M die folgenden Gleichungen für u_0 bis u_3. Die u_i ersetzen die Überträge c_i:

$$u_0 = \neg(\neg Mc_0) \tag{12.27}$$

$$u_1 = \neg(\neg Mg_0' \lor \neg Mp_0'c_0) \tag{12.28}$$

$$u_2 = \neg(\neg Mg_1' \lor \neg Mg_0' p_1' \lor \neg Mp_0' p_1'c_0) \tag{12.29}$$

$$u_3 = \neg(\neg Mg_2' \lor \neg Mg_1' p_2' \lor \neg Mg_0' p_1' p_2' \lor \neg Mp_0' p_1' p_2'c_0) \tag{12.30}$$

Für $M = 0$ (arithmetische Funktionen) sind diese Gleichungen identisch zu den invertierten Gleichungen 12.5-12.7. Für $M = 1$ sind alle $u_i = 1$.

Mit den $\neg c_i$ werden, wie dem Bild 12.4 zu entnehmen ist, durch eine EXOR-Verknüpfung die Ausgangsfunktionen gebildet:

$$\neg F_i = u_i \leftrightarrow t_i \tag{12.31}$$

Der Übertrag und die Block-Generate- und Block-Propagate-Signale G und P werden nach der Gleichung 12.8 gebildet:

$$\neg G = \neg(g_3' \lor g_2'p_3' \lor g_1'p_2'p_3' \lor g_0'p_1'p_2'p_3') \tag{12.32}$$

$$\neg P = \neg(p_0'p_1'p_2'p_3') \tag{12.33}$$

$$c_4 = G \lor p_0'p_1'p_2'p_3'c_0 \tag{12.34}$$

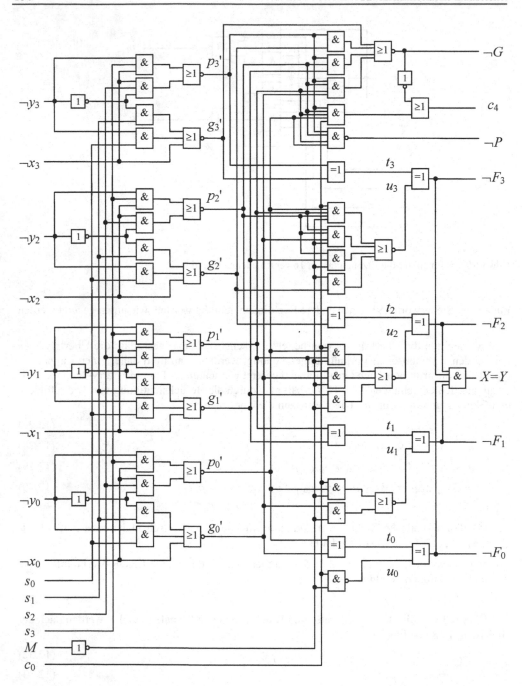

Bild 12-10 Arithmetisch logischer Baustein (ALU) 74181.

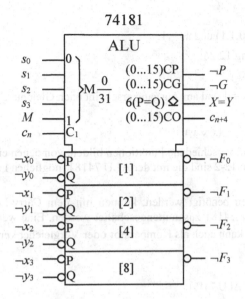

Bild 12-11 Schaltsymbol der ALU 74181.

12.5.1 Beispiele für Operationen

Addition

Das Steuerwort für die Addition lautet: $S = (1001)$. Damit erhält man:

$$g_i' = \neg(\neg x_i \vee \neg y_i) = x_i y_i = g_i \tag{12.35}$$

$$p_i' = \neg(\neg x_i \neg y_i) = x_i \vee y_i = p_i \tag{12.36}$$

$$t_i = g_i \leftrightarrow p_i \tag{12.37}$$

Da $M = 0$ ist, gilt:

$$u_0 = \neg c_0 \tag{12.38}$$

$$u_1 = \neg(g_0 \vee p_0 c_0) \tag{12.39}$$

$$u_2 = \neg(g_1 \vee g_0 p_1 \vee p_0 p_1 c_0) \tag{12.40}$$

$$u_3 = \neg(g_2 \vee g_1 p_2 \vee g_0 p_1 p_2 \vee p_0 p_1 p_2 c_0) \tag{12.41}$$

Daher gilt $u_i = \neg c_i$ und die Summe wird, wie die Schaltung es vorgibt, durch:

$$\neg F_i = u_i \leftrightarrow t_i = \neg c_i \leftrightarrow x_i \leftrightarrow y_i = \neg(c_i \leftrightarrow x_i \leftrightarrow y_i) \tag{12.42}$$

berechnet.

Disjunktion

Das Steuerwort ist $S = (1,0,1,1)$ und $M = 1$.

Damit wird nach Gleichung 12.26:

$$t_i = \neg(\neg x_i \neg y_i) = x_i \vee y_i \tag{12.43}$$

Da $M = 1$ ist, werden die $u_i = 1$ und am Ausgang erscheint nach Gleichung 12.31 die Disjunktion von x_i und y_i:

$$\neg F_i = u_i \leftrightarrow t_i = \neg t_i = \neg(x_i \vee y_i) \tag{12.44}$$

Es lassen sich insgesamt 32 verschiedene Funktionen bilden, von denen einige nur von geringer Bedeutung sind. In Tabelle 12-2 sind die mit der ALU 74181 möglichen Funktionen zusammengefasst.

Wenn größere Wortbreiten benötigt werden, können mit dem Carry-Look-Ahead-Generator 74182 jeweils 4 Bausteine 74181 zusammengeschaltet werden. Eine weitere Kaskadierung ist möglich. Die ALU 74181 kann auch als Komparator oder Vergleicher verwendet werden.

Tabelle 12-2 Funktionen der ALU 74181.

s_3	s_2	s_1	s_0	$M = 1$ logische Funktionen	$M = 0$ arithmetische Funktionen $c_0 = 0$	$c_0 = 1$
0	0	0	0	$\neg x$	$x - 1$	x
0	0	0	1	$\neg(x\,y)$	$(x\,y) - 1$	$x\,y$
0	0	1	0	$\neg x \vee y$	$(x\,\neg y) - 1$	$x\,\neg y$
0	0	1	1	1	-1	0
0	1	0	0	$\neg(x \vee y)$	$x + (x \vee \neg y)$	$x + (x \vee \neg y) + 1$
0	1	0	1	$\neg y$	$xy + (x \vee \neg y)$	$xy + (x \vee \neg y) + 1$
0	1	1	0	$x \leftrightarrow y$	$x - y - 1$	$x - y$
0	1	1	1	$x \vee \neg y$	$x \vee \neg y$	$x \vee \neg y + 1$
1	0	0	0	$\neg x\,y$	$x + (x \vee y)$	$x + (x \vee y) + 1$
1	0	0	1	$x \leftrightarrow y$	$x + y$	$x + y + 1$
1	0	1	0	y	$(x\,\neg y) + (x \vee y)$	$(x\,\neg y) + (x \vee y) + 1$
1	0	1	1	$x \vee y$	$x \vee y$	$x \vee y + 1$
1	1	0	0	0	$x + x$	$x + x + 1$
1	1	0	1	$x\,\neg y$	$x\,y + x$	$x\,y + x + 1$
1	1	1	0	$x\,y$	$x\,\neg y + x$	$x\,\neg y + x + 1$
1	1	1	1	x	x	$x + 1$

12.6 Multiplizierer

Die Multiplikation zweier positiver Zahlen $X = (x_3, x_2, x_1, x_0)$ und $Y = (y_3, y_2, y_1, y_0)$ mit jeweils 4 Bit wird im Binärsystem analog zum Dezimalsystem folgendermaßen durchgeführt:

x_3	x_2	x_1	x_0	$\times$	y_3	y_2	y_1	y_0		
					$x_3 y_0$	$x_2 y_0$	$x_1 y_0$	$x_0 y_0$	1.	Zeile
					$x_3 y_1$	$x_2 y_1$	$x_1 y_1$	$x_0 y_1$	2.	Zeile
					$x_3 y_2$	$x_2 y_2$	$x_1 y_2$	$x_0 y_2$	3.	Zeile
					$x_3 y_3$	$x_2 y_3$	$x_1 y_3$	$x_0 y_3$	4.	Zeile
		p_7	p_6	p_5	p_4	p_3	p_2	p_1	p_0	

Das Produkt zweier 4-stelliger Zahlen ist 8-stellig. Die Produkte $x_i\, y_j$ sind einfach durch eine UND-Verknüpfung realisierbar. Das wirkliche Problem ist die binäre Addition der in diesem Fall vier 4-stelligen Zahlen. Diese Addition wird in der Regel in 3 einzelne Additionen zerlegt.

Ein einfacher Multiplizierer mit teilweiser Parallelisierung ist in Bild 12-12 dargestellt. Der Aufbau ist im Prinzip matrixförmig. In der ersten Zeile wird die Multiplikation der Zahl X mit dem LSB von Y, nämlich y_0 durchgeführt. In der folgenden Zeile wird X mit y_1 multipliziert und die Summe mit den Produkten der ersten Zeile gebildet. Die bei der Addition entstehenden Überträge c werden erst bei der nächsten Addition der Summe mit den Produkten der 3. Zeile stellenrichtig berücksichtigt. Dadurch vermeidet man ein Rippeln der Überträge. Anschließend wird die entstehende Summe zu den Produkten der 4. Zeile addiert.

In der letzten Zeile werden die entstehenden Überträge v addiert, wobei die dann entstehenden Überträge rippeln, also zu der nächsthöheren Stelle weitergeleitet werden.

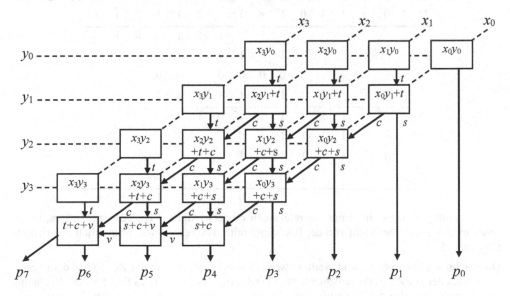

Bild 12-12 Prinzipschaltbild 4×4-Multiplizierer.

Um den Aufwand abzuschätzen, kann man die benötigten Bauelemente in Abhängigkeit von n und m ermitteln. Für die Multiplikationen benötigt man $n \times m$ UND-Gatter. Man erkennt, dass die Schaltung Volladdierer mit 3 Summanden und Halbaddierer mit 2 Summanden enthält. Man benötigt $(n-1)(m-1)-1$ Volladdierer. Für die Anzahl der Halbaddierer ergibt sich n. Bei großen n und m wächst der Aufwand also mit $n \times m$.

Zur Berechnung der Ausführungszeit muss man den längsten Pfad suchen. Dies ist der Pfad entlang der Leitung x_0 durch die Gatter mit den Bezeichnungen $x_0 y_0$, $x_0 y_1$, $x_0 y_2$, $x_0 y_3$ und dann durch die Addierer in der letzten Zeile nach links (Bild 12-12). Es werden der Reihe nach durchlaufen:

- 1 UND-Gatter,
- 1 Halbaddierer mit einem zusätzlichen UND-Gatter,
- $m-2$ Volladdierer mit $m-2$ zusätzlichen UND-Gattern,
- 1 Halbaddierer,
- $n-2$ Volladierer.

Also werden m UND-Gatter, $m-2$ Volladdierer und n Halbaddierer durchlaufen. Damit ist die Laufzeit nicht vom Produkt von m und n sondern nur von deren Summe abhängig.

Die Multiplikation kann auch mit Zweierkomplementzahlen durchgeführt werden. Das soll hier an einem Beispiel mit 4 Bit breiten Zahlen gezeigt werden: -3×-5 (im Zweierkomplement: 1101×1011). Da das Ergebnis 8 Bit breit ist, werden die Zweierkomplementzahlen auf 8 Bit vorzeichenrichtig (Engl.: sign extension) erweitert. In diesem Fall werden daher links jeweils 4 Einsen angefügt.

```
1  1  1  1  1  1  0  1  ×  1  1  1  1  1  0  1  1

                        1  1  1  1  1  1  0  1
                     1  1  1  1  1  1  0  1
                  0  0  0  0  0  0  0  0
               1  1  1  1  1  1  0  1
          ┌ ─ ─ ─ ─ ─ ─ ─ ─ ─ ─ ─ ─ ─ ─ ┐
          │ 1  1  1  1  1  1  0  1        │
          │ 1  1  1  1  1  1  0  1        │
          │ 1  1  1  1  1  1  0  1        │
          │1  1  1  1  1  1  0  1         │
          └ ─ ─ ─ ─ ─ ─ ─ ─ ─ ─ ─ ─ ─ ─ ┘
                        0  0  0  0  1  1  1  1
```

Die Rechnung berücksichtigt nur die relevanten niederwertigen 8 Bit des Ergebnisses, unterscheidet sich sonst aber nicht von der Rechnung mit positiven Zahlen. Man erhält das richtige Ergebnis 15.

Die Rechnung kann vereinfacht werden, wenn man erkennt, dass in der Zeile über dem gestrichelten Kasten die Zweierkomplementzahl -3 steht. Im Kasten steht das Ergebnis der Rechnung der oberen 4 Bit, also der Vorzeichenerweiterung, des 2. Faktors (-1) mal dem 1. Faktor (-3). Dieses Produkt ergibt 3. Da der Kasten um eine Stelle gegenüber der 4. Zeile verschoben ist, was einer Multiplikation mit 2 entspricht, ergibt sich bei einer Addition der letzten 5 Zeilen $-3 + 2 \times 3 = 3$. Daher kann statt der Addition der letzten 5 Zeilen einfach nur die 4. Zeile subtrahiert werden.

Wäre der 2. Faktor positiv ($y_3 = 0$), so stünden nur Nullen im Kasten und auch die 4. Zeile enthielte nur Nullen. Man kann die Multiplikation daher vereinfacht so durchführen:

```
1 1 1 1 1 1 0 1  ×  1 1 1 1 1 1 0 1 1
                 +  1 1 1 1 1 1 0 1
                 +  1 1 1 1 1 0 1
                 +  0 0 0 0 0 0
                 −  1 1 1 0 1
                    0 0 0 0 1 1 1 1
```

12.7 Komparatoren

Komparatoren vergleichen zwei in der Regel gleichlange Wörter, indem sie anzeigen, welche Zahl größer ist. Komparatoren werden z.B. in Rechnern eingesetzt, um Sprungbedingungen abzuprüfen. Die Realisierung von Komparatoren erfordert in der Regel einen hohen schaltungstechnischen Aufwand, der ähnlich wie bei Addierern überproportional mit der Stellenzahl steigt, wenn die Laufzeit vorgegeben ist. Man verwendet daher bei größeren Wortbreiten kaskadierbare Komparatoren.

Als ein Beispiel soll ein Komparator für zwei 2-Bit-Dualzahlen x und y entwickelt werden, der auf Gleichheit ($x = y$) testet und je einen Ausgang für $x > y$ und $x < y$ haben soll. Dazu stellt man zunächst die Wahrheitstabelle (Tabelle 12-3) auf.

Tabelle 12-3 Wahrheitstabelle für einen 2-Bit-Komparator.

y_1	y_0	x_1	x_0	$x = y$	$x < y$	$x > y$
0	0	0	0	1	0	0
0	0	0	1	0	0	1
0	0	1	0	0	0	1
0	0	1	1	0	0	1
0	1	0	0	0	1	0
0	1	0	1	1	0	0
0	1	1	0	0	0	1
0	1	1	1	0	0	1

y_1	y_0	x_1	x_0	$x = y$	$x < y$	$x > y$
1	0	0	0	0	1	0
1	0	0	1	0	1	0
1	0	1	0	1	0	0
1	0	1	1	0	0	1
1	1	0	0	0	1	0
1	1	0	1	0	1	0
1	1	1	0	0	1	0
1	1	1	1	1	0	0

Durch Minimieren findet man:

$$A_{x>y} = x_1 \neg y_1 \vee x_0 \neg y_1 \neg y_0 \vee x_0 x_1 \neg y_0 \tag{12.45}$$

$$A_{x<y} = \neg x_1 y_1 \vee \neg x_1 \neg x_0 y_0 \vee \neg x_0 y_0 y_1 \tag{12.46}$$

Der Ausgang $A_{x=y}$ kann aus der Tatsache abgeleitet werden, dass er genau dann gleich 1 ist, wenn die beiden anderen Eingänge gleich 0 sind:

$$A_{x=y} = \neg A_{x>y} \neg A_{x<y} \tag{12.47}$$

12.8 Übungen

Aufgabe 12.1

Wie kann ein 74181 als Komparator für zwei 4Bit-Wörter verwendet werden?

Aufgabe 12.2

Leiten Sie die Funktion des 74181 für das Steuerwort $M = 1$ und $S = 0110$ aus den im Text hergeleiteten Gleichungen her.

Aufgabe 12.3

Eine Alternative zum Carry-Look-Ahead-Addierer ist der Carry-Select-Addierer. Im Bild ist eine Version für 16Bit gezeigt. Die 5 im Schaltbild enthaltenen Addierer sind Ripple-Carry-Addierer mit 4, 5 und 7 Bit Breite in der 1. 2. und 3. Stufe.

a)   Erklären Sie die Funktion der Schaltung.

b)   Geben Sie die Laufzeit der Ausgangssignale als Vielfaches einer Gatterlaufzeit t_p an. (Laufzeit der Multiplexer $=2t_p$)

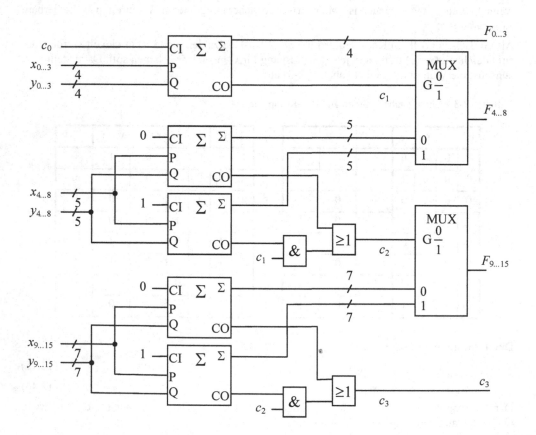

13 Digitale Speicher

Speicherbausteine dienen der Speicherung größerer Datenmengen. Sie werden in Digitalrechnern als ein wichtiger Bestandteil eingesetzt. Man unterscheidet:

Halbleiterspeicher und Massenspeicher

Halbleiterspeicher werden auf einem Halbleiterchip realisiert. Massenspeicher haben eine hohe Speicherdichte, sie können also viele Daten auf geringem Raum speichern. Beispiele für Massenspeicher sind Festplatten, CD-ROM und Magnetbänder. Sie werden hier nicht behandelt.

Serieller Zugriff und wahlfreier Zugriff

Serieller Zugriff bedeutet, dass die Daten nur über ein Tor seriell ein- und ausgelesen werden können. Damit sind Eimerkettenspeicher gemeint, die wie Schieberegister arbeiten. Sie sind meist nach dem FIFO-Prinzip organisiert. Wahlfreier Zugriff heißt, dass jeder Speicherplatz zu jeder Zeit zugänglich ist.

Ortsadressierte und inhaltsadressierte Speicher

Ortsadressierte Speicher haben eine Adresse, unter der jeder Speicherplatz zugänglich ist. In inhaltsadressierten Speichern findet man eine Information über die Assoziation mit einem Teil der Information selber. Zum Beispiel kann in einer Lieferliste die Bestellnummer dazu dienen, Informationen über den Artikel zu finden.

Flüchtige und nichtflüchtige Speicher

Flüchtige Speicher verlieren die Information beim Ausschalten der Betriebsspannung, nichtflüchtige halten sie.

Festwertspeicher und Schreib/Lese-Speicher

Festwertspeicher werden einmal programmiert und können von da an nur noch gelesen werden. Sie sind nicht flüchtig. Schreib/Lese-Speicher können beliebig oft gelesen und beschrieben werden.

Bit- und Wort-organisierte Speicher

In Bit-organisierten Speichern ist jedes Bit einzeln zugänglich. In Byte-organisierten Speichern werden jeweils 8Bit = 1Byte gleichzeitig gelesen oder geschrieben. In Wort-organisierten Speichern wird immer ein Wort gleichzeitig gelesen oder geschrieben.

Die Speicherkapazität wird als Produkt der Anzahl der Speicherwörter und der Wortlänge angegeben. Die Anzahl der Speicherwörter ist in der Regel eine Zweierpotenz.

© Springer Fachmedien Wiesbaden GmbH, ein Teil von Springer Nature 2023
K. Fricke, *Digitaltechnik*, https://doi.org/10.1007/978-3-658-40210-5_13

13.1 Prinzipieller Aufbau von Speicherbausteinen

Speicherbausteine werden in der Regel an ein Bussystem angeschlossen. Dadurch kann eine Vielzahl von verschiedenen Speichern parallel angeschlossen werden. Das Bussystem muss es ermöglichen, dass in eine bestimmte Speicherzelle geschrieben oder aus ihr gelesen werden kann. Es gibt in der Regel die folgenden Busse:

Adressbus

Der Adressbus legt an jeden Speicherbaustein die Adresse, unter der das Datum abgespeichert oder gelesen wird.

Steuerbus

Der Steuerbus enthält alle Leitungen zur Bausteinsteuerung. Dazu gehört die Bausteinauswahl mit dem Chip-Select-Anschluss *CS*. Da alle Bausteine an den gleichen Adressbus angeschlossen werden, muss die Auswahl des betreffenden Bausteins über diese Leitung geschehen. Über eine Leitung Read/¬Write (*RD*/¬*WR*) kann zwischen Lesen und Schreiben umgeschaltet werden.

Datenbus

Der Datenbus ist an alle Bausteine angeschlossen. Seine Breite ist durch die Anzahl der Bit gegeben, die jeweils unter einer Adresse stehen. Die Breite wird in Bit oder Byte = 8Bit angegeben. Um keine Konflikte auf den Leitungen zu erzeugen, müssen die Ausgänge der Speicher, die auf den Datenbus wirken, Tristate-Ausgänge sein. Sie werden durch die Leitung Output Enable (*OE*) des Steuerbusses freigeschaltet.

13.2 ROM

ROM ist die Abkürzung für read only memory. Ein ROM ist ein Speicherbaustein, dessen Dateninhalt schon vom Hersteller durch Masken definiert ist. Der Dateninhalt ist daher fest und kann nur gelesen werden. Die gespeicherten Daten sind nicht flüchtig.

ROM-Bausteine unterscheiden sich durch die Anzahl der Bits, die unter einer Adresse gespeichert sind. Es sind Speicher mit 1, 4, 8 und 16Bit Wortlänge üblich.

In einem ROM sind, wie in den meisten anderen digitalen Speichern auch, die einzelnen Speicherplätze matrixförmig angeordnet. Ein vereinfachtes Beispiel für einen Speicher, der unter jeder Adresse 4 Bit speichert, zeigt Bild 13-1. Die Speicherzellen für jeweils 4 Bit liegen an den Schnittpunkten der Zeilen- und der Spalten-Leitungen. Sie werden angesprochen, wenn beide, die Zeilen- und die Spaltenleitung, auf 1 liegen. Die Zeilenleitung wird auch Wortleitung, die Spaltenleitung auch Datenleitung genannt. Vorteilhaft bei dieser Anordnung ist, dass man Leitungen einspart. Man benötigt für n Speicherplätze nur $2\sqrt{n}$ Leitungen, gegenüber n bei einer linearen Anordnung.

Die Zuordnung der Wortleitungen zu den Adressen A_0 bis A_2 geschieht über einen Zeilendecoder. Der Spaltendecoder übernimmt die Auswahl der Datenleitungen. Da die Datenleitungen neben der Auswahl der Spalte auch die Aufgabe haben, die gespeicherte Information zum Ausgang zu leiten, ist ein Leseverstärker zwischen Decoder und Speichermatrix geschaltet. Im Bild ist ein Speicher gezeigt, der 4Bit pro Adresse speichert. Es handelt sich also um ein 64×4Bit-ROM.

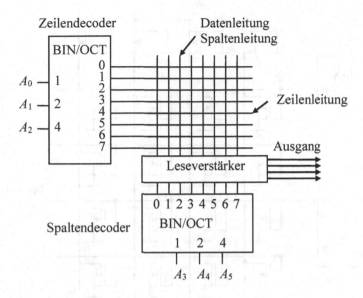

Bild 13-1 Prinzipschaltbild eines 64×4Bit-ROM.

Eine Realisierung eines 16×1Bit-ROM in CMOS-Technik ist in Bild 13-2 gezeigt. Die Speichermatrix besteht aus 16 n-Kanal-MOSFET. Soll in einer Speicherzelle ein H gespeichert sein, so wird das Drain nicht kontaktiert. Das kann technologisch mit einer einzigen Maske erreicht werden, die je nachdem, ob ein Transistor angekoppelt werden soll oder nicht, eine Leiterbahnverbindung zum Transistor herstellt oder nicht. In der Praxis liefert der Kunde die Information, welche Daten gespeichert werden sollen, an den Hersteller, der dann diese Verbindungen mit einer Maske auf dem Chip integriert. Alle anderen Masken zur Herstellung des ROM sind für alle Kunden gleich. Der Aufwand lohnt nur für relativ große Stückzahlen.

Die Datenleitungen haben als Lastwiderstand einen p-Kanal-MOSFET. Der Spaltendecoder schaltet mit einem Pass-Transistor immer eine Datenleitung an den Ausgang.

Wird durch den Zeilendecoder eine Zeile angewählt, indem der entsprechende Ausgang des Zeilendecoders auf H geht, so werden die Datenleitungen, an denen ein MOSFET kontaktiert ist, auf L gezogen. Andernfalls bleiben sie auf V_{DD}. Nur die Datenleitung, deren Pass-Transistor durch den Spaltendecoder durchgeschaltet ist, wird auf den Ausgang geschaltet.

Man erkennt, dass pro Speicherzelle nur ein Transistor benötigt wird, was zu einer hohen Speicherdichte führt.

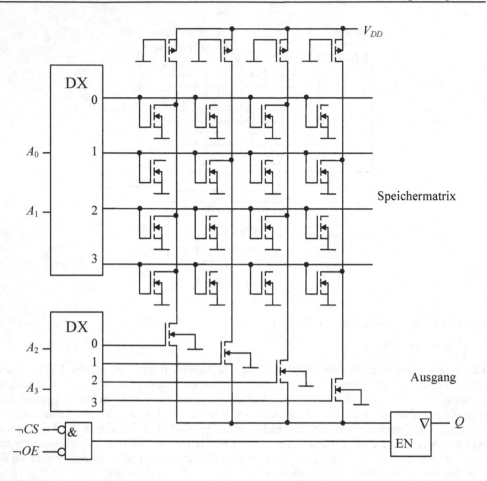

Bild 13-2 Aufbau eines 16×1Bit-ROM.

Das Schaltsymbol eines 1K×8Bit = 1KByte-ROM ist in Bild 13-3 gezeigt. Neben den Adresseingängen hat der Baustein auch einen Chip-Select-Eingang ($\neg CS$) und einen Output-Enable-Eingang ($\neg OE$). Der $\neg CS$-Eingang dient zur Auswahl des ROM, wenn mehrere ROM an einen Bus angeschlossen werden sollen. Ist zusätzlich der $\neg OE$-Eingang auf L, so wird der Ausgang niederohmig.

Im Symbol des ROM wird die Adressabhängigkeit verwendet, die mit dem Buchstaben A gekennzeichnet wird. Die geschweifte Klammer umfasst die Adresseingänge. Der Bruch nach dem A gibt im Zähler die niedrigste und im Nenner die höchste Adresse des Speichers an. An den 8 Ausgängen des 8Bit breiten Datenwortes ist wieder der Buchstabe A angegeben zum Zeichen, dass die Ausgänge immer an den durch die Adressen ausgewählten Speicherplatz gelegt werden. Die Ausgänge sind als Tristate-Ausgänge ausgeführt.

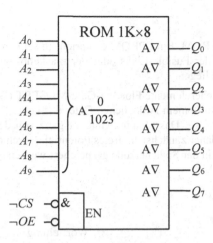

Bild 13-3 ROM mit einer Speicherkapazität von 1KByte.

13.3 PROM

Ein PROM entspricht vom Aufbau her einem ROM, mit dem Unterschied, dass es vom Anwender programmierbar ist. Es ist ebenfalls matrixförmig aufgebaut mit einem Spalten- und einem Zeilendecoder für die Adressdecodierung.

Eine mögliche Realisierung kann aus Bild 13-2 abgeleitet werden. Die Drains der Transistoren in den Speicherzellen können bei einem PROM anstelle mit einer Leiterbahnverbindung mit einem Fusible-Link kontaktiert werden (Bild 13-4). Das Fusible-Link wird zur Programmierung mit einer erhöhten Spannung unterbrochen, wenn ein H gespeichert werden soll. Dazu ist in der Regel ein spezielles Programmiergerät notwendig. Ein Fusible-Link entspricht einer Schmelzsicherung. Die gespeicherte Information ist nicht flüchtig. Ein einmal unterbrochenes Fusible-Link kann nicht wiederhergestellt werden. Sie werden daher auch als OTP-ROM (OTP = one time programmable) bezeichnet.

Das Schaltsymbol eines PROM gleicht dem des ROM (Bild 13-3).

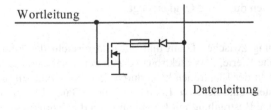

Bild 13-4 Speicherzelle eines PROM.

13.4 EPROM

EPROM steht für eraseable ROM. Ein EPROM entspricht in seinem Aufbau einem ROM oder PROM, nur dass an Stelle der Fusible-Links oder der maskenprogrammierten Verbindungen löschbare Speicherelemente liegen.

Man verwendet für die Speicherelemente Floating-Gate-MOSFET (Bild 13-5). Diese MOSFET sind Anreicherungs-Typen mit einem zusätzlichen Gate, das keine Verbindung nach außen hat und Floating-Gate genannt wird. Das Floating-Gate ist ganz von dem isolierenden Oxid umschlossen. Dieses Gate hat daher zunächst ein freies Potential. Durch eine Ladung auf dem Floating-Gate kann Information in der Speicherzelle gespeichert werden.

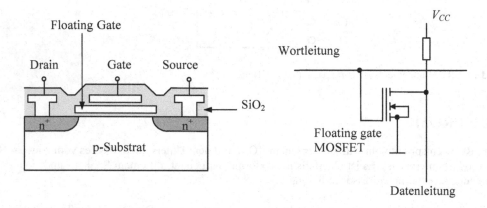

Bild 13-5 Floating-Gate-MOSFET, Aufbau und Funktion.

Ohne Ladung auf dem Gate funktioniert der Transistor wie ein normaler n-Kanal-Anreicherungs-MOSFET. Eine genügend große positive Spannung auf dem Gate schaltet den Transistor durch. Dieser Zustand führt zu einem L auf der Datenleitung, wenn die Speicherzelle durch die Wortleitung ausgewählt wird.

Soll ein H gespeichert werden, so muss eine negative Ladung auf dem Floating-Gate gespeichert werden. Der Transistor sperrt dann immer und bei einer Auswahl der Speicherzelle über die Wortleitung bleibt die Datenleitung auf H. Die negative Ladung auf dem Floating-Gate wird durch Tunneln von Elektronen durch das Qxid erzeugt.

Mit einer erhöhten Spannung zwischen Drain und Substrat erreicht das Feld zwischen Gate-Elektrode und Kanal so hohe Werte, dass Elektronen durch den Avalanche-Effekt vervielfältigt werden. Eine gewisse Anzahl der Elektronen kann durch das Gate-Oxid auf die Floating-Gate-Elektrode tunneln. Es entsteht eine negative Ladung auf dem Gate, die den Transistor sperrt. Durch eine etwa 20-minütige Bestrahlung mit UV-Licht kann das Isoliermaterial, welches zwischen Gate und Source liegt, ionisiert werden, wodurch die Ladung abfließen kann. Damit ist die Information wieder gelöscht. Die Ladungsspeicherung ist durch die guten Eigenschaften des Oxids auf Jahre stabil.

Für die Programmierung wird die Betriebsspannung V_{DD} auf eine erhöhte Spannung gelegt.

Das Schaltsymbol eines EPROM ist dem des ROM identisch (Bild 13-3), da die Art der Programmierung nicht im Schaltsymbol erkennbar ist.

13.5 EEPROM

EEPROM steht für electrically eraseable programmable ROM. Diese Bausteine sind elektrisch beschreibbar und elektrisch löschbar.

Die einzelne Speicherzelle ist ähnlich wie beim EPROM mit einem Floating-Gate-MOSFET aufgebaut. Allerdings ist die Dicke des Oxids zwischen Floating-Gate und Kanal dünner. Dadurch ist es möglich, mit einer erhöhten Spannung zwischen Gate und Kanal Elektronen vom Gate in den Kanal und umgekehrt zu transportieren. Das geschieht durch Fowler-Nordheim-Tunneln.

EEPROM mit einer speziellen Speicherzelle werden manchmal auch als Flash-EEPROM bezeichnet. Sie sind nur insgesamt oder aber blockweise löschbar.

Die kommerziell erhältlichen ROM, PROM, EPROM und EEPROM sind oft pinkompatibel, so dass es möglich ist, in der Entwicklungsphase EPROM oder EEPROM zu verwenden, die im Produkt dann durch ROM oder PROM ersetzt werden.

Die Schaltsymbole von EEPROM und ROM sind identisch (Bild 13-3).

13.6 EAROM

EAROM steht für electrically alterable ROM. Vom Verhalten her ist ein EAROM ähnlich dem EEPROM.

Zur Unterscheidung zwischen EEPROM und EAROM: Es haben sich zwei unterschiedliche Bezeichnungsweisen eingebürgert, die sich teilweise widersprechen:

- Oft werden die Bausteine mit größerer Kapazität als EEPROM bezeichnet, während die mit kleiner Kapazität EAROM genannt werden.
- Manchmal werden aber auch mit EEPROM, und insbesondere mit Flash-EEPROM, die Bausteine bezeichnet, die nur insgesamt oder blockweise gelöscht werden können. Unter EAROM versteht man dann einen Bit- oder Byte-weise löschbaren Speicher.

13.7 NOVRAM

Das NOVRAM (non volatile RAM) ist ein nicht flüchtiges RAM (random access memory). Es ist aus einem flüchtigen Schreib-Lesespeicher aufgebaut. Beim Ausschalten des Systems wird der Dateninhalt innerhalb von etwa 10ms in ein EEPROM gerettet. Daher sind in jeder Speicherzelle eine RAM-Speicherzelle und eine EEPROM-Speicherzelle enthalten. So werden die Vorteile des RAM, nämlich schnelles Lesen und Schreiben in beliebige Speicherzellen, mit dem Vorteil des EEPROM, der Nichtflüchtigkeit vereint.

Tabelle 13-1 Übersicht der nichtflüchtigen Speicher.

Bezeichnung	Programmierung		Löschen
ROM (read only memory)	Maske	einmalig	nicht möglich
PROM (programmable ROM) field programmable ROM, one-time PROM (OTP ROM)	elektr.	einmalig	nicht möglich
EPROM (erasable ROM)	elektr.	mehrmals	UV-Licht (20 min) gesamter Speicherinhalt
EEPROM (electrically erasable ROM) Flash-EEPROM	elektr.	mehrmals	elektrisch, gesamter Speicherinhalt oder Bit-weise (20-100 ms)
EAPROM (electrically alterable ROM)	elektr.	mehrmals	elektrisch, Bit-weise (20-100ms)
NOVRAM (nonvolatile RAM)	elektr.	mehrmals	elektrisch, Bit-weise (100ns)

13.8 Statisches RAM (SRAM)

RAM ist die Abkürzung von random access memory. Damit ist ein Speicherbaustein gemeint, der beliebig beschrieben und gelesen werden kann. Ein RAM ist matrixförmig aufgebaut. Man unterscheidet zwischen statischen RAM (SRAM) und dynamischen RAM (DRAM). Statische RAM verwenden Flipflops als Speicherzellen. Höher integrierte Bausteine arbeiten meist mit einer dynamischen Speicherung der Information in Kondensatoren, die mit einem Transistor angesteuert werden können.

13.8.1 Aufbau eines SRAM

Die Speicherzelle eines statischen RAM ist in Bild 13-6 gezeigt. Sie ist aus zwei gegengekoppelten CMOS-Invertern aufgebaut. Über eine Wortleitung kann die Speicherzelle angesprochen werden. Für die Auswahl einer Zelle wird ein H auf die Wortleitung gegeben. Dadurch werden T_5 und T_6 niederohmig.

Beim Schreibvorgang kann mit einem H auf der Datenleitung *DL* ein H in den Speicher geschrieben werden. Dann wird T_3 leitend und T_4 sperrt. Der rechte Inverter gibt ein L aus. Daraufhin wird der linke Inverter auf H gesteuert. Ebenso kann mit einem H auf der Datenleitung $\neg DL$ ein L in den Speicher geschrieben werden.

Beim Lesevorgang wird wieder die Zelle mit der Wortleitung ausgewählt. An den Datenleitungen kann das gespeicherte Bit ausgelesen werden.

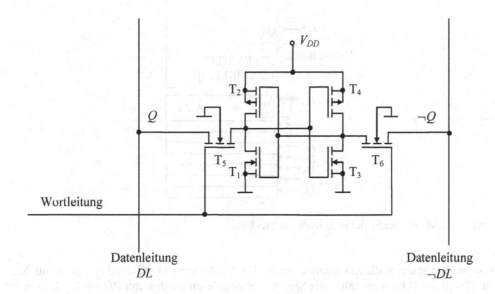

Bild 13-6 RAM-Speicherzelle in CMOS-Technik.

Die beiden Datenleitungen werden mit einem symmetrisch aufgebauten Leseverstärker gelesen. Auch der Schreibverstärker ist symmetrisch aufgebaut.

13.8.2 Beispiel SRAM

Als ein Beispiel soll ein typisches RAM vorgestellt werden. Es hat eine Speicherkapazität von 2K×8Bit oder 2KByte. Das Schaltsymbol ist in Bild 13-7 dargestellt.

Der Eingang $\neg CS$ (chip select), der auch $\neg CE$ (chip enable) genannt wird, dient zur Auswahl des Bausteins, wenn mehrere Speicher an einen Bus angeschlossen werden sollen. Wenn $\neg CS =$ H ist, wird der Baustein in einem Wartezustand mit verminderter Stromaufnahme betrieben.

Da er an einen Datenbus angeschlossen werden soll, hat der Baustein Tristate-Ausgänge. Diese können mit dem Signal $\neg OE =$ H hochohmig gemacht werden.

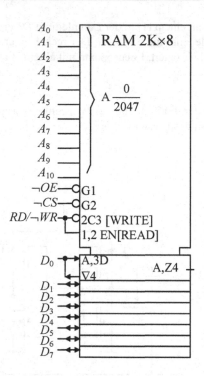

Bild 13-7 RAM mit einer Speicherkapazität von 2K×8Bit.

Entsprechend seiner Speicherkapazität von 2K hat der Baustein 11 Adresseingänge A_0 bis A_{10}. Mit $RD/\neg WR$ = H kann der Inhalt der Speicherzellen gelesen werden, mit $RD/\neg WR$ = L kann in sie geschrieben werden.

Im Zeitdiagramm (Bild 13-8) ist der Lesezyklus dargestellt. Während des gesamten Lesezyklus muss $RD/\neg WR$ = H sein. Wenn die Adressen gültig auf dem Adressbus anliegen, wird zunächst der Baustein mit $\neg CS$ ausgewählt. Dann kann der Ausgang mit $\neg OE$ aktiviert werden. Nach der Decodierung der Adressen im RAM liegen die gültigen Daten auf dem Datenbus.

Die im Zeitdiagramm eingetragenen Zeiten sind wie folgt definiert:

t_{RC} read cycle time / Lese-Zyklus-Zeit

In dieser Zeit kann ein kompletter Lesezyklus durchgeführt werden. Die Zeit ist wichtig, wenn viele Lesezyklen nacheinander durchgeführt werden sollen.

t_{AA} address access time / Adress-Zugriffszeit

Liegen gültige Adressen auf dem Adressbus, so sind nach der Adress-Zugriffszeit gültige Daten auf dem Datenbus.

Von dem Zeitpunkt, an dem das Signal $\neg OE$ = L gesetzt wird, vergeht die Zeit t_{CO} bis gültige Daten auf dem Datenbus anliegen.

t_{OD} ist die Zeit, die die Daten noch auf dem Datenbus liegen, nachdem $\neg OE$ wieder auf H gegangen ist.

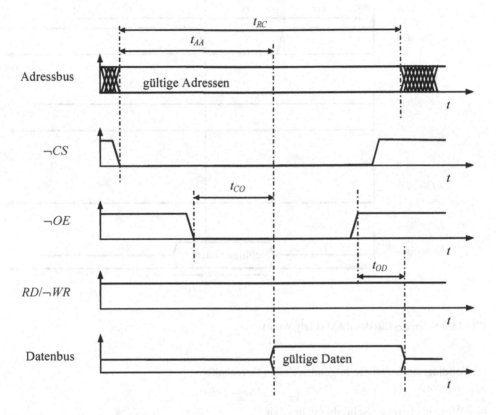

Bild 13-8 Lesezyklus des RAM.

Das Zeitdiagramm eines Schreibzyklus ist in Bild 13-9 dargestellt. In einem Schreibzyklus gilt immer $\neg OE$ = H, so dass der Sender (in der Regel ein Mikroprozessor) die Daten auf den Datenbus legen kann. Zum Schreiben in eine Speicherzelle muss $RD/\neg WR$ = L und $\neg CS$ = L gelten. Man unterscheidet zwei Fälle:

1. *Early Write* Bei dieser Vorgehensweise ist während des gesamten Schreibzyklus $RD/\neg WR$ = L, der Schreibvorgang wird durch die negative Flanke von $\neg CS$ eingeleitet. Ein Early-Write-Zyklus ist in Bild 13-9 dargestellt.

2. *Late Write* Bei dieser Vorgehensweise ist während des gesamten Schreibzyklus $\neg CS$ = L. Der Schreibvorgang wird durch die negative Flanke von $RD/\neg WR$ eingeleitet. Hier vertauschen also gegenüber dem Early-Write-Zyklus $RD/\neg WR$ und $\neg CS$ ihre Rollen.

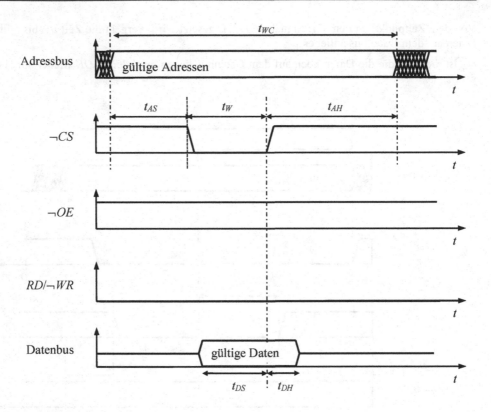

Bild 13-9 Schreibzyklus des RAM (Early Write).

Im Zeitdiagramm sind die folgenden Zeiten festgehalten:

t_{WC} Write cycle time / Schreib-Zyklus-Zeit

In dieser Zeit kann ein kompletter Schreibzyklus durchgeführt werden.

t_{DS} und t_{DH} Data-Setup und Data-Hold Time

Sie entsprechen der Setup- und der Holdtime beim D-Flipflop. In der durch diese Zeiten festgelegten Zeitspanne müssen die Daten stabil auf dem Datenbus anliegen.

t_{AS} und t_{AH} Address-Setup und Address-Hold Time

t_{AS} ist die Zeit, die die Adresse vor dem $\neg CS$-Puls der Weite t_W stabil anliegen muss. t_{AH} gibt die Zeit an, die die Adressen nach dem $\neg CS$-Puls anliegen müssen. Beide Zeiten sind für die Decodierung der Zeilen- und Spaltenadresse im RAM notwendig.

13.9 Dynamisches RAM (DRAM)

Ein DRAM (dynamic RAM) ist ein flüchtiger Halbleiterspeicher, in dem die Information auf Kondensatoren gespeichert wird. Bedingt durch den einfachen Aufbau einer Speicherzelle haben DRAM eine sehr große Speicherdichte.

13.9.1 Aufbau eines DRAM

Das Speicherelement zeigt Bild 13-10. Ein H auf der Wortleitung wählt die Speicherzelle aus. Die auf dem Kondensator gespeicherte Ladung kann dann über die Datenleitung abfließen. Eine vorhandene Ladung bedeutet einen Speicherinhalt von einem H, keine Ladung entspricht einem L. Das Lesen zerstört die gespeicherte Ladung und damit das gespeicherte Bit, so dass nach jedem Lesen die Ladung neu gespeichert werden muss.

Dynamische RAM sind so organisiert, dass sie einen Lesevorgang automatisch mit einer Regenerierung der Ladung verbinden. Wenn eine Speicherzelle eine gewisse Zeit nicht gelesen wird, fließt die Ladung ab, und die Information geht verloren. Deshalb müssen alle Speicherinhalte periodisch durch einen Lesevorgang regeneriert werden. Man nennt den Vorgang auch Refresh. Da der Off-Widerstand des MOSFET sehr hoch ist, genügen sehr kleine Kondensatoren, um Entladezeiten im ms-Bereich zu erhalten.

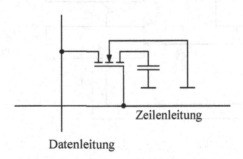

Zeilenleitung

Datenleitung

Bild 13-10 Dynamische RAM-Speicherzelle.

13.9.2 Beispiel DRAM

Als Beispiel wird der TMS416400 vorgestellt. Dieses DRAM hat eine Speicherkapazität von 4M×4Bit. Die Daten in jeder Speicherzelle müssen alle 64ms aufgefrischt werden.

In diesem Baustein werden die Zeilen- und die Spaltenadresse über die gleichen Anschlüsse geladen, um den Baustein klein zu halten. Wie das Prinzipschaltbild (Bild 13-11) zeigt, benutzt der TMS416400 10Bit für die Auswahl der Spalten und 12Bit für die Auswahl der Zeilen. Damit sind $2^{22} = 4194304$ Speicherplätze adressierbar.

Unter jeder Adresse werden 4 Bit gespeichert. Daher ist die Kapazität 4M × 4Bit. Für das Einlesen der Zeilenadresse wird der Anschluss $\neg RAS$ (row address strobe) und für das Einlesen der

Spaltenadresse $\neg CAS$ (column address strobe) verwendet. In einem Schreib-Leseverstärker wird das 4Bit breite Datenwort ein- und ausgelesen.

Das Schaltsymbol des TMS 416400 ist in Bild 13-12 abgebildet. Man erkennt aus der Abhängigkeitsnotation, dass $\neg RAS$ (mit Abhängigkeitsnotation C20) die Adressleitungen A_0 bis A_{11} verwendet, während $\neg CAS$ die Adressleitungen A_0 bis A_9 benötigt (Abhängigkeitsnotation mit C21).

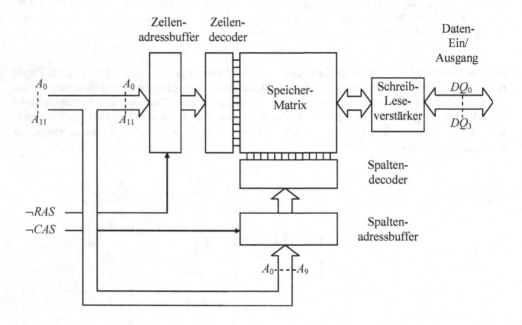

Bild 13-11 Prinzipschaltbild eines 4M×4Bit-DRAM (TMS 416400).

Lesen

Das Zeitdiagramm eines Lesevorgangs zeigt Bild 13-13.

- Man erkennt, dass zunächst die Zeilenadresse (Row = Zeile) anliegen muss, die mit der fallenden Flanke von $\neg RAS$ eingelesen wird.
- Dann wird die Spaltenadresse (Column = Spalte) angelegt und mit der fallenden Flanke von $\neg CAS$ eingelesen. Im Schaltsymbol liest man diese Zusammenhänge aus den Bezeichnungen C20 und C21 ab.
- Mit dem Anliegen von $\neg WR = 1$ beginnt die Adress-Zugriffszeit t_{AA} nach deren Ende gültige Daten am Ausgang anliegen.
- Der Ausgang wird niederohmig, wenn bei der fallenden Flanke von $\neg CAS$ (Ziffer 21) der Eingang $\neg RAS = 0$ (Ziffer 23 und 24) und der Eingang $\neg OE = 0$ (Ziffer 25) ist. Dieser Zusammenhang wird im unteren Kästchen innerhalb der Umrandung des Symbols dargestellt.

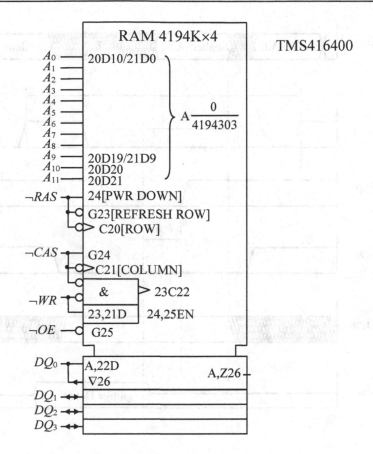

Bild 13-12 Schaltbild des DRAM TMS 416400.

Der Bereich im Speicher, der unter der gleichen Zeilenadresse zu finden ist, also eine Zeile, wird auch als Seite (Page) bezeichnet. Es gibt ein vereinfachtes Leseverfahren (**Fast Page Mode-DRAM**), wenn man mehrere Daten auf einer Seite lesen will. Dafür lässt man nach dem Einlesen der Zeilenadresse $\neg RAS = 0$. Für das Auffinden der verschiedenen Daten auf der Seite werden dann die entsprechenden Spaltenadressen mehrfach verändert und durch die fallende Flanke von $\neg CAS$ eingelesen.

Eine weitere Verbesserung ist beim TMS416400 dadurch erreicht worden, dass nach der negativen Flanke von $\neg RAS$ bereits die Auswertung der Spaltenadressen beginnt, die kurz nach der fallenden Flanke von $\neg RAS$ (nach der Hold-Time) bereits anliegen dürfen. Die damit verbundene Geschwindigkeitssteigerung wird als „**Enhanced Page Mode**" bezeichnet. Wenn die fallende Flanke von $\neg CAS$ kommt, hat die Decodierung der Spaltenadresse bereits begonnen. Die Zugriffszeit für das Lesen auf einer Seite mit dem „Enhanced Page Mode" ist t_{CAC}, eine Zeit, die kürzer ist als t_{AA}.

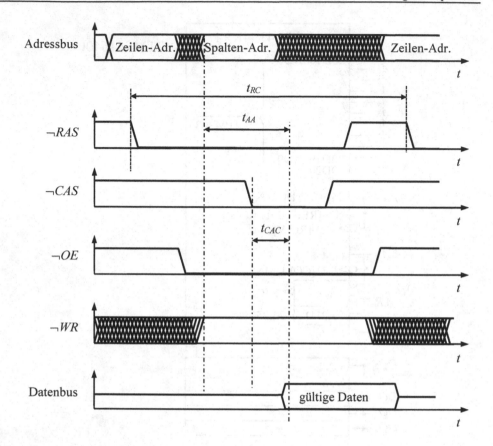

Bild 13-13 Lesezyklus des DRAM TMS 416400.

Schreiben

Zum Schreiben wird zunächst die Zeilenadresse angelegt und mit der fallenden Flanke von $\neg RAS$ eingelesen. Dann wird die Spaltenadresse angelegt und anschließend mit der fallenden Flanke von $\neg CAS$ oder $\neg WR$ eingelesen.

Die genaueren Verhältnisse beim Schreiben werden aus der Ziffer 23 der Abhängigkeitsnotation deutlich. Die Daten am Dateneingang werden eingelesen, wenn einer der Eingänge $\neg CAS$ oder $\neg WR$ auf L ist und der andere eine fallende Flanke aufweist.

- In Bild 13-14 ist der Fall gezeigt, bei dem zuerst $\neg WR$ auf L geht und dann die fallende Flanke von $\neg CAS$ die Daten einliest. Dieser Fall heißt „Early Write". Die Daten müssen wie bei einem Flipflop zwischen der Setup-Time t_{DS} vor der fallenden Flanke und der Hold-Time t_{DH} nach der fallenden Flanke von $\neg CAS$ stabil anliegen.
- Werden die Daten mit der fallenden Flanke von $\neg WR$ eingelesen, nennt man das „Late Write".

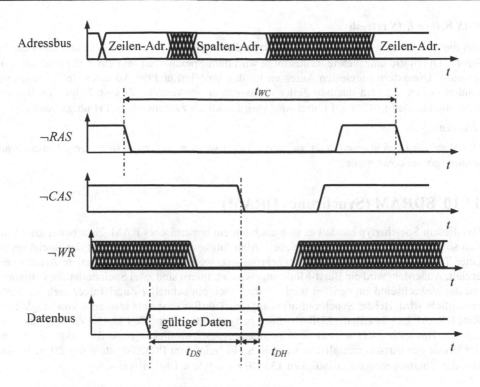

Bild 13-14 Schreibzyklus (Early Write) des DRAM TMS 416400.

Auffrischen

Alle 64ms muss jede Speicherzelle aufgefrischt werden, andernfalls gehen die Daten verloren. Eine normale Schreib- oder Leseoperation eines Bits in einer Zeile frischt alle Bits dieser Zeile wieder auf. Es reicht daher für ein vollständiges Auffrischen aus, alle 4096 Zeilen periodisch zu lesen, indem die Adressleitungen A_0 bis A_{11} durch einen Zähler permutiert werden. Der TMS416400 kann mit den folgenden Verfahren aufgefrischt werden [19]:

RAS only refresh

$\neg CAS$ wird für diese Vorgehensweise auf H gelassen. Aus dem Schaltsymbol geht hervor, dass $\neg CAS$ und $\neg OE$ auf L sein müssen, damit die Ausgänge niederohmig werden. Daher bleibt der Ausgang in diesem Fall hochohmig, so dass die Verlustleistung des Chips während des Auffrischens niedrig bleibt. Extern mit einem Zähler generierte Adressen werden für diese Refresh-Operation verwendet. Nach jedem Adresswechsel wird mit $\neg RAS$ die neue Adresse des aufzufrischenden Speicherplatzes eingelesen.

Hidden Refresh

Dieser Auffrischvorgang schließt sich an einen Lesevorgang an. $\neg CAS$ bleibt aber nach Abschluss des Lesevorganges auf L. Die Daten am Ausgang bleiben dadurch während der folgenden Refresh-Operation gültig. Der Auffrischvorgang ist von außen nicht sichtbar. Dann wird $\neg RAS$ zyklisch zwischen L und H umgeschaltet. Die Wortadressen der aufzufrischenden Speicherzellen werden intern erzeugt.

CAS before RAS refresh

Bei dieser Art des Auffrischens erfolgt zuerst die fallende Flanke von $\neg CAS$ und dann die von $\neg RAS$. Durch die umgekehrte Reihenfolge wird dem Speicherbaustein ein Refresh-Zyklus signalisiert. Die extern angelegten Adressen werden ignoriert und die Adressen der zu regenerierenden Zeilen aus dem internen Zeilenadress-Zähler verwendet. Für eine Folge von Refresh-Operationen bleibt $\neg CAS$ auf L und $\neg RAS$ wird zyklisch zwischen L und H umgeschaltet.

Warten

Der Baustein kann in einen Wartezustand versetzt werden, in dem er sehr wenig Leistung aufnimmt (power down mode).

13.10 SDRAM (Synchrones DRAM)

Bei diesem Speichertyp handelt es sich auch um ein dynamisches RAM. Es arbeitet grundsätzlich so wie im letzen Kapitel beschrieben. Allerdings wird ein interner Takt des Speichers mit einer Taktflanke des Prozessortakts synchronisiert, wodurch man eine schnellere Arbeitsweise erzielt. Außerdem wird ein Burst-Mode angewendet. Intern sind zwei Speicherbänke vorhanden, auf die abwechselnd zugegriffen wird, so dass auch ein schneller Zugriff über mehrere Seiten ermöglicht wird. Bei der Synchronisation auf eine Taktflanke spricht man auch von Single Data-Rate DRAM. Es gibt z.B. die SDRAM-Speichertypen PC100 und PC133. Die Zahl gibt die Taktrate des Busses in MHz an. Für die Übertragungsgeschwindigkeit muss die Taktrate noch mit der Breite des Busses multipliziert werden. So ist bei einem PC133-System mit 8Byte breitem Bus die Übertragungsgeschwindigkeit $133\text{MHz} \times 8\text{Byte} \approx 1000\text{MByte/s}$.

13.11 DDR-RAM (Double Data Rate DRAM)

Eine neuere Entwicklung ist das Double Data-Rate DRAM (DDR-RAM). Es wird auch als DDR-SDRAM bezeichnet. Im Gegensatz zum SDRAM wird beim DDR-RAM auf zwei Taktflanken synchronisiert. Es wird intern immer die doppelte Datenmenge aus dem Speicher ausgelesen (Prefetch), die bei der steigenden Flanke ausgegeben werden kann. Der Rest der Daten wird zwischengespeichert und bei der fallenden Flanke ausgegeben. Dadurch arbeitet er doppelt so schnell wie ein SDRAM.

DDR-RAM gibt es in die Typen PC200, PC266, PC 333, PC 370 und PC400. Aus dieser Zahl kann wieder die Übertragungsgeschwindigkeit ermittelt werden, jedoch ist zusätzlich der Faktor 2 zu berücksichtigen, da auch bei der negativen Taktflanke Daten übertragen werden.

Weitergehende Entwicklungen (DDR2, DDR3) haben einen 4 oder 8-fachen Prefetch.

13.12 Eimerkettenspeicher

Eimerkettenspeicher sind digitale Speicher in denen Daten seriell gespeichert werden können. In den Eingang werden Daten seriell hineingeschoben, am Ausgang können sie in der gleichen Reihenfolge wieder entnommen werden. Sie werden auch FIFO (First in first out) genannt.

Eimerkettenspeicher werden als Puffer verwendet, wenn z.B. ein Datenstrom an einer Schnittstelle zwischen zwei nicht synchronisierten Takten übergeben werden soll. Werden mehr Daten angeliefert als ausgelesen, werden die aufgelaufenen Daten zwischengespeichert.

Eine andere Organisationsform ist das LIFO (last in first out), das auch als Stack bezeichnet wird. Ein LIFO ist ähnlich aufgebaut wie ein FIFO.

13.12.1 Beispiel eines FIFOs

Hier soll ein FIFO mit 64 Speicherplätzen beschrieben werden (SN74ACT2226 von Texas Instruments).

Um unabhängig voneinander lesen und schreiben zu können, wird ein Dual-Port-RAM als Herzstück des Speichers verwendet (Bild 13-15). Es ist eine RAM-Speicherzelle, die durch ein zweites Paar Wort- und Datenleitungen erweitert wurde. Dadurch sind zwei weitgehend unabhängige Tore vorhanden. Zum Beispiel kann an beiden Toren unabhängig gelesen werden. Es kann allerdings nicht die gleiche Zelle gleichzeitig gelesen und beschrieben werden. Bei verschiedenen Speicherzellen ist das möglich. Daher ist eine Logik erforderlich, mit der solche Konflikte erkannt werden können.

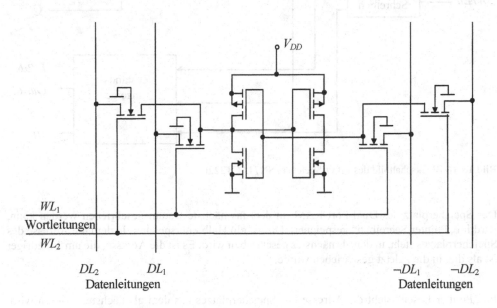

Bild 13-15 Prinzip einer Dual-Port RAM-Speicherzelle.

Für das FIFO (Bild 13-16) wird als Speicher ein Dual-Port-RAM verwendet, in dem die Speicherplätze ringförmig angeordnet sind. Im Blockschaltbild kann man erkennen, dass für Lesen und Schreiben getrennte Takte verwendet werden ($RdClk$ und $WrClk$), die nicht synchron zu sein brauchen. Für das Schreiben von Daten am Eingang D ist es erforderlich, dass $WrEn = 1$ (write enable) ist, dass das Input-Ready-Flag $InRdy = 1$ ist und am Schreibtakt $WrClk$ eine ansteigende Flanke auftritt.

Gleiches gilt für den Ausgang: $RdEn = 1$, $OutRdy = 1$ und eine ansteigende Flanke am Lesetakt $RdClk$ müssen auftreten, damit am Ausgang Q ein Bit gelesen werden kann.

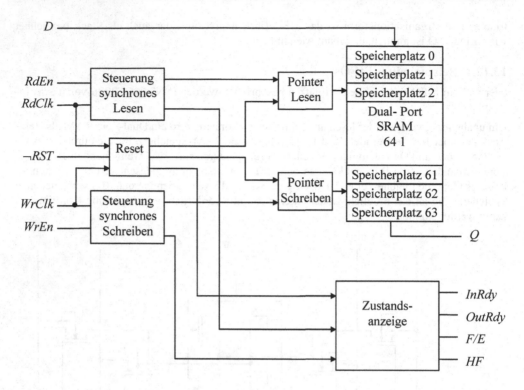

Bild 13-16 Blockschaltbild des FIFO-Speichers SN74ACT2226.

Der Speicherplatz des Dual-Port-RAM, in den das nächste Datum geschrieben werden kann, wird im „Pointer Schreiben" gespeichert. Das ist ein Halbleiterspeicher, in dem die Adresse des Speicherplatzes steht, in den als nächstes geschrieben wird. Es ist die Adresse, die um 1 niedriger ist als die, in die zuletzt geschrieben wurde.

Im „Pointer Lesen" steht die Adresse des Speicherplatzes aus dem als nächstes gelesen wird. Nach dem Lesevorgang wird der Pointer um 1 erniedrigt. Die gespeicherten Daten stehen also zwischen den beiden Pointern wie es im Blockschaltbild angedeutet ist.

Zusätzlich ist ein Flag (Anzeiger) für einen fast vollen oder einen fast leeren Speicher vorhanden (F/E). Ein halbvoller Speicher wird mit dem Flag HF angezeigt. Im Blockschaltbild werden diese Flags in der Zustandsanzeige erzeugt.

Mit einem Reset $\neg RST$ kann der Speicher zurückgesetzt, also gelöscht werden.

Das Schaltsymbol des FIFOs ist in Bild 13-17 gezeigt.

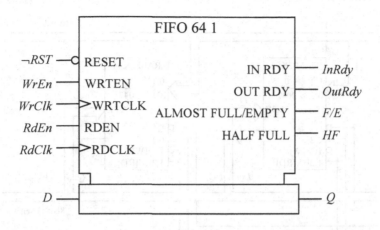

Bild 13-17 Schaltsymbol des FIFO-Speichers SN74ACT2226.

13.13 Kaskadierung von Speichern

In vielen Fällen müssen Speicher aus mehreren Speicherbausteinen zusammengesetzt werden. Das ist der Fall:

- wenn ein einzelner Speicher von der Kapazität her nicht ausreicht. Es ist zu unterscheiden, ob die Wortlänge zu klein ist oder aber die Anzahl der Speicherplätze zu gering ist.
- wenn der Speicherbereich aus nichtflüchtigen ROM und flüchtigen Schreib-Lesespeichern zusammengesetzt werden muss oder
- wenn aus Kostengründen ein schneller Speicher mit einem langsamen Speicher kombiniert werden soll.

13.14 Erweiterung der Wortlänge

Es soll zum Beispiel eine Wortlänge von 8Bit auf dem Datenbus realisiert werden. Stehen aber nur Speicherbausteine mit einer Wortlänge von 4Bit zur Verfügung, so können diese entsprechend Bild 13-18 verschaltet werden. Den einzelnen Speichern werden der Adress- und der Datenbus identisch zugeführt. Auch die Steuerleitungen $\neg CS$, $\neg OE$ und $R/\neg W$ werden an jeden Speicherbaustein gelegt.

Der Datenein- und Ausgang des einen Speichers wird an die Bits 0 bis 3 des Datenbusses angeschlossen, während der Datenein- und Ausgang des anderen Speicherbausteins an die Bits 4 bis 7 des Datenbusses gelegt wird. Durch dieses Verfahren wird nicht die Anzahl der Adressen erhöht, unter denen Speicherplätze gefunden werden, sondern unter jeder Adresse ist nun ein ganzes Byte zu finden.

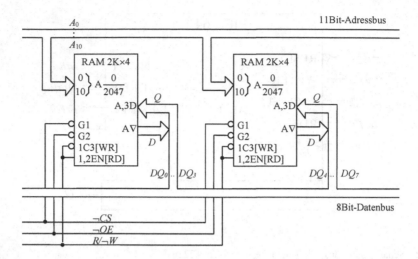

Bild 13-18 Erweiterung der Wortlänge eines Speichers auf 8Bit.

13.15 Erweiterung der Speicherkapazität

Soll die Anzahl der Speicherplätze in einem Speicher erhöht werden, so müssen mehrere Speicher geringerer Kapazität zusammengeschaltet werden. Jetzt soll also die Anzahl der adressierbaren Speicherplätze erhöht werden, ohne dass die Anzahl der Speicherplätze unter einer Adresse verändert wird.

Im Folgenden sind einige Beispiele für einen Speicher mit 8K×8Bit = 8KByte Kapazität dargestellt. Der Speicher soll aus 4 einzelnen Speicherbausteinen mit 2KByte Speicherkapazität zusammengeschaltet werden. Er soll an einen Adressbus der Breite 16Bit angeschlossen werden. Die Datenbusbreite beträgt 8Bit. Der bidirektionale Datenbus wird an jeden Speicher angeschlossen. Auch die Steuerleitungen Output-Enable $\neg OE$ und die Schreib/Leseleitung $R/\neg W$ werden an jeden Speicherbaustein gelegt.

Die einzelnen Speicherbausteine mit je 2KByte Speicherkapazität haben 11 Adressanschlüsse A_0 bis A_{10}.

Das Problem, welches beim Anschluss der Speicher-Bausteine zu lösen ist, ist die Decodierung der Adressleitungen A_{11} bis A_{15}, um Speicherplätze in den einzelnen Speicherbausteinen gezielt ansprechen zu können. Im Folgenden werden einige übliche Lösungsmöglichkeiten mit drei RAM und einem ROM vorgestellt.

13.15.1 Volldecodierung

Bei der Volldecodierung werden alle Adressleitungen genutzt. Jeder Speicherplatz hat nur eine Adresse. Kein Speicherplatz kann unter mehreren Adressen erreicht werden.

Man erreicht dies zum Beispiel, indem man einen Demultiplexer mit 4 Ausgängen verwendet, die an die Chip-Select-Eingänge $\neg CS$ der 4 Speicherbausteine angeschlossen werden (Bild 13-19). Die Eingänge des Demultiplexers werden an die Adressleitungen A_{11} und A_{12} angeschlossen.

Die höheren Adressleitungen A_{13} bis A_{15} werden mit einem ODER-Gatter an den Chip-Select-Eingang des Demultiplexers angeschlossen, damit bei Adressen, die höher sind als 1FFFH (H für hexadezimal) keiner der Bausteine angesprochen wird.

Der Adressplan des Systems (Bild 13-19) ist in Tabelle 13-2 gezeigt. Die Adressen der Speicherplätze werden in Hexadezimalschreibweise und in Binärdarstellung angegeben. Die Tabelle zeigt, dass die Speicherplätze dicht liegen. Der Programmierer kann also Daten nach Belieben abspeichern (aber natürlich nicht in das ROM), ohne auf irgendwelche Lücken Rücksicht nehmen zu müssen. Die höchste Adresse ist 1FFFH $= 4 \times 2048 - 1$, was einer Speicherkapazität von 8K entspricht.

Heute wird die Decodierung von Adressen für Speichersysteme oft mit programmierbaren Logikbausteinen durchgeführt, wie sie in Kapitel 14 besprochen werden.

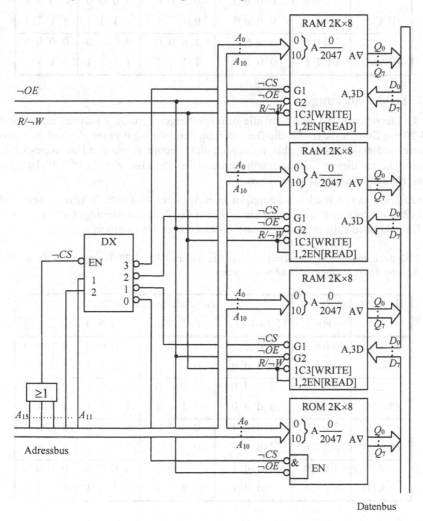

Bild 13-19 Volldecodierung eines Systems mit 8K-Speicher.

Tabelle 13-2 Adressplan des Systems mit Volldecodierung aus Bild 13-19. Es ist jeweils die niedrigste und höchste Adresse des jeweiligen Speichers angegeben.

Baustein	Adresse (Hex)	Adresse (binär)			
		15 14 13 12	11 10 9 8	7 6 5 4	3 2 1 0
1	0 0 0 0	0 0 0 0	0 0 0 0	0 0 0 0	0 0 0 0
(ROM)	0 7 F F	0 0 0 0	0 1 1 1	1 1 1 1	1 1 1 1
2	0 8 0 0	0 0 0 0	1 0 0 0	0 0 0 0	0 0 0 0
(RAM)	0 F F F	0 0 0 0	1 1 1 1	1 1 1 1	1 1 1 1
3	1 0 0 0	0 0 0 1	0 0 0 0	0 0 0 0	0 0 0 0
(RAM)	1 7 F F	0 0 0 1	0 1 1 1	1 1 1 1	1 1 1 1
4	1 8 0 0	0 0 0 1	1 0 0 0	0 0 0 0	0 0 0 0
(RAM)	1 F F F	0 0 0 1	1 1 1 1	1 1 1 1	1 1 1 1

13.15.2 Teildecodierung

Bei der Teildecodierung werden nicht alle Adressleitungen genutzt. Es wurde für das System in Bild 13-20 ein Demultiplexer für die Decodierung der Adressleitungen A_{12} und A_{11} verwendet. Die höheren Adressleitungen A_{13} bis A_{15} werden nicht decodiert, um den Hardware-Aufwand zu verringern. Die auf diesen Leitungen anliegenden Bits sind also „don't care". Es ist relativ einfach zusätzlichen Speicher zu installieren.

Wie der Adressplan in Tabelle 13-3 zeigt, ist jeder Speicherplatz unter 8 Adressen erreichbar, da die 3 MSB don't care sind. Es ist aber sinnvoll, bei der Programmierung $A_{15} = A_{14} = A_{13} = 0$ zu setzen. Dann können einfach hexadezimale Adressen bestimmt werden.

Tabelle 13-3 Adressplan des Systems mit Teildecodierung aus Bild 13-20. Es ist jeweils die niedrigste und höchste Adresse des jeweiligen Speichers angegeben.

Baustein	Adresse (Hex)	Adressleitungen (binär)			
		15 14 13 12	11 10 9 8	7 6 5 4	3 2 1 0
1	0 0 0 0	d d d 0	0 0 0 0	0 0 0 0	0 0 0 0
(ROM)	E 7 F F	d d d 0	0 1 1 1	1 1 1 1	1 1 1 1
2	0 8 0 0	d d d 0	1 0 0 0	0 0 0 0	0 0 0 0
(RAM)	E F F F	d d d 0	1 1 1 1	1 1 1 1	1 1 1 1
3	1 0 0 0	d d d 1	0 0 0 0	0 0 0 0	0 0 0 0
(RAM)	F 7 F F	d d d 1	0 1 1 1	1 1 1 1	1 1 1 1
4	1 8 0 0	d d d 1	1 0 0 0	0 0 0 0	0 0 0 0
(RAM)	F F F F	d d d 1	1 1 1 1	1 1 1 1	1 1 1 1

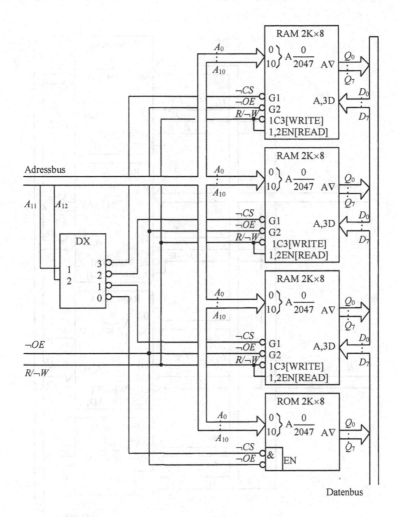

Bild 13-20 Teildecodierung eines Systems mit 8K-Speicher.

13.15.3 Lineare Decodierung

Bei der linearen Decodierung wird auf einen Decoder verzichtet. Stattdessen werden die oberen Adressleitungen A_{11} bis A_{14} direkt an die Chip-Select-Eingänge CS der Speicher angeschlossen. In Bild 13-21 wurden Bausteine mit nichtinvertiertem Chip-Select-Eingang CS verwendet, um einen einfacheren Aufbau des Speicherbereichs zu erhalten. A_{15} wird nicht verwendet und ist daher don't care.

Die lineare Decodierung schränkt den nutzbaren Speicherbereich stark ein. In diesem Fall können nur 5 Bausteine mit je 2K×8Bit = 16KByte angeschlossen werden, weil nur 5 Adressleitungen zur Verfügung stehen. Daher ist die Anwendung der linearen Decodierung auf kleine Systeme mit geringem Speicherplatzbedarf beschränkt.

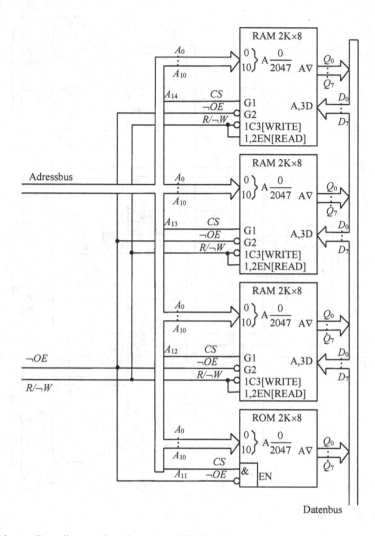

Bild 13-21 Lineare Decodierung eines Systems mit 8K-Speicher.

Der Adressplan in Tabelle 13-4 zeigt, dass im Speicherbereich Lücken auftreten. Wird ein derartiger Speicher in einem Mikroprozessorsystem eingesetzt, muss der Programmierer aufpassen, dass er nicht versucht Daten in die Lücken abzuspeichern. In der Hexadezimaldarstellung des Adressplans wurde vorausgesetzt, dass $A_{15} = 0$ ist. Andernfalls ist das System sehr unübersichtlich.

Man beachte, dass z.B. mit der Adresse 7800H alle vier Bausteine angesprochen werden. Auch dadurch können Fehler entstehen. Die lineare Decodierung ist nur dort üblich, wo an einen breiten Adressbus nur wenige Speicher mit geringer Kapazität angeschlossen werden müssen.

Tabelle 13-4 Adressplan des Systems aus Bild 13-21 mit linearer Decodierung. Es ist jeweils die niedrigste und höchste Adresse des jeweiligen Speichers angegeben.

Baustein	Adresse (Hex)	Adressleitungen (binär)			
		15 14 13 12	11 10 9 8	7 6 5 4	3 2 1 0
1	0 8 0 0	d 0 0 0	1 0 0 0	0 0 0 0	0 0 0 0
(ROM)	0 F F F	d 0 0 0	1 1 1 1	1 1 1 1	1 1 1 1
2	1 0 0 0	d 0 0 1	0 0 0 0	0 0 0 0	0 0 0 0
(RAM)	1 7 F F	d 0 0 1	0 1 1 1	1 1 1 1	1 1 1 1
3	2 0 0 0	d 0 1 0	0 0 0 0	0 0 0 0	0 0 0 0
(RAM)	2 7 F F	d 0 1 0	0 1 1 1	1 1 1 1	1 1 1 1
4	4 0 0 0	d 1 0 0	0 0 0 0	0 0 0 0	0 0 0 0
(RAM)	4 7 F F	d 1 0 0	0 1 1 1	1 1 1 1	1 1 1 1

13.16 Übungen

Aufgabe 13.1

a)   Welche der Speicherbausteine RAM, EEPROM und ROM sind flüchtig?
b)   Welche der folgenden Speicherbausteine RAM, PROM, ROM und EEPROM sind Festwertspeicher?
c)   Geben Sie an, wie die folgenden Speicher programmiert werden können: ROM, PROM, EPROM, EEPROM.
d)   Kann der Inhalt der Speicher-Bausteine ROM, EPROM, EEPROM, Flash-EEPROM. gelöscht werden? Geben Sie in allen Fällen an wie das geschehen kann.
e)   Was ist der Unterschied zwischen SRAM und DRAM?

Aufgabe 13.2

Es soll ein Speicher für einen 16Bit-Adressbus und 8Bit-Datenbus aufgebaut werden. Es sollen, beginnend bei der Adresse 0000H, ein ROM mit 4KByte dann RAM mit 2KByte, 2KByte und 8KByte Speicherplätzen installiert werden.

a)   Die Speicherplätze sollen „volldecodiert" werden. Ermitteln Sie für jeden Speicherbaustein jeweils die unterste und oberste Adresse.
b)   Die Decodierung soll mit dem gezeigten Demultiplexer durchgeführt werden. An welche Adressleitungen müssen die Eingänge des Demultiplexers angeschlossen werden?
c)   Entwerfen Sie ein Schaltnetz, welches an den Ausgängen des Demultiplexers die einzelnen Speicherbausteine richtig ansteuert. Wie werden die restlichen Adressleitungen angeschlossen?

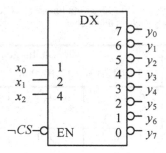

Aufgabe 13.3

In einem Speichersystem mit wenigen Speicherplätzen sollen an einen Adressbus von 8Bit Breite Speicher mit 1Byte Wortlänge angeschlossen werden. Es sollen beginnend bei niedrigen Adressen, Schnittstellen mit 2Byte, 4Byte und 8Byte Speicherplatz angeschlossen werden.

Die Adressen sollen linear decodiert werden.
a)   Geben Sie eine Schaltungsmöglichkeit an. Wie werden die Adressleitungen angeschlossen?
b)   Stellen Sie einen Adressplan auf.

Aufgabe 13.4

Unten ist eine Decodierschaltung für einen Mikroprozessor mit 16Bit breitem Adressbus gezeigt. Die drei Speicherbausteine, die damit angesteuert werden, haben die invertierenden Chip-Select-Anschlüsse $\neg CS_1$, $\neg CS_2$ und $\neg CS_3$.
a)   Stellen Sie die booleschen Gleichungen der Decodierschaltung auf.
b)   Geben Sie das daraus resultierende Adressschema an.
c)   Welche Kapazität müssen sinnvollerweise die angeschlossenen Speicherbausteine haben, wenn unter jeder Adresse ein Byte angesprochen werden soll?
d)   Um welche Art von Decodierung handelt es sich?

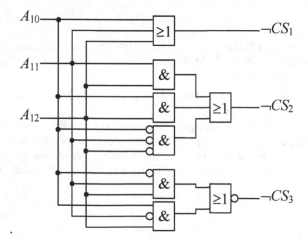

14 Programmierbare Logikbausteine

Sollen Schaltwerke oder Schaltnetze aufgebaut werden, so gibt es verschiedene Möglichkeiten der Realisierung. Aus Kostengründen wird man nach Möglichkeit Standardbauelemente bevorzugen, die in großen Stückzahlen gefertigt werden können. Es stellt sich daher die Frage, wie Standardbauelemente den speziellen Anforderungen der einzelnen Kunden angepasst werden können. Der Halbleitermarkt bietet die folgenden Alternativen:

Kombination von niedrig integrierten Standard-IC auf einer Leiterplatte

Hierbei werden in der Regel einzelne Gatter und niedrig integrierte SSI und MSI-IC (SSI = small scale integration, MSI = medium scale integration) miteinander auf einer Leiterplatte (PCB = printed circuit board) verschaltet. Diese Vorgehensweise hat eine sehr hohe Flexibilität. Allerdings haben die Bauelemente eine sehr hohe Leistungsaufnahme, da alle Gatter am Ausgang einen Leitungstreiber aufweisen müssen. Außerdem sind derartige Schaltungen in der Fertigung sehr teuer. Sie eignen sich eher für geringe Stückzahlen. Denkbar sind auch Logiken aus einzelnen Dioden und Transistoren. Diese Vorgehensweise wird heute wegen des hohen Montage- und Prüfaufwandes und der hohen Leistungsaufnahme nur noch in Ausnahmefällen beschritten.

Anwenderspezifische Software

Hierunter fällt im Wesentlichen der Mikroprozessor. Er erhält seine hohe Flexibilität durch die Software, mit der sein Verhalten den jeweiligen Erfordernissen angepasst werden kann. Der Vorteil des Mikroprozessors liegt in seiner einfachen Programmierbarkeit und damit in der kurzen Zeit bis zur Serienreife eines Produktes.

Anwenderspezifische Hardware

Flexibilität kann durch die Verwendung kundenspezifischer integrierter Schaltungen erreicht werden. Diese Schaltungen sind unter dem Oberbegriff ASIC (application specific integrated circuit) zusammengefasst. Dies sind Schaltungen, die durch physikalische Veränderungen oder durch ein Konfigurationsprogramm an bestimmte Anforderungen angepasst werden können. ASIC umfassen sowohl kundenspezifisch hergestellte IC (Vollkundendesign) mit speziell für den Kunden zugeschnittener Logik als auch Standardbausteine, in denen durch den Kunden mit Stromstößen Verbindungen hergestellt werden können, um ein bestimmtes Verhalten zu erzielen. Der Vorteil der ASICS ist im Wesentlichen, dass mit ihnen schnellere und Schaltungen mit geringerer Leistungsaufnahme realisiert werden können.

14.1 ASIC-Familien

Es existiert heute eine Vielzahl von verschiedenen ASIC-Familien. Man kann ASIC grob unterscheiden nach:

Programmierbare Logik-IC (PLD)

Die Klasse der programmierbaren Logik-IC (Bild 14-1) hat sich als erste ASIC-Familie etabliert. Aus der Sicht der Hersteller sind die programmierbaren Logik-IC Standard-Bausteine, da sie für alle Kunden identisch gefertigt werden können. Durch die Programmiermöglichkeit von matrixförmig angeordneten UND- und ODER-Matrizen kann der Kunde im Haus die Schaltung so strukturieren, wie er sie benötigt.

Halbkundendesign-ASICs

Hier handelt es sich um ASIC, die matrixförmig angeordnete Gatter besitzen und die vom Hersteller durch die Strukturierung der Verbindungsleitungen den Kundenwünschen angepasst werden können. Die einzelnen Gatter sind vom Hersteller getestet und ihr Verhalten ist genau bekannt, so dass eine Bibliothek von Zellen vorliegt, die vom Anwender mit Hilfe von Design-Software zu einer kompletten Schaltung zusammengesetzt werden können. Halbkundendesign ASIC haben geringere Entwicklungskosten als Vollkundendesign ASIC, sie sind aber auch langsamer. Da sie die Chipfläche weniger gut ausnutzen, sind die Kosten pro Chip höher als beim Vollkundendesign-ASIC. In dieser Gruppe findet man die Gate-Arrays und die Standardzellen-ASIC.

Vollkundendesign-ASICs

Bei diesem ASIC-Typ handelt es sich um ein Design, das für den Kunden speziell angefertigt wird. Es unterscheidet sich durch nichts von einem normalen Standard-IC. Diese Lösung bietet die höchstmögliche Flexibilität. Es können alle Funktionen verwirklicht werden. Selbst analoge Schaltungsteile sind denkbar. Wegen der hohen Entwicklungskosten lohnt sich ein Vollkundendesign nur bei sehr hohen Stückzahlen. Es können sehr hohe Integrationsdichten erzielt werden. Die Signalverarbeitungsgeschwindigkeit kann sehr hoch sein, wenn dies erforderlich ist.

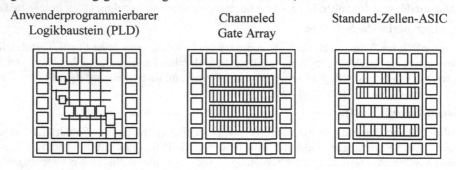

Anwenderprogrammierbarer   Channeled   Standard-Zellen-ASIC
Logikbaustein (PLD)   Gate Array

Bild 14-1 Struktur verschiedener ASIC-Typen.

Aus Tabelle 14-2 geht hervor, dass von den anwenderprogrammierbaren Logikbausteinen bis hin zu den Vollkunden-IC die Entwicklungszeit, die Entwicklungskosten, die Flexibilität sowie die sinnvolle Mindeststückzahl zunehmen, während die Chipfläche, die die Herstellungskosten pro Chip bestimmt, abnimmt. Daraus ergeben sich die unterschiedlichen Anwendungsgebiete der unterschiedlichen ASIC-Arten. In der Praxis können sich allerdings leicht Abweichungen von dieser Regel ergeben. So sind die anwenderprogrammierbaren Logikbausteine heute mit Gatteräquivalenten bis zu mehreren 100000 erhältlich. Sie kommen daher auch in den Bereich der VLSI-Bausteine. Manche Anwendungsmöglichkeiten wurden nur durch die Entwicklung von ASIC erschlossen: Multifunktions-Armbanduhren, Scheckkarten-Rechner oder portable PC. Wesentliche Bestimmungsgrößen bei der Entwicklung digitaler Systeme sind:

- Der Entwicklungsaufwand ist für verschiedene ASIC sehr unterschiedlich.
- Bauteilekosten pro Funktion. In der Regel sind die Bauteilekosten für ASIC mit hohem Entwicklungsaufwand am geringsten, wodurch sich diese nur bei großen Stückzahlen lohnen. Dazu gehören auch die Zusatzkosten für Gehäuse, Leiterplatte usw.
- Lager- und Vorratskosten für Material
- Wartungs- und Service-Aufwand

- Realisierungszeit des Projekts
- personelle Entwicklungskapazität

Die verschiedenen ASIC-Typen müssen hinsichtlich dieser Punkte überprüft werden, um die geeignete Technologie für den jeweiligen Anwendungsfall zu finden. Die Motivation für die Wahl eines bestimmten ASIC kann sehr unterschiedlich sein. ASIC haben generell einige Vorteile:

- Ein ASIC beinhaltet in der Regel die Funktion von vielen Standard-Bauelementen, damit sinkt die Fehlerwahrscheinlichkeit der Schaltung, sie wird zuverlässiger.
- Der Entflechtungsaufwand auf der Leiterplatte ist geringer. Man kann unter Umständen eine billigere Leiterplatte verwenden.
- Es ist schwierig, ein ASIC zu kopieren, da seine Funktion von außen nur schwer durchschaut werden kann. Damit kann ein Entwicklungsvorsprung gegenüber der Konkurrenz leichter aufrechterhalten werden.
- ASIC lassen sich oft einfacher testen als eine Schaltung aus einer Vielzahl von Standard-Komponenten, vorausgesetzt, dass entsprechende Testmöglichkeiten bei der Entwicklung berücksichtigt wurden.

Tabelle 14-1 Systematik der ASIC nach der Struktur.

ASIC-Typ	Anwender-programmierbare IC	Gate-Arrays	Standardzellen-ASIC	Vollkunden-ASIC
Feste Struktur	UND/ODER-Matrix, Logikzellen-Matrix	Logische Gatter	digitale und analoge Standardzellen	—
programmierbare Struktur	Fuse, Antifuse,el. Ladungen, programmgesteuerte Matrizen	Verbindungsleitungen	Alle Masken	Alle Masken
Ausführungsformen	PLA, PAL, PROM, EPROM, FPGA	Channelled Gate-Array, Sea of Gates	Standardzellen-IC, Block-Zellen-IC	—

Tabelle 14-2 Vergleich von Standardkomponenten und verschiedenen ASIC-Familien. Angedeutet sind die grundsätzlichen Tendenzen des Aufwandes und der Leistungen der verschiedenen ASIC.

Parameter	Standard-Komponenten	Anwender-programmierbare-IC	Halbkunden-design-ASIC	Vollkunden-design-ASIC
Leistung	mittel-hoch	mittel	hoch	sehr hoch
Entwicklungskosten	niedrig	niedrig	mittel-hoch	hoch-sehr hoch
Maskenkosten	-	-	niedrig-mittel	hoch
Entwurfsdauer	kurz	mittel	mittel	mittel-hoch
Stückkosten	niedrig	hoch	mittel	niedrig
Integrationsdichte	hoch	niedrig	hoch	sehr hoch

14.2 Programmierbare Logik-IC (PLD)

Programmierbare Logik-IC (PLD) sind im Prinzip Standard-Bauelemente, die vom Kunden für seine Zwecke konfiguriert werden können. Ihr elektrisches Verhalten ist genau bekannt, so dass sehr genaue Modelle für die Simulation vorhanden sind. Daher können programmierbare Logik-IC sehr einfach entwickelt werden. Ihr Stückpreis, bezogen auf die vorhandene Gatterzahl kann gering sein, da sie in großen Stückzahlen hergestellt werden können. Allerdings gelingt es bei den wenigsten Designs einen hohen Ausnutzungsgrad der Gatter zu erzielen. Sie eignen sich daher besonders für geringe Stückzahlen. Ihr Vorteil liegt auch darin, dass sie kurzfristig geändert werden können. Programmierbare Logik-IC haben auch den Vorteil, dass sie vom Hersteller bereits hardwaremäßig getestet wurden. Der Anwender muss nur noch die Konfiguration prüfen.

Programmierbare Logik-IC werden im Folgenden mit ihrem englischen Oberbegriff „programmable logic device" (PLD) bezeichnet.

Durch die Möglichkeit, die Logik vom Anwender konfigurieren zu können, verknüpfen PLD so die Vorteile eines Standardbausteins mit kundenspezifisch hergestellten Bausteinen, die den Bedürfnissen des Kunden optimal angepasst sind.

14.2.1 PLD-Typen

Unterschieden werden kann nach der Art der Programmierung:

- Fuse-Link, einmal elektrisch herstellbare, dann dauerhafte Trennung
- Antifuse, einmal elektrisch herstellbare, dann dauerhafte Verbindung.
- 1-Bit RAM-Zellen: Flipflops
- EPROM-Zellen: dauerhafte Ladungsspeicherung, kann durch UV-Licht gelöscht werden.
- EEPROM-Zellen: dauerhafte Ladungsspeicherung, kann elektrisch gelöscht werden.

In PLD werden programmierbare UND- und ODER-Matrizen verwendet. Abhängig von deren Struktur kann man unterscheiden nach:

PLA	Programmierbare UND und ODER-Matrix
PAL	• Programmierbare UND-Matrix, feste ODER-Matrix
GAL	Wie PLA, aber zusätzlich mit programmierbaren Ausgangsnetzwerken
EEPROM	Programmierbare ODER-Matrix, feste UND-Matrix
FPGA, LCA	Elektrisch programmierbares logisches Array, flüchtig
CPLD, EPLD	elektrisch programmierbares logisches Array, nicht flüchtig, mit UV-Licht oder elektrisch löschbar

Im Folgenden werden die in den PLD verwendeten UND- und ODER-Gatter, die in der Regel eine Vielzahl von Eingängen haben, vereinfacht dargestellt (Bild 14-2).

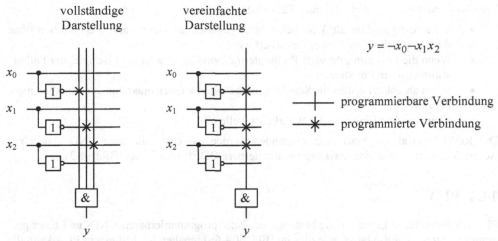

Bild 14-2 Vollständige und vereinfachte Darstellung eines UND-Gatters in einer PLD.

14.3 ROM, EPROM, EEPROM

Mit nichtflüchtigen Speichern wie ROM, PROM, EPROM, EEPROM usw. können Schaltnetze realisiert werden. Sollen zum Beispiel zwei Funktionen mit 4 Eingangsvariablen realisiert werden, so benötigt man ein ROM mit 16×2Bit Kapazität. Unter jeder der 16 Adressen werden die Funktionswerte der beiden Funktionen gespeichert, wobei alle Funktionen möglich sind. Ein ROM ist also sehr universell. Es kann aber ineffektiv sein, wenn eine Funktion nur sehr wenige Einsen oder Nullen in der Wahrheitstabelle hat.

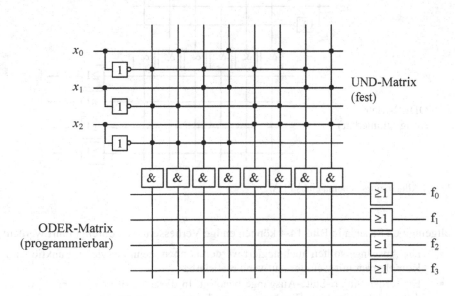

Bild 14-3 Darstellung eines 8×4-ROM (32Bit) mit UND- und ODER-Matrix.

Man verwendet ROM in den folgenden Fällen bevorzugt:

- Wenn die Funktion als Wahrheitstabelle gegeben ist. Dann kann die Funktion ohne weitere Bearbeitung direkt gespeichert werden.
- Wenn die Funktion sehr viele Produktterme benötigt. Das ist zum Beispiel der Fall bei arithmetischen Funktionen.
- Wenn absehbar ist, dass die Schaltung oft geändert werden muss und der Aufwand nicht bekannt ist.
- Wenn es viele Einsen in der Wahrheitstabelle gibt.

Das ROM kann als ein Schaltnetz verstanden werden, welches eine feste UND-Matrix zur Adressdecodierung und eine maskenprogrammierbare ODER-Matrix hat (Bild 14-3).

14.4 PLA

PLA (Programmable Logic Array) bestehen aus einer programmierbaren UND- und einer programmierbaren ODER-Matrix, wie dies im Bild 14-4 festgehalten ist. Mit einem PLA kann die DNF direkt verwirklicht werden, wobei die Produktterme durch die UND-Matrix und die Summen-Terme durch die ODER-Matrix realisiert werden. Die Anzahl der Produktterme ist dabei kleiner als die bei n Eingängen mögliche von 2^n. Gemeinsame Produktterme können mehreren Eingängen zugeführt werden.

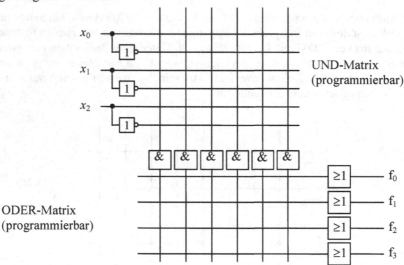

Bild 14-4 Allgemeines Schema eines PLA.

Im allgemeinen Schema in Bild 14-4 können einige Verbesserungen durchgeführt werden:

- Die Ausgänge sollten auch negiert werden können, denn bei vielen Funktionen ist das Komplement mit weniger Aufwand realisierbar.
- Es werden oft Tri-State-Ausgänge benötigt. In diesem Fall ist es sinnvoll, dass einige der Ausgänge auch als Eingänge verwendet werden können.
- Die Ausgänge müssen unter Umständen zwischengespeichert werden. Daher haben viele PLA am Ausgang Flipflops.

- Durch die Einführung einer invertierten Rückführung aus der ODER-Matrix können unter Umständen viele Produktterme gespart werden.

An Hand der beiden folgenden Beispiele soll nun der Nutzen und die Realisierung der Verbesserungen diskutiert werden. Das EXOR-Gatter des PLA in Bild 14-5 dient zur Kontrolle der Polarität des Ausgangs. Liegt dessen zweiter Eingang auf 0, so wirkt das Gatter als Buffer, liegt der zweite Eingang auf 1, so wird der Ausgang invertiert. Man kann also immer zwischen der Realisierung einer Funktion und ihrer Invertierten wählen und so Produktterme sparen.

Außerdem hat das PLA in Bild 14-5 Tri-State-Gatter an den Ausgängen. Die Enable-Ausgänge werden durch einzelne Produktterme kontrolliert. Alternativ gibt es PLA, deren Enable-Eingänge durch extra Ausgänge an der ODER-Matrix gesteuert werden, oder es werden externe Pins verwendet. Da die Ausgänge als Tri-State-Ausgänge ausgeführt sind, die auch einen Eingang haben, ist es möglich sie als bidirektionale Schnittstelle zu verwenden. Die entsprechenden Eingänge werden auch in die UND-Matrix geführt. Die höhere Flexibilität führt zu einer besseren Ausnutzung des PLA.

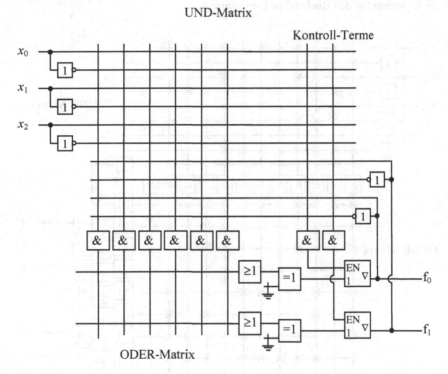

Bild 14-5 PLA mit EXOR-Gatter und bidirektionalem Tri-State-Ausgang.

Das PLA in Bild 14-7 hat eine invertierte Rückführung aus der ODER-Matrix, die auch Komplement-Array genannt wird. Diese Rückführung hilft Produktterme zu sparen, wenn man Probleme bearbeitet, bei denen bei einer Reihe von Ausnahmen die Ausgänge einen bestimmten Wert annehmen sollen. Es soll als Beispiel mit diesem PLA ein 7-Segment-Decoder für BCD-Zahlen gebaut werden, der für Eingangswerte größer als 1001_2 ein E für Error anzeigt. Die Definition der Ziffern mit dem entsprechenden Code ist in Bild 14-6 gezeigt.

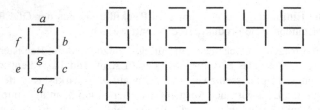

Bild 14-6 Definition der 10 Ziffern und E für Error einer 7-Segmentanzeige.

Man benötigt für die Ziffern 0-9 zehn Produktterme. Diese werden auch an den Eingang des Komplement-Arrays angeschlossen. Beim Auftreten eines dieser Produktterme bleibt das Komplement-Array wirkungslos. Wird dagegen kein Produktterm angesprochen, weil eine Pseudotetrade, also eine der Binärzahlen zwischen 10 und 15 anliegt, so werden mit dem Komplement-Array die Segmente für den Buchstaben E angesprochen.

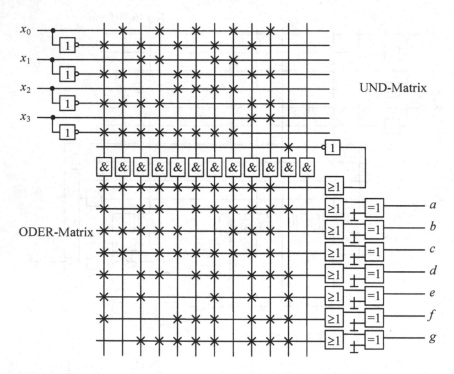

Bild 14-7 PLA mit invertierter Rückführung aus der ODER-Matrix (Beispiel für 7-Segmentanzeige).

In Bild 14-8 ist ein PLA für die Realisierung von Schaltwerken in vereinfachter Form dargestellt. PLA dieser Art werden auch als Sequencer bezeichnet. Die gezeigte Schaltung hat:

- Zustandsregister mit den Ausgängen P_0, P_1 und P_2. Die Register-Ausgänge werden in die UND-Matrix zurückgekoppelt.
- Der Eingang $P/\neg E$ kann so programmiert werden, dass er entweder als Enable für die Tri-State-Buffer oder aber als Preset für die D-Flipflops wirkt.

- Das Komplement-Array kann genutzt werden, um einen bestimmten Zustand beim Einschalten oder bei Fehlern einzustellen. Das Komplement-Array spricht an, wenn keiner der direkt verwendeten Zustände beim Einschalten auftritt.

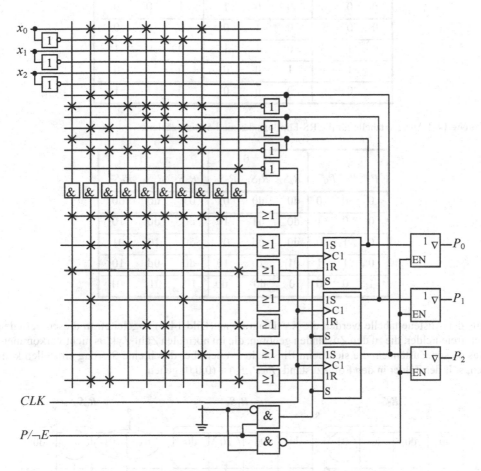

Bild 14-8 PLA für die Realisierung von Schaltwerken (Sequencer), Programmierung für das Beispiel: mod-5-Vorwärts/Rückwärts-Binärzähler.

Als Beispiel soll nun ein mod-5-Binär-Zähler, der für das Eingangssignal $x = x_0 = 0$ vorwärts und für $x = x_0 = 1$ rückwärts zählt, mit dem in Bild 14-8 gezeigten PLA entwickelt werden. Mit diesen Informationen erhält man die Tabelle 14-3. Aus der Zustandsfolgetabelle kann die Ansteuertabelle (Tabelle 14-4) für die RS-Flipflops des Bausteines entwickelt werden.

Tabelle 14-3 Zustandsfolgetabelle des mod-5-Binärzählers.

$P_2{}^m\ P_1{}^m\ P_0{}^m$	$x_0 = 0$ $P_2{}^{m+1}\ P_1{}^{m+1}\ P_0{}^{m+1}$			$x_0 = 1$ $P_2{}^{m+1}\ P_1{}^{m+1}\ P_0{}^{m+1}$		
0 0 0	0	0	1	1	0	0
0 0 1	0	1	0	0	0	0
0 1 0	0	1	1	0	0	1
0 1 1	1	0	0	0	1	0
1 0 0	0	0	0	0	1	1

Tabelle 14-4 Ansteuertabelle für die RS-Flipflops des mod-5-Binärzählers.

$P_2{}^m\ P_1{}^m\ P_0{}^m$	$x_0 = 0$ R_2S_2	R_1S_1	R_0S_0	$x_0 = 1$ R_2S_2	R_1S_1	R_0S_0
0 0 0	d0	d0	01	01	d0	d0
0 0 1	d0	01	10	d0	d0	10
0 1 0	d0	0d	01	d0	10	01
0 1 1	01	10	10	d0	0d	10
1 0 0	10	d0	d0	10	01	01

Aus der Ansteuertabelle werden die KV-Diagramme (Bild 14-9) abgeleitet. In diesen befinden sich freie Felder, die zu den Zuständen gehören, die im normalen Zähl-Zyklus nicht vorkommen. Aus diesen Zuständen, die sich beim Einschalten, oder aber durch eine Störung einstellen können, soll der Zähler in den Folgezustand $(P_0, P_1, P_2) = (0,0,0)$ gehen.

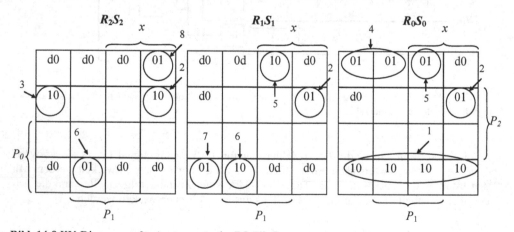

Bild 14-9 KV-Diagramme für Ansteuerung der RS-Flipflops.

Aus den KV-Diagrammen erhält man die Gleichungen:

$$R_0 = \underbrace{P_0 \neg P_2}_{1} \qquad\qquad S_0 = \underbrace{\neg P_0 \neg P_1 P_2 x}_{2} \vee \underbrace{\neg P_0 P_1 \neg P_2 x}_{5} \vee \underbrace{\neg P_0 \neg P_2 \neg x}_{4}$$

$$R_1 = \underbrace{\neg P_0 P_1 \neg P_2 x}_{5} \vee \underbrace{P_0 P_1 \neg P_2 \neg x}_{6} \qquad\qquad S_1 = \underbrace{\neg P_0 \neg P_1 P_2 x}_{2} \vee \underbrace{P_0 \neg P_1 \neg P_2 \neg x}_{7}$$

$$R_2 = \underbrace{\neg P_0 \neg P_1 P_2 x}_{2} \vee \underbrace{\neg P_0 \neg P_1 P_2 \neg x}_{3} \qquad\qquad S_2 = \underbrace{P_0 P_1 \neg P_2 \neg x}_{6} \vee \underbrace{\neg P_0 \neg P_1 \neg P_2 x}_{8}$$

Die mit den Ziffern 1 bis 8 markierten Implikanten werden mit den ersten 8 UND-Gattern der UND-Matrix in Bild 14-8 realisiert. An die Ausgänge dieser 8 UND-Gatter wird auch das Komplement-Array angeschlossen, so dass das Komplement-Array bei den Zuständen des normalen Zyklus nicht anspricht. In allen anderen Fällen legt das Komplement-Array über das zehnte UND-Gatter der UND-Matrix eine 1 an die R-Eingänge der RS-Flipflops und setzt sie so zurück. Die ODER-Matrix wird entsprechend den Gleichungen programmiert. Der $P/\neg E$-Eingang wird so programmiert, dass er als Enable für die Ausgänge wirkt. Der entsprechende Programmierpunkt wurde offengelassen, was einer 1 entspricht.

14.5 PAL

Eine PAL (Programmable Array Logic) (Bild 14-10) ist eine Vereinfachung der PLA. Sie besitzt nur eine programmierbare UND-Matrix. Die ODER-Matrix ist auf eine Zusammenfassung von wenigen (in Bild 14-10 sind es 4) Produkttermen beschränkt.

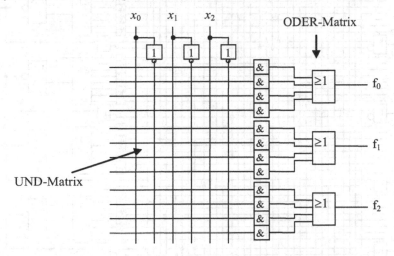

Bild 14-10 PAL mit 3 Eingängen und 3 Ausgängen und mit 4 Produkttermen pro Ausgang.

Mit einer PAL können viele Funktionen mit geringerem Hardware-Aufwand als mit einer PLA realisiert werden. Der Aufbau einer PAL erlaubt aber nicht, dass gemeinsame Produktterme mehrerer Funktionen gemeinsam genutzt werden können wie bei einer PLA.

Die in Bild 14-11 gezeigte PAL 18P8 hat EXOR-Gatter zur Polaritätssteuerung. Die Tri-State-Ausgänge werden durch Produktterme gesteuert. Die Ausgänge sind auch als Eingänge nutzbar, wodurch das Einsatzspektrum der PAL größer wird.

Einige PALs haben die Möglichkeit, die Produktterme gezielt einzelnen Ausgängen zuzuweisen (product term steering). Das heißt allerdings nicht, dass Produktterme von verschiedenen Funktionen gemeinsam genutzt werden können.

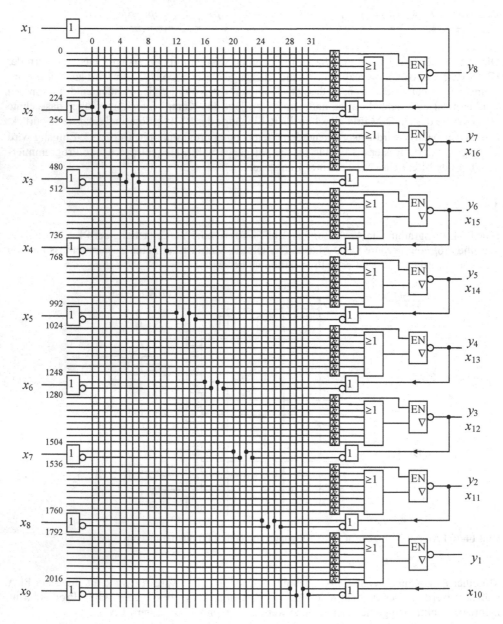

Bild 14-11 PAL 16L8.

Bei PAL ist ein einheitliches Schema zur Bezeichnung üblich:

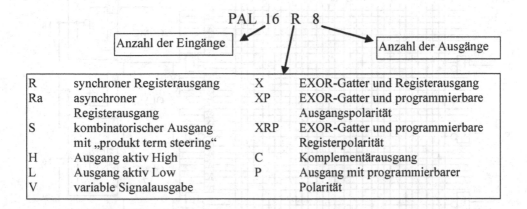

R	synchroner Registerausgang	X	EXOR-Gatter und Registerausgang
Ra	asynchroner Registerausgang	XP	EXOR-Gatter und programmierbare Ausgangspolarität
S	kombinatorischer Ausgang mit „produkt term steering"	XRP	EXOR-Gatter und programmierbare Registerpolarität
H	Ausgang aktiv High	C	Komplementärausgang
L	Ausgang aktiv Low	P	Ausgang mit programmierbarer Polarität
V	variable Signalausgabe		

14.6 GAL

Mit GALs (Generic Array Logic) werden Verbesserungen der PALs bezeichnet, die an den Ausgängen programmierbare Zellen (OLMC = Output Logic Macro Cell) enthalten, die den erforderlichen Bedingungen angepasst werden können, indem sie als Eingang, Ausgang oder Tri-State-Ausgang programmiert werden.

GALs sind in EECMOS-Technologie hergestellt, die den CMOS-Prozess mit elektrisch löschbarer Speichertechnologie (EEPROM) kombiniert. Sie haben daher eine relativ geringe Verlustleistung und recht hohe Geschwindigkeit. Die Bausteine sind oft (typisch 2000-mal) programmierbar und löschbar. Ein Vorteil liegt auch darin, dass die Programmierbarkeit vom Hersteller geprüft werden kann.

Da die Ausgänge konfigurierbar sind, genügen eine geringe Anzahl GALs, um ein großes Produktspektrum an PLD zu ersetzen.

Die Struktur der GAL16V8 ist in Bild 14-12 gezeigt. Die GAL 16V8 besitzt 8 OLMC. Jedes OLMC kann 8 Produktterme ODER-verknüpfen. Der Eingang x_1 kann als Takteingang CLK, der Eingang x_{10} als Output Enable $\neg OE$ verwendet werden.

Ein OLMC ist in Bild 14-13 dargestellt. Einige der OLMC können bidirektional betrieben werden, nur die OLMC 15 und 16 können nur als Ausgang wirken. Alle OLMC haben Rückkopplungen in die UND-Matrix.

Man erkennt in Bild 14-13, dass es 16 verschiedene Eingänge gibt, so dass es mit der Inversion 32 verschiedene Spalten der UND-Matrix gibt.

Das OLMC des GAL16V8 wird durch die Signale $XOR(n)$, SYN, $AC0$, $AC1(n)$ gesteuert. SYN, $AC0$ wirken global auf alle OLMC, $XOR(n)$ und $AC1(n)$ sind individuell für jedes OLMC n wählbar. $XOR(n)$ steuert die Polarität des Ausgangs. $XOR(n) = 0$ bedeutet aktiv LOW.

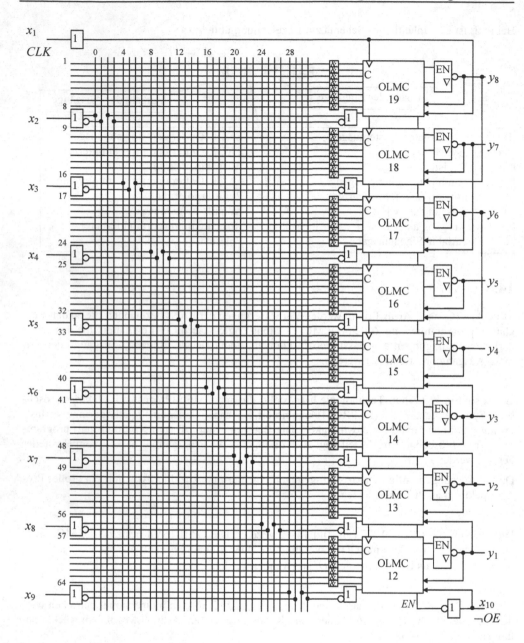

Bild 14-12 Struktur des GAL16V8.

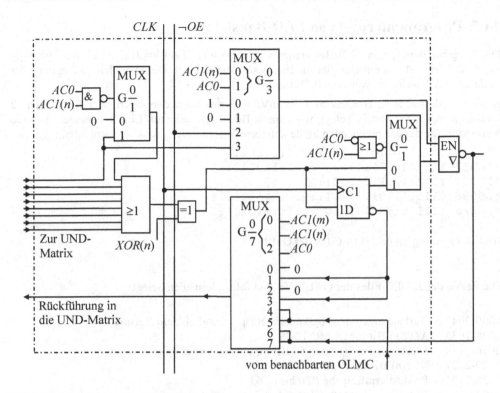

Bild 14-13 OLMC Nr. *n* des GAL16V8, das benachbarte OLMC hat die Nr. *m*.

Tabelle 14-5 Bedeutung der Signale *SYN*, *AC0* und *AC1(n)*.

Betriebsart	Funktion des OLMC	*SYN*	*AC0*	*AC1* (*n*)	Beschreibung
Simple Mode (Schaltnetz)	Eingang	1	0	1	- Tri-State-Ausgang hochohmig - Eingangssignal in nächste Zelle - nur für OLMC 12-14 und 17-18
	Ausgang	1	0	0	- Ausgang immer eingeschaltet - keine Rückkopplung - 8 Produktterme für Logik - für alle OLMC möglich
Complex Mode (Schaltnetz)	Tri-State Ein-/Ausgang	1	1	1	- Freigabe über Produktterm - 7 Produktterme für Logik
Registered Mode (Schaltung mit Registern)	Register Tri-State Ein-/Ausgang	0	1	1	- *CLK* wirksam - *OE* durch Produktterm - 7 Produktterme für Logik
	Register Tri-State Ein-/ Ausgang	0	1	0	- *CLK* wirksam - Freigabe des Ausgangs mit ¬*OE* - 8 Produktterme für Logik

14.7 Programmierung von PLD-Bausteinen

Die Programmierung von PLD-Bausteinen wird mit einer Datei im JEDEC-Format durchgeführt. In Bild 14-14 ist ein Beispiel für eine GAL16V8 gezeigt. Die Datei hat zu Beginn jeder Zeile eine Zeilenadresse, welche mit *L beginnt.

In jeder Zeile stehen 32 Bits, da ein GAL16V8 zusammen mit den invertierten Eingängen 32 Spalten in der UND-Matrix belegt, wie man in Bild 14-12 erkennt. Eine 1 bedeutet, dass die Verbindung an der entsprechenden Stelle unterbrochen ist; eine 0, dass sie verbunden ist.

```
*L0000  11111101101111011101111111111111
*L0032  11110101111110111110111110111111
*L0064  11111111101010111110101101111
*L0096  11101111011111111101111111111111
*L0128  11111111101111101111111111011111
```

Bild 14-14 Auszug aus dem JEDEC-File des GAL16V8

Die Zeilen des JEDEC-Files des GAL16V8 sind folgendermaßen belegt:

0000-2047	Verbindungen der Logikmatrix entsprechend obigem Beispiel
2048-2055	$XOR(n)$-Bit für OLMC 12-19
2056-2119	Elektronische Signatur: 64 Bit für eigene Anwendung
2120-2127	$AC1(n)$-Bit für OLMC 12-19
2128-2191	Produkttermfreigabe $PT0$ bis $PT63$
2192	SYN-Bit
2193	$AC0$-Bit

Zum Programmieren wird die GAL in einen Programmiermodus versetzt, indem an einen Pin eine bestimmte Spannung gelegt wird (hier Pin 2 = 16,5V). An 6 Pins (Pin 18, Pin 3 bis Pin 7) werden dann Zeilen der Speichermatrix angewählt und mit dem Takt $SCLK$ (Pin 8) die Bits, die an $SDIN$ (Pin 9) liegen, in das Schieberegister geschoben.

GALs haben einen elektronischen Kopierschutz. Wenn das Sicherheitsbit gesetzt ist, kann die Programmierung nicht mehr gelesen werden. Nur eine Löschung ist dann möglich. Der Datenerhalt ist auf 10 Jahre garantiert. Der Programmiervorgang dauert wenige Sekunden.

14.7.1 Test

Für Schaltwerke ist es wichtig zu testen, ob die Zustände, in die das Schaltwerk im normalen Betrieb nicht kommen darf, ordnungsgemäß verlassen werden. Dazu ist es sinnvoll, dass man alle Register mit einem beliebigen Wert laden kann.

Das GAL16V8 hat deshalb eine Schaltung, in der die Register geladen werden können. Diese Betriebsart wird durch Anlegen von 15V an $PRLD$ (Pin 11) aktiviert. Über den seriellen Eingang $SDIN$ (Pin 9) können die Daten dann mit dem Takt $DCLK$ (Pin 1) durch die Register geschoben werden, die als Schieberegister geschaltet sind. Am seriellen Ausgang $SDOUT$ (Pin 12) können die Daten wieder entnommen werden. Es werden nur die Registerzellen involviert, die als Registerausgang konfiguriert sind.

14.8 Field Programmable Gate Arrays (FPGA)

Field Programmable Gate Arrays (FPGA) sind Standard-Logikbausteine, die vom Anwender für seine Zwecke konfiguriert werden müssen. Sie bestehen aus mehreren PLD, die über eine Verbindungsmatrix miteinander kommunizieren. Die Vorteile von FPGA sind:

- Für FPGA werden von den Herstellern Software-Bausteine zur Verfügung gestellt, so genannte Intellectual Property Core (IP-Core). Es stehen z.B. Prozessorkerne, Schnittstellen, Speicherverwaltungen und viele andere häufig verwendete digitale Schaltungen z.B. im VHDL-Code (vergl. Kap 15) zur Verfügung.

- Es ist keine Lagerhaltung beim Kunden erforderlich, da Standardbauelemente leicht verfügbar sind. Bei kundenspezifischen Designs muss man dagegen nach einer Bestellung beim Halbleiterhersteller oft mehrere Monate Lieferzeit einkalkulieren.

- Die Hardware des FPGA wird vom Hersteller getestet, daher braucht der Anwender nur noch ein reduziertes Prüfprogramm zu fahren.

- Im Gegensatz zu einer diskreten Realisierung werden weniger Bauelemente benötigt, wodurch die Schaltung zuverlässiger wird.

- Der Aufwand für das Entflechten der Leiterbahnen ist geringer. Dadurch kann unter Umständen eine billigere Platine verwendet werden.

- In FPGA kann eine optimale Architektur realisiert werden. Sie sind daher sehr schnell.

- Änderungen sind leicht durchzuführen, da nur das Programm geändert werden muss.

14.8.1 Aufbau eines FPGA

Im Folgenden wird die FPGA-Familie Spartan II des Halbleiter-Herstellers Xilinx beschrieben [27]. Deren FPGA enthalten bis zu 600 000 Gatter. Die FPGA sind in CMOS-Technik aufgebaut.

FPGA sind anwenderprogrammierbare Arrays aus logischen Blöcken, meist in Form einer PLA. Die logische Konfiguration wird durch ein Programm festgelegt, welches in einem SRAM auf dem Chip gespeichert wird. Die Konfigurierung ist also flüchtig. Das SRAM wird daher beim Starten aus einem ROM oder PROM geladen. FPGA anderer Hersteller können durch Fuses oder Antifuses programmierbar sein. Die Architektur der Spartan II-FPGA gliedert sich in verschiedene konfigurierbare Blöcke:

- Die Logik ist in konfigurierbaren Logik-Blöcken (CLB) zusammengefasst. Die logische Funktion wird in RAM-Zellen gespeichert, die mit dem Konfigurationsprogramm programmiert werden. Die CLB sind matrixförmig in der Mitte des FPGA angeordnet.

- Die Ein- und Ausgänge werden durch Input/Output-Blöcke (IO-Blocks) realisiert. Sie lassen sich als Eingang, Ausgang, Tri-State-Ausgang oder als bidirektionale Schnittstelle schalten. Die IO-Blöcke sind am Rand des FPGA neben den Pins des Gehäuses angeordnet.

- Die Verbindungsleitungen sind in einem programmierbaren Netz realisiert, welches die logischen Blöcke miteinander verschaltet.

- Es gibt RAM-Blöcke mit denen sich ein digitaler Speicher einfach realisieren lässt.

- Für die Taktversorgung stehen 4 Delay-Locked Loop (DLL) zur Verfügung. Dies sind Bausteine, mit denen verzögerte Takte für die verschiedenen Schaltungsteile erzeugt werden können. Da man sehr große Schaltungen realisieren kann, muss man räumlich entfernte Schaltungsteile mit einem verzögerten Takt ansteuern, wenn man hohe Taktfrequenzen erreichen will.

In Tabelle 14-6 sind die verschieden großen FPGA der Spartan 7-Familie aufgelistet.

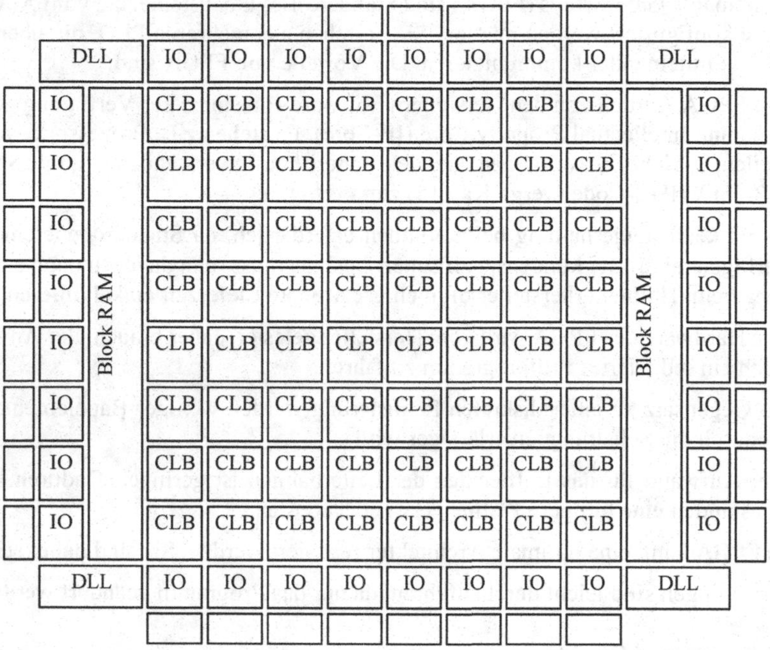

Bild 14-15 FPGA, schematisch. Konfigurierbare Logik-Blöcke (CLB), Delay-Locked Loops (DLL) Block-RAM und IO-Blöcke sind angedeutet.

Tabelle 14-6 Familie der Spartan-7-FPGA der Firma Xilinx.

Typ	CLB	CLB Flipflops	Ein- und Ausgänge einfach/differenti-ell	DSP-Bausteine Addierer, Akkumulator, 25 x 18 Multiplizierer	Block-RAM/Kbit
XC7S6	6 000	7500	100/48	10	180
XC7S15	12 800	16 000	100/48	20	360
XC7S25	23 360	29 200	150/72	80	1620
XC7S50	52 160	65 200	250/120	120	2700
XC7S75	76 800	96 000	400/140	140	3240
XC7S1000	102 400	128 000	400/160	168	4320

14.8.2 Konfigurierbare Logik-Blöcke (CLB)

Die CLB sind alle identisch. Sie sind, wie in Bild 14-15 gezeigt, in Matrizen angeordnet. So hat zum Beispiel der Baustein XC2S50E 384 CLB. Jedes CLB enthält 2-mal den in Bild 14-16 gezeigten Grundbaustein. Die mit LUT (look-up table) bezeichneten Blöcke generieren eine beliebige Funktion mit 4 Eingangsvariablen. Sie bestehen aus einem Speicherbaustein, ähnlich wie in Kapitel 14.3 beschrieben, nur dass hier ein RAM verwendet wird. Durch die Werte, die beim Konfigurieren im RAM gespeichert werden, werden die Funktionswerte festgelegt. Das RAM kann alternativ auch als normaler RAM-Speicher verwendet werden. Die beiden D-Flipflops können für die Speicherung der Zustandsgrößen verwendet werden. Sie können durch die Signale R und S gesetzt und rückgesetzt werden. Für die Realisierung schneller arithmetischer Operationen steht ein Baustein mit einer Carry-Logik ähnlich dem in Kapitel 12 beschriebenen Carry-Look-Ahead zur Verfügung. Die Konfiguration der logischen Funktion des Schaltnetzes wird im beschriebenen Konfigurationsspeicher festgehalten.

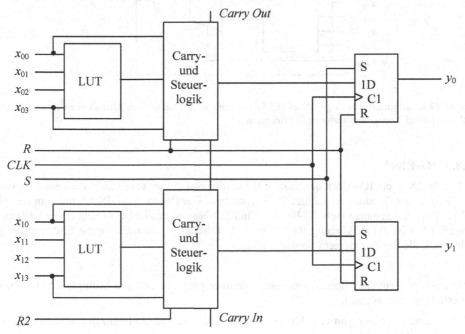

Bild 14-16 Einer von 2 Grundbausteinen (Slice), der in einem konfigurierbaren Logik-Block (CLB) enthalten ist (vereinfacht).

Die beiden Ausgänge des Grundbausteins (Slice) können mit einem Multiplexer ausgewählt werden, so dass zusammen mit dem Auswahleingang eine Funktion mit 9 Eingangsvariablen realisiert werden kann. Zusammen mit dem zweiten Slice auf dem CLB können sogar Funktionen mit 19 Variablen mit einem CLB erzeugt werden. In Bild 14-17 ist die Verschaltung der beiden Slices mit den Multiplexern gezeigt. Die Programmierung der Funktionen in den LUT und die Konfigurierung der Multiplexer wird mit dem Konfigurationsprogramm festgelegt.

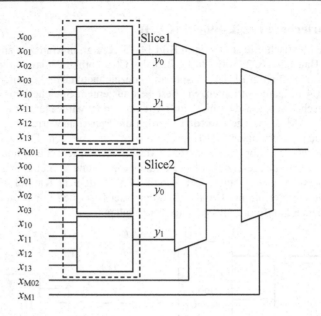

Bild 14-17 Konfigurierbarer Logik-Block (CLB) der Spartan II-Familie von Xilinx mit zwei Slices (vergl. Bild 14-16) und 3 programmierbaren Multiplexern.

14.8.3 IO-Block

In Bild 14-18 ist ein IO-Block der Spartan II-Familie von Xilinx vereinfacht dargestellt. Jeweils ein IO-Block ist für einen Anschluss-Pin vorgesehen. Der Baustein XC2S50E hat zum Beispiel 182 IO-Pins und genauso viele IO-Blöcke. Ein ESD-Netzwerk dient dem Schutz vor Überspannungen. ESD ist die Abkürzung für Electrostatic Discharge, womit statische Entladungen gemeint sind, die das Bauelement zerstören können.

Jeder IO-Block enthält folgende Optionen, die über programmierbare Multiplexer und Buffer eingestellt werden können:

- Eine Anpassung an verschiedene Logik-Pegel, die über Referenzspannungen programmiert werden können.

- Zwei D-Flipflops als Zwischenspeicher für die Eingabe *IN* oder Ausgabe *OUT* von Daten. Aber auch ein direkter Ausgang kann programmiert werden. Auch das Enable-Signal des Ausgangsbuffers kann in einem Flipflop zwischengespeichert werden.

- Die Möglichkeit, den Ausgang als Tri-State-Ausgang zu programmieren. Der Ausgang wird dann mit dem Eingang *OE* über einen Buffer entweder aktiv oder hochohmig geschaltet. Der Eingang ist immer lesbar.

- Die D-Flipflops können mit dem Eingang *S/R* je nach Programmierung synchron oder asynchron gesetzt oder zurückgesetzt werden.

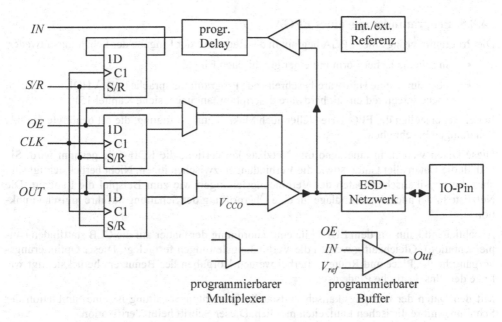

Bild 14-18 Vereinfachter IO-Block der Spartan II-Familie von Xilinx.

14.8.4 Verbindungsleitungen

Die Flexibilität des FPGA wird zu einem wesentlichen Teil durch vielseitige Programmierungs-möglichkeiten der Verbindungsleitungen erreicht. Die vorhandenen Leitungen können durch Schaltmatrizen und „programmable interconnect points" (PIP) in vielfältiger Weise miteinander verbunden werden. Die Ein- und Ausgänge der CLB und der IO-Blöcke können so programmiert werden, dass sie an die umliegenden Verbindungsleitungen angeschlossen werden. Es gibt folgende Arten von Verbindungselementen:

- Local Routing: Innerhalb der CLB werden die LUT sowie die Flipflops verschaltet und Verbindungen zu benachbarten CLB hergestellt.

- General Purpose Routing: Die meisten Verbindungen werden durch das General Purpose Routing hergestellt. Dazu sind Schaltmatrizen (General Routing Matrix = GRM) um die CLB herum angeordnet. Mit 24 Leitungen in jede Richtung sind Verbindungen zu benachbarten GRM möglich. 96 Leitungen mit Verstärkern sind für weiter entfernte GRM vorhanden. 12 Leitungen (Long Lines) dienen der Verbindung zu sehr weit entfernten GRM. Diese Leitungen arbeiten auch bidirektional, ähnlich wie in Bild 4-14 gezeigt.

- IO-Routing: Zusätzliche Verbindungen, ringförmig um den Chip angeordnet, erlauben eine weitgehend freie Zuordnung der Pins, ohne dass die Anordnung der CLB geändert werden muss.

- Dedicated Routing: Hiermit sind jeweils vier Tristate-Busse gemeint, die an jedes CLB angeschlossen werden können. Außerdem gibt es 2 Leitungen pro CLB, die das Carry in Carry-Look Ahead-Schaltungen weitergeben.

14.8.5 Programmierung eines FPGA

Die Programmierung eines FPGA beginnt in der Regel mit der Eingabe der Schaltung entweder:

- in schematischer Form mit einer graphischen Eingabe,

- oder durch eine Hardware-beschreibende Programmiersprache (z.B. VHDL = very high speed integrated circuit hardware description language, siehe Kapitel 15)

In der Regel stellen die FPGA-Hersteller auch Makros zur Verfügung, die oft benötigte digitale Schaltungen beschreiben.

Diese Daten werden in eine genormte Netzliste konvertiert, die EDIF-File genannt wird. Sie enthält die Daten aller Gatter sowie die Verbindungen zwischen ihnen. Nicht berücksichtigt sind aber die physikalischen Daten der Verbindungsleitungen wie zum Beispiel die Laufzeit. Die Netzliste bildet auch die Grundlage für eine Überprüfung der Schaltung auf ihre logische Funktion.

Anschließend kann aus dem EDIF-File eine Zuordnung der Gatter auf die CLB stattfinden (Implementation). Gleichzeitig werden die Verbindungsleitungen festgelegt. Dieser Optimierungsvorgang heißt „Place and Route". Hierbei werden Vorgaben des Benutzers berücksichtigt wie Lage der Pins, kritische Pfade usw.

Mit den Daten der nun physikalisch vollständig bekannten Schaltung ist eine Simulation der Schaltung mit realistischen Laufzeiten möglich. Dieser Schritt heißt Verifikation.

Aus dem Design wird abschließend ein Bitstrom generiert, welcher die Konfigurationsdaten enthält. Die Konfigurationsdaten werden im FPGA in RAM-Speichern gespeichert, die beim Konfigurierungsvorgang zu einem langen Schieberegister zusammengeschaltet werden können. Die Anzahl der Konfigurationsbits variiert je nach Größe des FPGA zwischen 630kBit (XC2S50E) und 3,9MBit (XC2S600E). Mehrere FPGA können zum Konfigurieren nacheinander geschaltet werden (Daisy-Chain) wobei beim Laden der Beginn des Bitstroms zunächst das eine, dann das andere FPGA durchläuft und dann am Ende der Schieberegisterkette des zweiten FPGA anhält. Die Anzahl der Konfigurationsbits hängt nicht von dem Ausnutzungsgrad des FPGA ab.

14.9 CPLD

CPLD (complex programmable logic device) die auch EPLD genannt werden, sind in EEPROM- oder EPROM-Technologie hergestellt. Sie sind daher elektrisch programmierbar und nicht flüchtig. Sie sind entweder elektrisch oder mit UV-Licht löschbar und daher sehr gut für Kleinserien und Labormuster geeignet.

14.9.1 Aufbau einer CPLD

CPLD werden hier am Beispiel der MAX 3000A-Familie der Firma Intel (vormals Altera) dargestellt [28]. Sie sind in CMOS-EEPROM-Technologie hergestellt. Es sind Versionen für Taktfrequenzen von über 200MHz verfügbar. Die Architektur ist in Bild 14-19 dargestellt.

Das Herzstück der CPLD ist eine zentrale Verbindungsmatrix PIA, die alle Baugruppen miteinander verbindet. Die Logik wird in Logic Array Blocks (LAB) zusammengefasst, welche jeweils 16 Makrozellen enthalten.

- 36 Leitungen gehen von der PIA in jeden LAB. Sie sind in jeder Makrozelle verfügbar.

- Jede Makrozelle hat einen Ausgang zu den IO-Ports. Die Schaltung hat also 16 IO-Ports pro LAB. Die IO-Ports können als bidirektionale Schnittstellen genutzt werden.

- Jede Makrozelle hat einen Ausgang zur PIA.

Es gibt zwei Takte (*CKL1* und *CKL2*) und zwei globale Output-Enable-Signale (*OE1* und *OE2*) sowie ein globales Resetsignal (*CLR*). Die Anzahl der Makrozellen, die darin verfügbaren Gatter und sowie die Anzahl der Ein- und Ausgänge ist in Tabelle 14-6 für die verschiedenen Typen der CPLD-Familie gezeigt.

Durch die klare Struktur der CPLD sind konkrete Angaben über die erreichbaren Takt-Frequenzen möglich.

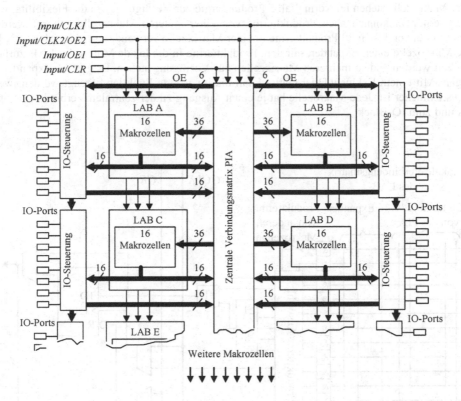

Bild 14-19 Architektur der CPLD MAX 3000A-Familie der Firma Intel.

14.9.2 Logik-Array Blöcke (LAB)

Die Logik ist in den Logic Array Blocks (LAB) in jeweils 16 Makrozellen angeordnet, wie es in Bild 14-20 schematisch gezeigt ist. Jede Makrozelle enthält ein Flipflop und die Logik in Form einer PAL. Daher kann jede Makrozelle zur Erzeugung eines Schaltnetzes oder zur Erzeugung einer Schaltung mit Register-Ausgang verwendet werden. Diese Unterscheidung wird durch einen programmierbaren Multiplexer in jeder Makrozelle getroffen.

Jeweils 36 Leitungen sind aus der zentralen Verbindungsmatrix in ein LAB geführt und stehen allen Makrozellen gleichermaßen zur Verfügung.

Die Produktterme der PLA können verwendet werden:

- für die Erzeugung einer booleschen Funktion mit Hilfe des ODER-Gatters. Damit entsteht eine PAL-Struktur wie in Bild 14-10 gezeigt.

- für den Set- oder Reset-Eingang des Flipflops. Alternativ kann der Reset der Flipflops mit Hilfe eines programmierbaren Multiplexers an den globalen Reset GR) angeschlossen werden.

- für den Takteingang des Flipflops. Es kann auch mit einem programmierbaren Multiplexer wahlweise einer der beiden globalen Takte $GCLK$ an den Flipflopeingang geführt werden.

Jeder Makrozelle stehen im Normalfall 5 Produktterme zur Verfügung. Um die Flexibilität weiter zu erhöhen, können auch Produktterme von einer anderen Makrozelle geborgt werden. Dadurch können bis zu 20 Produktterme in einer Matrixzelle verwendet werden. Alternativ hat jede Makrozelle einen Expander, mit dem Produktterme in die lokale Matrix des LAB zurückgegeben werden und so mehreren Matrixzellen zur Verfügung stehen. Es gibt 16 Expanderleitungen. Mit einem Exklusiv-Oder-Gatter kann die invertierte Funktion erzeugt werden, wenn dieses einfacher ist. Jede Makrozelle hat je einen Ausgang zu der zentralen Verbindungsmatrix PIA und zum IO-Block.

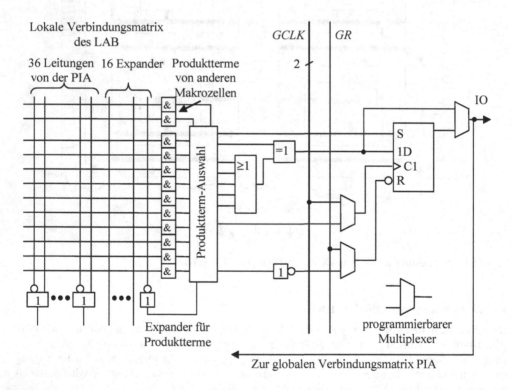

Bild 14-20 Makrozelle der CPLD MAX 3000A-Familie der Firma Intel ($GCLK$ = globale Takte, GR = globaler Reset).

14.9.3 IO-Steuerung

Jeder Logic Array Block (LAB) hat eine eigene IO-Steuerung. Dafür stehen innerhalb des LAB, je nach Größe des CPLD, 6 bis 10 Output-Enable-Leitungen zur Verfügung. Jeder der 16 IO-

Pins wird mit einer Schaltung entsprechend Bild 14-21 angesteuert. Der IO-Pin kann mit einem programmierbaren Multiplexer konfiguriert werden als:

- nur Eingang: Es wird eine 0 an den OE-Eingang des Buffers gelegt.
- nur Ausgang: Es wird eine 1 an den OE-Eingang des Ausgangs-Buffers gelegt.
- bidirektionaler IO-Port. Eine der 6 bis 10 globalen OE-Leitungen wird für das Enable des Output-Buffers verwendet.
- Der IO-Pin wird nicht verwendet, es wird eine 0 an den OE-Eingang des Buffers gelegt.

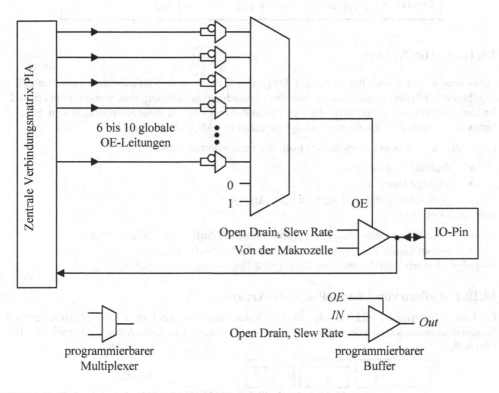

Bild 14-21 IO-Steuerung der CPLD MAX 3000A-Familie für einen IO-Pin.

14.9.4 Größe der CPLD

Da die EEPROM-Technologie sehr viel mehr Platz auf dem Chip einnimmt als die RAM-Technologie der FPGA sind CPLD tendenziell kleiner. In Tabelle 14-7 sind die Eigenschaften der MAX 3000A-Familie aufgelistet.

Tabelle 14-7 MAX 3000A-Familie der Firma Intel.

Typ	Anzahl Gatter	Makrozellen	Ein- und Ausgänge
EPM3032A	600	32	34
EPM3064A	1250	64	66
EPM3128A	2500	128	96
EPM3256A	5000	256	158
EPM3512A	10000	512	208

14.10 Gate-Arrays

Gate-Arrays sind ASIC, bei denen ein Array von Gates mit fester Geometrie vom Hersteller angeboten wird (sog. master-slices). Nur die Verbindungsmetallisierungen werden vom Hersteller kundenspezifisch strukturiert. Es werden Gate-Arrays bis zu einer Komplexität von 250000 Gates angeboten. Die Ausführung erfolgt meistens in CMOS-Technologie.

Gate-Arrays kann man unterscheiden nach der verarbeiteten Signalform:

- digitale Gate-Arrays
- analoge Gate-Arrays
- gemischt digitale und analoge Gate-Arrays

oder nach der Struktur:

- Channelled Gate-Arrays: die Verdrahtung verläuft in speziellen Kanälen
- Sea-of Gates: die Verdrahtung läuft auf den Matrixzellen

Im Folgenden wird der Aufbau von Channelled Gate-Arrays beschrieben.

14.10.1 Aufbau von Channelled Gate-Arrays

Ein Gate-Array (Bild 14-22) besteht aus einer Matrix aus Matrixzellen, aus Peripheriezellen und Sonderstrukturen. Dazwischen liegen Verdrahtungskanäle. Ein Gate-Array kann mehrere 100 Pins haben.

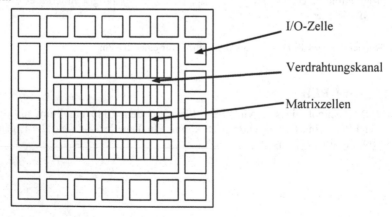

I/O-Zelle

Verdrahtungskanal

Matrixzellen

Bild 14-22 Struktur eines Gate-Arrays.

Die alle gleich aufgebauten Matrixzellen (Bild 14-23) sind Zellen, die jeweils einige p- und n-MOS Transistorpaare enthalten. Diese MOSFET sind zunächst nicht miteinander verbunden. Das ist der Fall auf dem „Master"-Chip. In diesem Zustand wird der Wafer beim Hersteller vorrätig gehalten. Kundenspezifisch kann dann durch eine oder mehrere Verdrahtungsebenen eine Verschaltung durchgeführt werden. Damit kann aus einzelnen Matrixzellen z.B. ein NAND-Gatter oder ein Flipflop entstehen. Es sind 1 bis 8 kundenspezifische Masken üblich. Mehr Verbindungsebenen helfen Chipfläche zu sparen und verbessern die Geschwindigkeit.

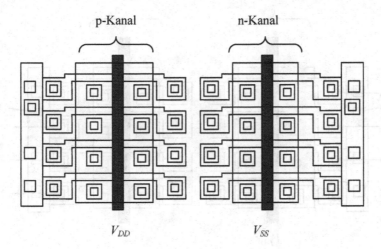

Bild 14-23 Matrixzelle eines Gate-Arrays. Die anderen Matrixzellen schließen sich unten und oben an.

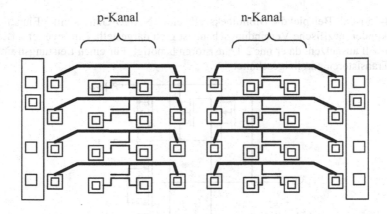

Bild 14-24 Elektrische Verbindungen der Matrixzelle aus Bild 14-23.

Mit einer weiteren kundenspezifischen Metallisierungsebene können nun bestimmte Bibliothekszellen gebildet werden. Diese Bibliothekszellen werden vom Hersteller durchgemessen und
genau simuliert. Der Kunde kann dann am Rechner das Symbol für die entsprechende Bibliothekszelle (z.B. ein NAND-Gatter) abrufen und kann dies mit einem Simulationsmodell verbinden. Außerdem wird die Verbindungsmetallisierung festgehalten, so dass später automatisch
eine Maske generiert werden kann.

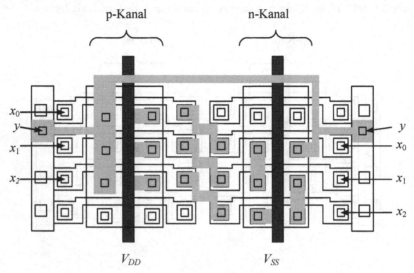

Bild 14-25 Bibliothekszelle: NAND-Gatter mit 3 Eingängen x_0, x_1, x_2 und dem Ausgang y.

Im Bild 14-25 ist als Beispiel die Bibliothekszelle eines NAND-Gatters mit 3 Eingängen dargestellt. Die kundenspezifische Verbindungsebene ist grau dargestellt. Ein Inverter z.B. würde die
Zelle nicht voll ausnutzen, da er nur 2 Transistoren benötigt. Für einen Leistungstreiber werden
2 weitere Transistoren parallelgeschaltet.

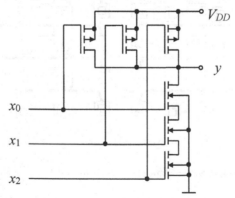

Bild 14-26 Schaltbild der Bibliothekszelle in Bild 14-25: NAND-Gatter mit 3 Eingängen x_0, x_1, x_2 und dem
Ausgang y.

Die Peripheriezellen enthalten Leistungstreiber für die Verbindung zu den Pins. In der Regel ist eine Peripheriezelle pro Pin vorgesehen. Durch die anwenderspezifische Verdrahtung kann die Peripheriezelle als Eingang, Ausgang oder als bidirektionale Schnittstelle geschaltet werden.

Die Sonderstrukturen enthalten z.B. das „process control module" (PCM), Justiermarken, die Chipbezeichnung und die Versionsnummer. In den Verdrahtungskanälen liegt die Verbindungs-metallisierung zwischen den einzelnen Gattern.

Komplexe ASICs lassen sich nur durch den Einsatz von computergestützen Entwicklungswerk-zeugen kostengünstig produzieren. Die Entwicklung erfolgt in der Regel auf kundeneigenen Workstations oder zunehmend auch auf PCs. Der Vorteil der Gate-Arrays liegt in der Tatsache, dass der Hersteller Bibliotheken bereithält, in denen er getestete Verschaltungen von Matrixzel-len gesammelt hat, die z.B. einzelne Gatter (wie SSI), Multiplexer (MSI) und kleinere Mikro-prozessoren (LSI) enthalten. Der Anwender kann aus diesen Bibliothekszellen eigene Entwürfe erstellen und sich durch das präzise Modell darauf verlassen, dass die Schaltung (fast) immer sofort funktioniert.

14.11 Standardzellen-ASIC

Standardzellen-ASICs besitzen mehr Freiheitsgrade als Gate-Arrays. Ihre besonderen Kennzei-chen sind:

- Die Weite der Standardzellen ist beliebig, nur die Höhe liegt fest.
- Der Inhalt der Zellen ist beliebig.
- Analoge Funktionen sind möglich.
- Die Verdrahtungskanäle sind bezüglich ihrer Abmessungen kundenspezifisch.
- Sonderfunktionen: ROM, RAM in spezieller Technologie werden angeboten.
- Alle Masken sind kundenspezifisch.
- Die Chipgröße ist kundenspezifisch.

Die Vor- und Nachteile von Standardzellen-ASIC sind:

- Die Integrationsdichte ist höher als bei Gate-Arrays, die Kosten pro Chip sind daher geringer.
- Entwicklungskosten und Entwicklungszeit sind höher als bei Gate-Arrays, daher kön-nen Standardzellen-ASIC erst ab einer Stückzahl von etwa 30 000 Stück pro Jahr ren-tabel sein.
- Es wird vom Hersteller Software für getestete Bibliothekszellen geliefert.
- Die Lieferzeiten sind größer als bei Gate-Arrays.

In Standardzellen-ASIC wird die Struktur der Bibliothekszellen nicht einem allgemeinen Schema angepasst, sondern den speziellen Erfordernissen der Bibliothekszelle. Daher wird eine geringere Chip-Fläche belegt als bei einem Gate-Array. Alternativ kann man auch die Geschwin-digkeit optimieren.

14.12 Vollkundendesign-ASICs

Vollkundendesign-ASIC unterscheiden sich nicht von normalen Standard-IC. Beim Design ste-hen dem Entwickler alle Freiheitsgrade offen. Der Hersteller bietet nur Entwurfswerkzeuge an, die auf die Eigenschaften des Herstellungsprozesses zugeschnitten sind.

14.13 Übungen

Aufgabe 14.1

Beschreiben Sie die Unterschiede von programmierbaren Logik-IC, Gate-Arrays und Vollkunden-IC bezüglich Entwicklungsaufwand, Kosten pro Chip sowie erreichbarer Komplexität.

Aufgabe 14.2

Die 3 booleschen Funktionen f_0, f_1, f_2 sollen mit einer PLA realisiert werden. Kennzeichnen Sie im untenstehenden Schema die nötigen Verbindungen mit Punkten und bezeichnen Sie die Anschlüsse der PLA.

$f_0(a,b,c,d) = ad \vee \neg a \neg bcd$

$f_1(a,b,c,d) = \neg ab \neg cd \vee abcd \vee a \neg bcd$

$f_2(a,b,c,d) = \neg((a \vee b \vee \neg c)(\neg c \vee d)(\neg a \vee c \vee \neg d))$

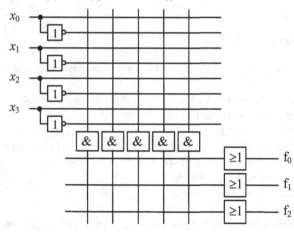

Aufgabe 14.3

Die 2 booleschen Funktionen f_0 und f_1 sollen mit einer PAL realisiert werden. Kennzeichnen Sie die nötigen Verbindungen und bezeichnen Sie die Anschlüsse.

$f_0(a,b,c,d) = \neg a \neg b \neg c \neg d \vee ab \neg c \neg d \vee a \neg b \neg c \neg d \vee \neg ab \neg cd \vee \neg a \neg bcd \vee \neg abcd$

$f_1(a,b,c,d) = \neg a \neg b \neg c \neg d \vee ab \neg cd \vee \neg a \neg bcd \vee \neg abc \neg d$

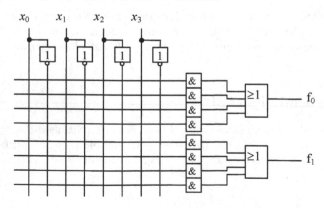

15 VHDL

15.1 Entwurfsverfahren für digitale Schaltungen

Zur Entwicklung digitaler Schaltungen stehen heute eine Vielzahl verschiedener Entwurfswerkzeuge zur Verfügung. Sie sind eine unerlässliche Voraussetzung für den Entwurf komplexer Schaltungen. So konnten sich ASIC nur auf dem Markt durchsetzen, weil leistungsfähige Software für ihren Entwurf vorhanden war. Es gibt eine Vielzahl verschiedener Sprachen für die Entwicklung von Hardware. Man unterscheidet zwischen Architektur-unabhängigen und Architektur-abhängigen Sprachen:

- Architektur-unabhängige Sprachen können für das Design von ASIC verschiedener Hersteller verwendet werden. Sie haben prinzipiell den Nachteil, dass die Unterstützung neuer ASIC-Typen erst verzögert angeboten wird. Der Vorteil liegt sicher darin, dass man einfacher ein Design von einem Baustein auf einen anderen transferieren kann. Außerdem ist kein zusätzlicher Schulungsaufwand bei einem Wechsel des ASIC nötig.
- Architektur-spezifische Software. Viele Hersteller bieten spezielle Software für die Entwicklung ihrer Hardware an. Ein Wechsel des ASIC-Herstellers ist oft mit Problemen verbunden.

Das logische Design von Digitalschaltungen wurde in der Vergangenheit im Wesentlichen mit grafischen Entwurfswerkzeugen durchgeführt mit der so genannten schematischen Schaltungseingabe. Dabei werden zunächst aus einzelnen Gattern einfache Module erzeugt, die dann zu komplexeren Modulen zusammengesetzt werden, bis das gewünschte System fertiggestellt ist. Man spricht hier von einem Bottom-Up-Entwurf. Der Nachteil dieses Verfahrens ist, dass der Entwurf bei komplexen Systemen sehr unübersichtlich wird und es somit sehr schwierig zu überblicken ist, ob der Entwurf die gewünschten Anforderungen erfüllt.

Die heute immer mehr gewählte Alternative zur schematischen Schaltungsentwicklung ist die Verwendung von Hardware-beschreibenden Sprachen (*H*ardware-*D*escription *L*anguage HDL). Der Top-Down-Entwurf wird mit diesen HDL-Entwurfswerkzeugen möglich, denn sie können ein System in mehreren Abstraktionsebenen beschreiben. Man beginnt mit der Beschreibung des Systems auf einer hohen abstrakten Ebene, die durch das Anforderungsprofil der Schaltung vorgegeben wird. Dieser Entwurf wird dann immer mehr konkretisiert, bis man bei einer Beschreibung angelangt ist, die sich direkt in Hardware umsetzen lässt. Die heutigen Synthesewerkzeuge können aus einer Verhaltensbeschreibung einer Schaltung direkt eine Hardware-Realisierung der Schaltung erzeugen. Wichtig ist auch, dass das komplette System in allen Abstraktionsebenen simulierbar ist, so dass das Testen des Systems in einem frühen Stadium des Entwurfs möglich ist.

Hier wird die Sprache VHDL vorgestellt (*V*HSIC*HDL* (VHSIC = *V*ery *H*igh *S*peed *I*ntegrated *C*ircuit)). Sie wurde im Jahr 1987 als IEEE Standard eingeführt (IEEE Std 1076-1987). 1993 wurden einige Ergänzungen hinzugefügt (IEEE Std 1076-1993). Durch die Normung wird die Wiederverwendbarkeit von Code erleichtert. VHDL ist eine technologieunabhängige Beschreibung, die den Top-Down- und den Bottom-Up-Entwurf gleichermaßen ermöglicht. Die objektorientierte Programmiersprache VHDL besitzt Konstrukte für die hierarchische Gliederung eines Entwurfs. Dieses Kapitel erlaubt einen kleinen Einblick in die Nutzung von VHDL für die Synthese von Digitalschaltungen. Der gesamte Sprachumfang von VHDL ist jedoch viel größer.

© Springer Fachmedien Wiesbaden GmbH, ein Teil von Springer Nature 2023
K. Fricke, *Digitaltechnik*, https://doi.org/10.1007/978-3-658-40210-5_15

15.2 Die Struktur von VHDL

Eine VHDL-Beschreibung besteht aus einem VHDL-File mit verschiedenen Design-Einheiten (Design-Units):

- In der Design-Einheit **Entity** wird die Schnittstellenbeschreibung eines Schaltungsteils definiert. Sie ist eine Blackbox, deren Inhalt aus der Architecture besteht.

- In der **Architecture** wird die Funktion der Schaltung beschrieben.

- Die **Configuration** definiert die Zuordnung von Entity und Architecture, wenn es mehrere Architectures zu einer Entity gibt. Sie wird hier nicht näher erläutert.

- In der **Package Declaration** und dem **Package Body** werden wichtige, oft gebrauchte Funktionen, Komponenten, Konstanten und Datentypen definiert.

Einige allgemeine Hinweise:

Kommentare werden in VHDL durch zwei Minuszeichen gekennzeichnet (--), der Rest der Zeile wird bei der Compilierung nicht beachtet.

Es wird nicht nach Groß- und Kleinschreibung unterschieden. Es ist aber üblich, VHDL-Schlüsselwörter klein und Identifier groß zu schreiben. Hier werden VHDL-Schlüsselwörter zusätzlich fett gedruckt. Namen und Identifier müssen mit einem Buchstaben beginnen. Danach können Buchstaben, Zahlen und der Unterstrich (_) folgen. Viele Synthesewerkzeuge begrenzen die Länge von Identifiern auf 32 Zeichen. Nach jeder Anweisung steht ein Apostroph (;). Bei Aufzählungen steht in der Regel ein Komma.

15.3 Typen

Leitungen werden in VHDL durch Signale beschrieben, die deklariert werden müssen. Bei der Deklaration werden Typ und Name des Signals festgelegt. Das kann im Wesentlichen an zwei Stellen geschehen:

- In der Entity werden die Signale deklariert, die verschiedene Entities miteinander verbinden. Diese Signale dienen also als Verbindungsleitungen. Sie sind global definiert.

- In der Architecture werden Signale deklariert, die nur innerhalb dieser Umgebung gebraucht werden. Sie sind in der Architektur lokal sichtbar.

Alle verwendeten Typen müssen vorher deklariert werden. Dies kann auf verschiedene Weise geschehen. Man kann vordefinierte Typen verwenden, die in die Sprache integriert sind. Weiterhin kann man Typen aus kommerziell erhältlichen Packages (z. B. Library IEEE im Package std_logic_1164) verwenden oder sie selbst definieren. Die einfachen Datentypen, also die Skalare, sind in VHDL denen in Programmiersprachen wie C vergleichbar. In Tabelle 15-1 sind die in VHDL immer verfügbaren, vordefinierten Typen aufgelistet.

Tabelle 15-1 In VHDL vordefinierte Typen.

Typ	Beschreibung
boolean	Werte: `true` und `false`
integer	Binärdarstellung: `2#101#`, oktal `8#12#`, hexadezimal `16#1F#`
real	[+|−]*number.number*[E[+|−]*number*]] Bsp.: `1.894E-3`
character	Standard-ASCII-Zeichensatz: `'0'`-`'9'`, `'a'`-`'z'`, `'A'`-`'Z'`
bit	Werte: `'0'` und `'1'`

Ein Digitalsignal kann im einfachsten Fall mit dem Signal-Typ `bit` beschrieben werden, der das Verhalten zeigt, welches durch die boolesche Algebra vorgegeben ist. Die Elemente dieses Typs sind `'0'` und `'1'`. Sie werden in Apostroph eingeschlossen. Die Zuweisung von Signalpegeln erfolgt durch den Operator `<=` wie zum Beispiel die Zuweisung des Wertes 0 an das Signal A: `A <= '0'`. Bei Zuweisungen müssen in VHDL generell die Typen der linken und rechten Seite gleich sein. Also muss A in dem Beispiel auch vom Typ `bit` sein. Aufzählungstypen können durch die folgende Syntax definiert werden:

```
type FARBE is (Rot, Gelb, Blau);
```

Weitere Typen entstehen durch die Verwendung von Untertypen (`subtype`). Sie ermöglichen eine Einschränkung des Bereichs der vordefinierten Typen und werden durch folgende Syntax definiert:

```
subtype KLEINE_BUCHSTABEN is character 'a' to 'z';
subtype ZWEISTELLIGE_ZAHLEN is integer 10 to 99;
```

Wie in anderen Programmiersprachen sind auch zusammengesetzte Typen möglich. Das sind zum einen Arrays, die im Beispiel unten durch die Typen BYTE und MATRIX verdeutlicht werden. Der Bereich des Indexes wird durch 7 `downto` 0 beschrieben, wodurch ein Byte mit 8 Bit entsteht. Zum anderen sind Records möglich. Das ist ein Datentyp, der aus verschiedenen Typen zusammengesetzt ist. Im Beispiel des Typs ZAHL ist das Vorzeichen vom Typ Bit und die beiden Ziffern sind vom Typ Integer.

```
type BYTE is array (7 downto 0) of bit;              -- Array
type MATRIX is array (7 downto 0, 7 downto 0) of bit; -- Array
type ZAHL is                                          -- Record
      Vorzeichen: bit;
      Ziffer1: integer range 0 to 9;
      Ziffer2: integer range 0 to 9;
end record;
```

Der Typ `bit_vector` ist ein Array von Elementen des Typs `bit`. Dieser Typ ist in VHDL vordefiniert. Für die Wertzuweisung hat man zwei Alternativen:

```
A <= "0010";
A <= ('0','0','1','0');
```

Auch der Typ `String`, ein Array vom Typ `Character` ist in VHDL vordefiniert.

Unter Verwendung eines bekannten Typs können dann Signale, Konstanten und die später näher erläuterten Variablen definiert werden:

```
constant EIN: bit: = '0';
variable ADDRESS, INDEX: integer;
signal WORD: bit_vector (7 downto 0);
signal ZAEHLER: integer range 10 to 99;
```

Die Konstantendefinition enthält selbstverständlich eine Zuweisung, hier des Wertes 0. Die beiden letzten Signaldefinitionen schränken den verwendeten Zahlenbereich bzw. die Breite des Vektors ein. Alternativ hätte man auch das Signal ZAEHLER unter Verwendung eines Subtype deklarieren können:

```
subtype ZWEISTELLIGE_ZAHLEN is integer 10 to 99;
signal ZAEHLER: ZWEISTELLIGE_ZAHLEN;
```

15.4 Operatoren

Ausdrücke werden in VHDL mit den in der Tabelle 15-2 aufgeführten Operatoren gebildet. Die Priorität der Operatoren wächst von oben nach unten. Eine andere Reihenfolge muss durch Klammerung deutlich gemacht werden.

Tabelle 15-2 Operatoren.

	VHDL-Operator	Funktion	Typ Operand 1	Typ Operand 2	Typ Ergebnis
Boolesche Operatoren	and	$a \wedge b$	bit, bit_vector, boolean	wie Operand 1	wie Operand 1
	or	$a \vee b$			
	nand	$\neg(a \wedge b)$			
	nor	$\neg(a \vee b)$			
	xor	a exor b			
Vergleichs-Operatoren	=	$a = b$	beliebig	wie Operand 1	boolean
	/=	$a \neq b$			
	<	$a < b$	skalare Typen, diskrete Vektoren	wie Operand 1	
	<=	$a \leq b$			
	>	$a > b$			
	>=	$a \geq b$			
Schiebe-Operatoren	sll, srl	logisch	bit, boolean	integer	wie Operand 1
	sla, sra	arithmetisch			
	rol, ror	rotieren			
additiv-arithmetische Operatoren	+	$a + b$	integer, real	wie Operand 1	wie Operand 1
	–	$a - b$			
	&	a & b zusammen-setzen	bit, bit_vector, character, string	passend	
Vorzeichen-Operatoren	+	$+ a$	integer, real	-	wie Operand 1
	–	$- a$			
multiplikativ-arithmetische Operatoren	*	$a * b$	integer, real	wie links	wie Operand 1
	/	a / b			
	mod	a div b	integer	wie links	
	rem	a mod b			
weitere Operatoren	**	a^b	integer, real	integer	wie Operand 1
	abs	$\mid a \mid$	integer, real	-	
	not	$\neg a$	bit, bit_vector, boolean	-	

Wenn man Operanden mit anderen als den in der Tabelle angegebenen Typen verwenden will, hat man zwei Möglichkeiten. Durch die Verwendung von Packages werden diese Operationen für weitere Typen mit Hilfe des „Overloading" möglich. Mit „Overloading" ist hier die Möglichkeit gemeint, verschiedene Typen mit den gleichen Operatoren zu verknüpfen. Alternativ kann man Typen konvertieren, um einen Operator anwenden zu können. Diese Typkonvertierungen werden auch in Packages zur Verfügung gestellt.

15.5 Entity

In der Entity werden nur die Schnittstellen eines Schaltungsteils definiert. Die Funktionalität wird in einer oder mehreren dazugehörigen Architekturen beschrieben. Eine vereinfachte Syntax der Entity in der Backnus-Naur-Form [38] ist:

```
entity Entity_Name is
  [Generics]
  [Ports]
end [Entity_Name];
```

Die eckigen Klammern in der Backnus-Naur-Form bedeuten, dass das entsprechende Element nicht oder einmal vorkommen darf. Die Verwendung von Generics und Ports wird im folgenden Beispiel eines Addierers deutlich:

```
entity Addierer is
    generic (width: integer);
    port(A,B: in bit_vector(1 to width);
         CIN: in bit;
         F:   out bit_vector(1 to width));
end Addierer;
```

Die Hauptaufgabe der Entity besteht in der Definition der Ports. Ports geben die Signale an, mit denen die einzelnen Entities miteinander verbunden werden. Diese Signale sind aber auch innerhalb der Entity und der dazugehörigen Architektur sichtbar. In obigem Beispiel werden nach dem Schlüsselwort port die Eingangssignale des Addierers A und B vom Typ bit_vector mit dem Modus in definiert. Es sind 4 verschiedene Modi entsprechend Tabelle 15-3 möglich.

Tabelle 15-3 Bedeutung der Modi in der Port-Definition der Entity.

Modus	Funktion	Verwendung in Zuweisungen innerhalb der dazugehörigen Architektur
in	Eingang	nur auf der rechten Seite von Zuweisungen
out	Ausgang	nur auf der linken Seite
inout	bidirektionaler Port	kann beliebig im Code benutzt werden
buffer	Ausgang	einmal links, beliebig oft auf der rechten Seite

Die Breite der Eingangsvektoren wird durch den Ausdruck (1 to width) beschrieben, wobei width ein Generic ist, der den höchsten Index festlegt. Generics sind Konstanten, die an anderer, oft zentraler Stelle des Codes festgelegt werden. Dadurch ist es möglich, universelleren Code zu schreiben.

15.6 Architecture

Die Architecture ist eine Umgebung für nebenläufige Anweisungen. Die Anweisungen sind gleichzeitig wirksam, wie es für eine Digitalschaltung typisch ist. So können zum Beispiel die in Bild 15-1 gezeigten nebenläufigen Signalzuweisungen in der danebenstehenden Schaltung resultieren. Die beiden Zuweisungen sind gleichzeitig aktiv und werden nicht wie in anderen Programmiersprachen sequentiell verarbeitet. Daher ist auch die Reihenfolge im Code beliebig. Dieses Verhalten wird mit nebenläufig bezeichnet.

```
E <= not(A and B)and C)
F <= (B and C)and D
```

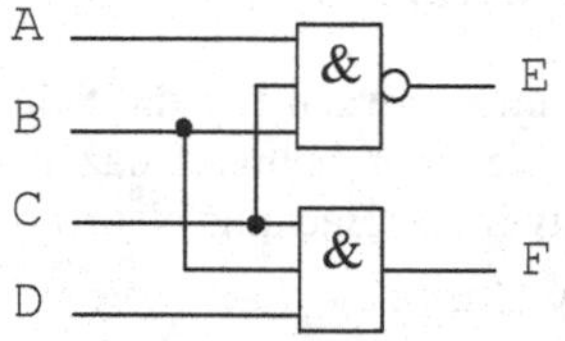

Bild 15-1 Beispiel für nebenläufige Signalzuweisungen und daraus generierte Hardware.

Eine Architecture wird vereinfacht in folgender Syntax beschrieben:

```
architecture Architecture_Name of Entity_Name is
  [Typ_Deklaration]
  [Subtype_Deklaration]
  [Konstanten_Deklaration]
  [Signal_Deklaration]
  [Komponenten_Deklaration]
begin
  [Nebenläufige_Anweisungen]
end [Architecture_Name];
```

Architecture_Name ist ein frei wählbarer Name der Architektur, die der Entity Entity_Name zugeordnet wird. Alle Architekturen, die zu einer Entity gehören, müssen verschiedene Namen haben. Architekturen verschiedener Entities können gleiche Namen haben. Eine Architektur besteht aus einem Deklarationsteil, in dem lokale Signale, Typen, Subtypen, Konstanten und Komponenten deklariert werden können. Die Deklaration von Typen, Subtypen und Signalen wurde in Kapitel 15.3 beschrieben.

Die Funktion der Schaltung wird durch die nebenläufigen Anweisungen definiert. Die wichtigsten nebenläufigen Anweisungen für Verhaltensbeschreibungen sind in Tabelle 15-4 zusammengefasst. Anweisungen, die in Strukturbeschreibungen verwendet werden, sind ebenfalls nebenläufige Anweisungen. Sie werden weiter unten im Kapitel 15.8 beschrieben. Verhaltensbeschreibung und Strukturbeschreibung sind unterschiedliche Stile, in denen Schaltungen beschrieben und entworfen werden können.

Wie der Name sagt, wird in der Verhaltensbeschreibung eine Schaltung durch ihr Verhalten charakterisiert. Die Synthese der realen Schaltung überlässt man den automatischen Entwurfswerkzeugen. Dagegen wird in der Strukturbeschreibung die Schaltung in ihrer Struktur vom Entwickler fest vorgegeben.

Als Beispiel für eine Verhaltensbeschreibung wird im Folgenden der Code für einen Multiplexer gezeigt. In der Entity wird die Schnittstellenbeschreibung für die Eingänge X0, X1, den Selektions-Eingang SEL und den Ausgang Y durchgeführt. Die Funktion wird in der Architektur mit dem Namen VERHALTEN beschrieben. Sie besteht aus der bedingten Signalzuweisung, in der der durch SEL ausgewählte Eingang auf den Ausgang Y durchgeschaltet wird.

```
entity MUX is
    port (X0, X1, SEL: in bit; Y: out bit);
end MUX;

architecture VERHALTEN of MUX is
begin
  Y <= X0 when SEL = '0' else
       X1 when SEL = '1';
end VERHALTEN;
```

Tabelle 15-4 Nebenläufige Anweisungen für die Verhaltensbeschreibung.

Nebenläufige Anweisung	Beispiel
Signalzuweisung	`Z <= A and B;`

Bedingte Signalzuweisung: Zugewiesen wird, wenn die Bedingung, die nach when steht, wahr ist. Die folgenden else-Zweige werden nicht mehr durchlaufen. Schachtelungen sind möglich.	`Z <= A when (X = 0) else`
	`      B when (X = 1) else`
	`      C;`

Selektive Signalzuweisung: Der Wert von SEL (Typ `bit_vector`) bestimmt, welche Zuweisung wirksam wird. Die Alternativen müssen sich ausschließen.	`with SEL select`
	`  Z <= A when ('0','0'),`
	`       B when ('0','1'),`
	`       C when ('1','0'),`
	`       D when ('1','1');`

Prozessanweisung: Umgebung für sequentielle Anweisungen. Wenn sich eines der Signale A oder B in der Sensitivity-List ändert, werden die sequentiellen Anweisungen der Reihe nach ausgeführt. Im Prozess sind Variablendeklarationen möglich (siehe nächstes Kapitel).	`Label: process(A,B)`
	`  variable TEMP: integer;`
	`begin`
	`  [Sequentielle_Anweisungen]`
	`end process;`

15.7 Prozesse

Ein Prozess ist eine nebenläufige Anweisung. Mehrere Prozesse in einer Architektur sind also gleichzeitig aktiv. Innerhalb eines Prozesses werden aber Anweisungen nacheinander, also *sequentiell* bearbeitet. Die Syntax der Prozessumgebung ist:

```
[Label:] process[(Sensitivity_List)]
  [Typ_Deklaration]
  [Subtype_Deklaration]
  [Konstanten_Deklaration]
  [Variablen_Deklaration]
begin
  [Sequentielle_Anweisungen]
end process;
```

Es gibt zwei Alternativen, um das zeitliche Verhalten eines Prozesses zu steuern:

- mit der Sensitivity-List: Die Sensitivity-List ist eine Liste von durch Kommata getrennten Signalen z.B. (CLK, D1, D2). Die sequentiellen Anweisungen werden beim Simulationsbeginn einmal bis zu end process durchgeführt. Dann wird der Prozess unterbrochen, bis sich eines der in der Sensitivity-List stehenden Signale ändert, worauf der Ablauf von neuem beim Schlüsselwort begin beginnt.
- Mit Hilfe von einer oder mehreren Wait-Anweisungen. Die sequentiellen Anweisungen werden der Reihe nach ausgeführt, bis eine Wait-Anweisung erreicht wird. Dann wartet der Prozess solange, bis die in der Wait-Anweisung gegebene Bedingung erfüllt ist. Darauf werden die folgenden sequentiellen Anweisungen weiter ausgeführt. Wenn das Ende des Prozesses erreicht ist, wird wieder von vorne begonnen.

Alle Prozesse können entweder mit einer Sensitivity-List oder mit Wait-Anweisungen geschrieben werden. In Tabelle 15-5 sind die beiden Möglichkeiten gegenübergestellt:

Tabelle 15-5 Zwei gleichwertige Alternativen für die Ablaufsteuerung eines Prozesses.

Prozess mit Sensitivity List	Prozess mit Wait-Anweisung
```process (A, B) begin C <= A and B; end process;```	```process begin C <= A and B; wait on A, B; end process;```

Im Deklarationsteil der Prozessanweisung können Typen, Konstanten und Variablen deklariert werden. Dagegen ist eine Signaldefinition in der Prozess-Umgebung nicht möglich. Signale müssen in der übergeordneten Architektur deklariert werden. Sie sind in Prozessen innerhalb der Architektur sichtbar. Innerhalb von Prozessen nehmen Signale ihren neuen Wert nicht schon bei der Zuweisung an, sondern erst, wenn der Prozess in einen Wartezustand geht. Wartezustände werden, wie oben beschrieben, durch die Sensitivity-List oder durch eine Wait-Anweisung erzeugt. Auch zwei oder mehrere Zuweisungen an das gleiche Signal sind erlaubt. Dann werden alle bis auf die letzte überschrieben. Im folgenden Beispiel wird daher die erste Zuweisung durch die zweite unwirksam, so dass Z den Wert von D bekommt.

```
Z <= A and B;
Z <= D;
```

In Prozessen können Variablen deklariert und initialisiert werden. Sie sind innerhalb des Prozesses lokal zu verwenden. Sie haben wie Signale einen Typ. Sie unterscheiden sich von ihnen aber durch ihr zeitliches Verhalten: Nach einer Zuweisung nimmt die Variable sofort ihren neuen Wert an. Die Zuweisung einer Variablen wird durch das Zeichen := verdeutlicht, im Gegensatz zu <= bei Signalen.

```
C := B
B := A;
A := C;
```

In diesem Beispiel werden durch die sofort erfolgende Wertzuweisung die ursprünglichen Werte der Variablen A und B vertauscht.

Mit den in Tabelle 15-6 aufgelisteten sequentiellen Anweisungen wird die Funktionalität von Prozessen beschrieben.

Tabelle 15-6 Sequentielle Anweisungen.

Sequentielle Anweisung	Beispiel
Signalzuweisung	`Z <= A and B;`
Variablenzuweisung	`Z := A and B;`
Wait-Anweisung Nur in Prozessen ohne Sensitivity-List. wait on: Warten bis sich A oder B ändert wait until: Bis die Bedingung wahr wird	`wait on A,B;` `wait until A = B;`

If-elsif-else-Anweisung
Kann mehrfach geschachtelt werden.
	`if A = '1' then F <= X;`
	`  elsif B = '1' then F <= Y;`
	`  else F <= Z;`
	`end if;`

Case-Anweisung
Alle Fälle müssen aufgezählt werden.
	`case B is`
	`  when "00" => Y := '1';`
	`  when "01" => Y := '0';`
	`  when "10" => Y := '1';`
	`  when "11" => Y := '1';`
	`end case;`

for-loop
für parallele Hardware. Laufvariable: in der Loop-Anweisung lokal, muss nicht deklariert werden, Zuweisungen nicht erlaubt.
	`for I in 7 downto 0 loop;`
	`  C(I):= A(I) and B(I);`
	`end loop;`

while-loop
Laufvariable: muss deklariert werden, Zuweisungen möglich.
	`variable I: integer:= 0`
	`while I<8 loop`
	`  OUT(I) <= IN(I);`
	`  I := I +1;`
	`end loop;`

Als Beispiel für eine sequentielle Schaltungsbeschreibung wird hier der Code für ein synchrones Schaltwerk gezeigt. Es ist die gleiche Aufgabenstellung wie die Ampelsteuerung im Kapitel 8.2. Allerdings wurde ein Eingang RESET ergänzt, mit dem man das Schaltwerk in den Zustand S1 (nur Rot brennt) zurücksetzen kann.

```
entity AMPEL is
    port (RESET, CLOCK: in bit;
    ROT, GELB, GRUEN: out bit);
end AMPEL;

architecture VERHALTEN of AMPEL is
type STATE_TYPE is (S1, S2, S3, S4);
signal CS, NS: STATE_TYPE;
begin
ZUSTANDSSPEICHER: process (CLOCK, RESET)
    begin
      if (RESET='1') then CS <= S1;
      elsif (rising_edge(ClOCK)) then CS <= NS;
      end if;
 end process;
```

```
SCHALTNETZ: process (CS)
begin
  case CS is
    when S1 => NS <= S2;
       ROT <= '1'; GELB <= '0'; GRUEN <= '0';
    when S2 => NS <= S3;
       ROT <= '1'; GELB <= '1'; GRUEN <= '0';
    when S3 => NS <= S4;
       ROT <= '0'; GELB <= '0'; GRUEN <= '1';
    when S4 => NS <= S1;
       ROT <= '0'; GELB <= '1'; GRUEN <= '0';
  end case;
 end process;
end VERHALTEN;
```

Im Deklarationsteil der Architektur wird der Type STATE_TYPE deklariert mit den 4 Zuständen S1 bis S4. Den beiden Signalen CS und NS wird dieser Typ zugeordnet. Diese Signale entsprechen den Aus- und Eingängen an den Zustandsregistern z_i^m und z_i^{m+1}.

In diesem Code werden 2 Prozesse verwendet. Im ersten Prozess mit dem Label „ZUSTANDS-SPEICHER" werden die Flipflops beschrieben. In einer if-else-elsif-Anweisung wird im if-Zweig bei einem Reset der Zustand S1 eingestellt. Der elsif-Zweig enthält das Konstrukt rising_edge (CLOCK), welches bewirkt, dass auf eine steigende Flanke des Signals CLOCK gewartet wird.

Im zweiten Prozess mit dem Label „SCHALTNETZ" werden die Übergänge zwischen den Zuständen S1 bis S4 definiert und die Ausgänge in den jeweiligen Zuständen festgelegt. Da es sich um ein Moore-Schaltwerk handelt, ist dies leicht in einer einzigen Case-Anweisung möglich. Man erkennt, dass beide Prozesse gleichzeitig aktiv sein müssen.

In Bild 15-2 ist die durch ein Synthese-Werkzeug generierte Schaltung zu sehen. Man erkennt, dass vier D-Flipflops verwendet werden, die zu einem Kreis verbunden sind. Beim Reset wird das zweite Flipflop gesetzt, die anderen werden zurückgesetzt. Die 1 des gesetzten Flipflops wird dann durch den Takt wie in einem Eimerkettenspeicher weitergereicht. Die Codierung der Ausgänge kann dann einfach durch zwei ODER-Gatter durchgeführt werden.

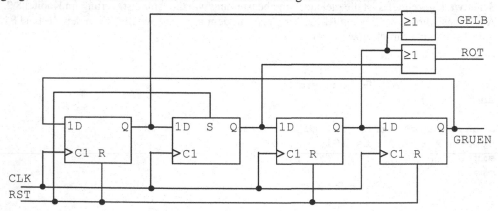

Bild 15-2 Generierte Hardware für die Verhaltensbeschreibung AMPEL.

15.8 Struktureller Entwurf

Ein Entwurfsstil, bei dem die Schaltung aus hierarchisch gegliederten Komponenten zusammengesetzt wird, nennt man strukturellen Entwurf. Dieser Stil kommt dem herkömmlichen, grafisch orientierten Entwurfsstil am nächsten. Man kennt dies vielleicht aus der Netzliste im Netzwerkanalyseprogramm SPICE. Mit einer Netzliste werden Bausteine, in VHDL component genannt, verdrahtet. Nebenläufige Anweisungen für den strukturellen Entwurf sind in der Tabelle 15-7 aufgelistet.

Tabelle 15-7 Nebenläufige Anweisungen für den strukturellen Entwurf.

Nebenläufige Anweisung	Beispiel

Komponenteninstanzierung (struktureller Entwurf). Anschluss eines Bausteins (Component). Die lokalen Ports (local) werden mit der äußeren Schaltung (actuals) verbunden.	`Label: Component_name`
	`  port map (local => actual,`
	`            local => actual);`

Generate-Statement (struktureller Entwurf). Erzeugung periodischer Strukturen. Es werden 8 Instanzen der Komponente D_Flipflop erzeugt.	`Label: for I in 0 to 7 generate`
	`  D_Flipflop port map`
	`  (D(I), Q(I), CLK);`
	`end generate;`

Als Beispiel ist hier der strukturelle Code des gleichen Multiplexers gezeigt, der oben als Verhaltensbeschreibung präsentiert wurde. Die Entity ist daher identisch.

```
entity MUX is
    port (X0, X1, SEL: in bit; Y: out bit);
end MUX;
architecture STRUKTUR of MUX is
signal A,B,C: bit;
component NO_GATE
   port (I: in bit;  O: out bit);
end component;
component AND_GATE
   port (I0, I1: in bit; O: out bit);
end component;
component OR_GATE
   port (I0, I1: in bit; O: out bit);
end component;
begin
Inst1: NO_GATE
   port map (I => SEL, O => A);
Inst2: AND_Gate
   port map (I0 -> X0, I1 => A, O => B);
Inst3: AND_Gate
   port map (I0 => X1, I1 => SEL, O => C);
Inst4: OR_GATE
   port map (I0 => b, I1 => C, O => Y);
end STRUKTUR;
```

Im Code für den Multiplexer werden im Deklarationsteil der Architektur zunächst die internen Signale A, B und C deklariert. Anschließend stehen die Deklarationen der 3 Komponenten NO_GATE, AND_GATE und OR_GATE. Die Architekturen für diese Komponenten können an anderer Stelle stehen. Nach dem Schlüsselwort begin folgen die nebenläufigen Anweisungen, die aus 3 Komponenten-Instanzierungen bestehen. Neben dem Namen der entsprechenden Komponente enthalten sie eine port map, in der die Tore zugeordnet werden. Die generierte Hardware mit den entsprechenden Verbindungen ist in Bild 15-3 gezeigt.

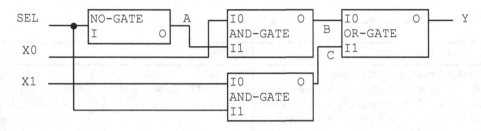

Bild 15-3 Generierte Hardware für den strukturellen Code MUX.

15.9 Busse

Auch Bussysteme, die mit Tristate-Gattern arbeiten, können in VHDL modelliert werden. Das Problem ist, dass bei Bussen mehrere Treiber-Ausgänge auf ein Signal wirken. Es gibt also mehr als eine Zuweisung auf ein Signal. Man benötigt für die Lösung dieses Problems ein mehrwertiges Logiksystem. Es bietet sich an, die in der Package STD_LOGIC_1164 enthaltenen Datentypen std_logic und std_logic_vector zu verwenden. Das sind 9-wertige Datentypen, die besser das Verhalten einer realen Digitalschaltung beschreiben, als das 2-wertige System bit und bit_vector (Tabelle 15-8). Es sind in diesen Datentypen Werte für einen hochohmigen Ausgang und für nicht initialisierte Zustände von Flipflops vorhanden. Außerdem gibt es schwache, das heißt über einen Widerstand anliegende digitale Werte 0 und 1. Diese werden durch eine erzwungene 1 und 0 überschrieben.

Tabelle 15-8 Logiksystem std_logic in der Package STD_LOGIC_1164.

Wert	Beschreibung	Wert	Beschreibung
'U'	nicht initialisiert	'W'	schwach unbekannt
'X'	erzwungen unbekannt	'L'	schwache 0
'0'	erzwungene 0	'H'	schwache 1
'1'	erzwungene 1	'-'	don't care
'Z'	hochohmig		

Wie wird nun mit bei einer doppelten Wertzuweisung auf ein Bus-Signal umgegangen? Die Antwort liegt in einer Auflösungsfunktion, mit der der endgültige Wert auf dem Bus berechnet wird. Diese Auflösungsfunktion ist hier für 2 Signale A und B dargestellt. Sie ist ebenfalls in der

Package STD_LOGIC_1164 enthalten. Man erkennt zum Beispiel, dass wenn ein Signal hochohmig 'Z' ist, das andere Signal durchgeschaltet wird.

Tabelle 15-9 Auflösungsfunktion für den Datentyp std_logic.

		Signal A								
		'U'	'X'	'O'	'1'	'Z'	'W'	'L'	'H'	'-'
Signal B	'U'	'U'	'U'	'U'	'U'	'U'	'U'	'U'	'U'	'U'
	'X'	'U'	'X'	'X'	'X'	'X'	'X'	'X'	'X'	'X'
	'O'	'U'	'X'	'O'	'X'	'O'	'O'	'O'	'O'	'X'
	'1'	'U'	'X'	'X'	'1'	'1'	'1'	'1'	'1'	'X'
	'Z'	'U'	'X'	'O'	'1'	'Z'	'W'	'L'	'H'	'X'
	'W'	'U'	'X'	'O'	'1'	'W'	'W'	'W'	'W'	'X'
	'L'	'U'	'X'	'O'	'1'	'L'	'W'	'L'	'W'	'X'
	'H'	'U'	'X'	'O'	'1'	'H'	'W'	'W'	'H'	'X'
	'-'	'U'	'X'	'X'	'X'	'X'	'X'	'X'	'X'	'X'

Als Beispiel für einen bidirektionalen Bus wird hier die VHDL-Beschreibung eines Schnittstellenbausteins gezeigt, die die beschriebene Auflösungsfunktion aus der Package STD_LOGIC_1164 verwendet.

```
library IEEE;
use IEEE.std_logic_1164.all;
entity TRI_BUS is
  port(SEND, OEN: in std_logic;
       RECEIVE: out std_logic;
       BUS:    inout std_logic);
end TRISTATEBUS;

architecture VERHALTEN of TRI_BUS is
begin
 process (OEN, SEND, BUS)
  begin
    RECEIVE <= BUS;
    if (OEN = '1') then BUS <= SEND;
    else BUS <= 'Z';
    end if;
 end process;
end VERHALTEN;
```

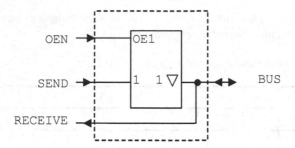

Bild 15-4 Schaltung des Schnittstellenbausteins.

Die Bibliothek wird mit den ersten beiden Zeilen vor der Entity eingebunden. Damit ist der Typ auch in der zugehörigen Architektur bekannt. Das Bus-Signal ist mit dem Modus `inout` deklariert, so dass man auf den Bus schreiben als auch von ihm lesen kann. In der Architektur wird dem Signal BUS, je nach dem Wert des Signals Output Enable OEN der Wert des Signals SEND oder das für einen hochohmigen Ausgang stehende `'Z'` zugewiesen. Der Typ `std_logic` wird sehr häufig für Digitalsignale verwendet. Die Schaltung ist in Bild 15-4 verdeutlicht.

15.10 Übungen

Aufgabe 1: Welche Aufgaben haben Entity und Architecture in einer VHDL-Beschreibung?

Aufgabe 2: Welche Werte haben die Variablen C und D sowie die Signale A und B nach dem folgenden Code, der sich in einem Prozess befindet?

```
C := D;
D := C;
A <= B;
B <= A;
```

Aufgabe 3:

    a)   An welcher Stelle steht der Deklarationsteil in einem Prozess?

    b)   Zwischen welchen Schlüsselwörtern steht der Deklarationsteil in einer Architektur?

Aufgabe 4: Geben Sie die boolesche Gleichung an, die durch den folgenden Code beschrieben wird. Alle Signale sind vom Typ `bit`.

```
process (A,B,X,Y,Z)
begin
    if A = '1' then F <= X;
    elsif B = '1' then F <= Y;
    else F <= Z;
    end if;
end process;
```

16 Mikroprozessoren

16.1 Prinzip kooperierender Schaltwerke

Schaltwerke mit sehr vielen inneren Zuständen, die zusätzlich von einer Vielzahl von Eingängen abhängig sind, können mit den bisher gezeigten Methoden nur schwer entwickelt werden. Die Schwierigkeit liegt im großen Umfang der benötigten Zustandsfolgetabelle. Prinzipiell können daher mit den in diesem Buch beschriebenen Entwurfsverfahren nur einfache Schaltwerke konzipiert werden.

Eine Lösungsmöglichkeit des Problems sind kooperierende Schaltwerke, bei denen man das Schaltwerk in ein Operationswerk und ein Leitwerk aufteilt. Diese können dann getrennt entwickelt werden. In Bild 16-1 ist eine derartige Struktur dargestellt. Das Operationswerk kann mit dem Steuerbus s_i so konfiguriert werden, wie es der jeweiligen Aufgabe entspricht. So kann zum Beispiel die in Kapitel 12.5 behandelte ALU als ein einfaches Operationswerk verstanden werden. Der Zustandsbus z_i gibt Informationen über die Ergebnisse aus dem Operationswerk an das Leitwerk weiter.

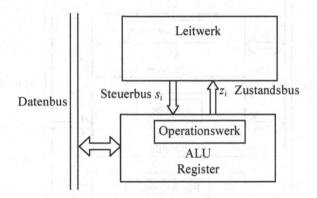

Bild 16-1 Aufbau eines kooperierenden Schaltwerks.

Operationswerke enthalten in der Regel eine arithmetisch-logische Einheit (ALU) sowie Register zum Speichern der Variablen. Mit dem Operationswerk können daher eine Vielzahl von Problemen bearbeitet werden. Das Leitwerk leistet die Koordinierung der im Operationswerk durchzuführenden Operationen. Es kann zum Beispiel als Schaltwerk aufgebaut sein.

16.2 Der Von-Neumann-Rechner

Das Konzept des Von-Neumann-Rechners ist eine Erweiterung des oben dargestellten kooperierenden Schaltwerks. Der Von-Neumann-Rechner beinhaltet die Trennung des Schaltwerks in ein Leit- und ein Operationswerk. Darüber hinaus wird beim Von-Neumann-Rechner das Leitwerk durch ein Software-Programm gesteuert, dass die Folge der Operationen enthält. Damit wird eine noch größere Flexibilität erreicht, da man durch die Verwendung eines anderen Programms ein anderes Problem bearbeiten kann. Das Programm wird, gemeinsam mit den vom Operationswerk

© Springer Fachmedien Wiesbaden GmbH, ein Teil von Springer Nature 2023
K. Fricke, *Digitaltechnik*, https://doi.org/10.1007/978-3-658-40210-5_16

benötigten Daten, in einem Speicher gespeichert. Daher ist ein Bussystem vorhanden, welches es erlaubt, die Daten und die Befehle des Programms aus dem Speicher zu holen und Daten in den Speicher zu schreiben. Das Programm, welches vom Mikroprozessor ausgeführt wird, heißt Maschinenprogramm, die auszuführenden Befehle heißen Maschinenbefehle. In der Praxis entsteht das Maschinenprogramm oft durch eine Übersetzung aus dem Assemblercode, der weiter unten beschrieben wird.

Das Prinzip des Von-Neumann-Rechners ist in Bild 16-2 dargestellt. Die Verbindung zwischen den Baugruppen wird durch drei Busse hergestellt. Auf dem Datenbus werden die Daten und die Befehle transportiert, der Adressbus gibt die Information weiter, wo die Daten und Befehle im Speicher zu finden sind. Über den Steuerbus werden Signale geleitet, die zum Beispiel den Speicher zwischen Lesen (RD) und Schreiben (WR) umschalten. Die Begriffe Lesen und Schreiben sind jeweils aus der Sicht des Mikroprozessors zu interpretieren. Auch das Taktsignal, das dem gesamten Prozessor gemeinsam ist, gehört zum Steuerbus.

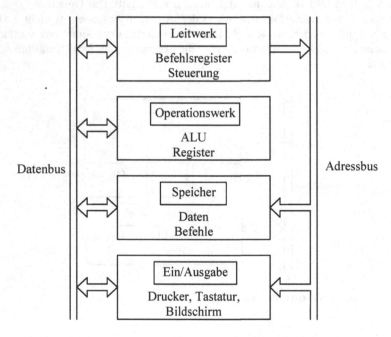

Bild 16-2 Grundstruktur des Von-Neumann-Rechners. Der Steuerbus, der alle Bausteine miteinander verbindet, ist nicht gezeigt.

Man hat mit dem Mikroprozessor einen Universalbaustein geschaffen, der mit Hilfe der Software an viele Problemstellungen angepasst werden kann. Dadurch findet der Mikroprozessor Anwendung in vielen Produkten. Im Folgenden werden die Baugruppen des Von-Neumann-Rechners genauer beschrieben. Der eigentliche Mikroprozessorchip beinhaltet in der Regel das Leitwerk und das Operationswerk. Zusammen mit einem Speicher und den Baugruppen der Ein- und Ausgabe bildet er einen Computer oder Rechner. Bei so genannten Mikrocontrollern sind auf dem Chip zusätzlich die Speicher (RAM und ROM), Ein- und Ausgabeeinheiten und oft auch Analog/Digitalwandler integriert.

16.2.1 Operationswerk

Das Operationswerk beinhaltet in der Regel die ALU und einen Registerblock für die Speicherung von Zwischenergebnissen, wie es bereits oben besprochen wurde. Die Architektur von Operationswerken kann mehr oder weniger auf eine spezielle Anwendung zugeschnitten sein. Der Von-Neumann-Rechner ist für nahezu alle arithmetisch-logisch orientierten Problemstellungen geeignet, es gibt aber auch Operationswerke für spezielle Aufgaben. Zum Beispiel gibt es Prozessoren, die für die Signalverarbeitung optimiert sind, so genannte Digitale Signalprozessoren (DSP = Digital Signal Processor). Sie eignen sich zum Beispiel dafür, eine FFT (Fast-Fourier-Transformation) effizient auszuführen.

Ein typischer Aufbau für eine universelle Register-Arithmetik-Einheit ist in Bild 16-3 dargestellt. Sie besteht aus zwei Registern A und B. Das Register A wird oft als Akkumulator bezeichnet. Es nimmt einen der Operanden und anschließend das Ergebnis der Operation auf.

Mit der dargestellten Einheit können logische Operationen, Addition und Subtraktion durchgeführt werden. Für die Multiplikation und Division kann das Rechts-Links-Schieberegister verwendet werden. Im Flag-Register werden Informationen über das Ergebnis der arithmetischen Operationen festgehalten. So zeigt ein bestimmtes Bit im Flag-Register an, ob das Ergebnis gleich 0 ist, ein anderes zeigt an, ob es einen Übertrag (Carry) gab. Der Inhalt des Flag-Registers kann als Bedingung für Programmverzweigungen verwendet werden.

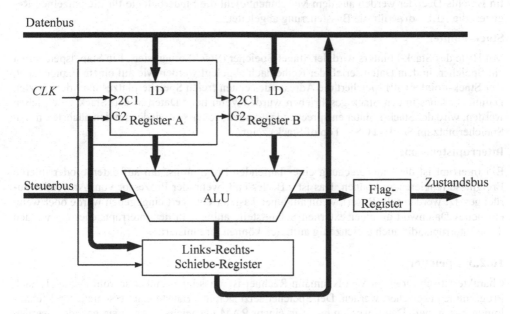

Bild 16-3 Typische busorientierte Register-Arithmetik-Einheit.

16.2.2 Leitwerk

Man unterscheidet zwischen Leitwerken, die als Schaltwerk aufgebaut sind und mikroprogrammgesteuerten Leitwerken. Die ersteren sind schneller. Sie werden bevorzugt eingesetzt, wenn nur eine geringe Anzahl von Befehlen realisiert werden muss. Dies trifft für RISC (reduced instruction set computer) zu. Mikroprogrammgesteuerte Leitwerke sind sehr flexibel, sie können leicht an verschiedene Anwendungsfälle angepasst werden. Auf der anderen Seite sind sie langsamer, da der Befehl erst aus einem Speicher geholt werden muss.

Im Leitwerk werden Maschinen-Befehle verarbeitet. Sie bestehen in der Regel aus zwei Teilen, dem Befehlscode (Operationscode oder Opcode) und einem oder mehreren Operanden. Der Befehlscode sagt, welche Operation durchgeführt werden soll, der Operand enthält Daten oder Adressen, unter denen Daten zu finden sind. Das Leitwerk eines Mikroprozessors besteht aus den folgenden Komponenten:

Befehlszähler (Program-Counter)

Der Befehlszähler oder Program-Counter (PC) ist ein Register im Rechner, welches die Adresse des nächsten auszuführenden Maschinen-Befehls enthält. Um einen Befehl aus dem Speicher zu holen, wird der Inhalt des Befehlszählers auf den Adressbus gelegt, worauf der Speicher auf dem Datenbus den Befehlscode sendet. Nachdem der Operationscode eines Befehls aus dem Speicher geholt wurde, wird der PC erhöht und zeigt dann auf den nächsten Befehl.

Befehlsregister

Im Befehlsregister wird der Maschinen-Befehl zwischengespeichert, nachdem er aus dem Speicher geholt wurde.

Befehls-Decoder

Im Befehls-Decoder werden aus dem Maschinenbefehl die Steuerbefehle für die einzelnen Register, die ALU sowie für die Bussteuerung abgeleitet.

Stack-Pointer

Mit Hilfe des Stack-Pointers wird der Stapel-Speicher (Stack) organisiert. Ein Stapelspeicher ist ein Speicher, in dem Daten seriell der Reihe nach abgelegt werden wie auf einem Papierstapel. Der Stack-Pointer (SP) speichert die Adresse des ersten freien Speicherplatzes über dem letzten Datum, welches in den Stack geschrieben wurde. Wenn neue Daten in den Stack geschrieben werden, wird der Stack-Pointer entsprechend verändert, so dass er wieder auf den nächsten freien Speicherplatz im Stack (TOS = Top of Stack) zeigt.

Interruptsteuerung

Ein Interrupt ist die Unterbrechung eines laufenden Programms, um auf externe oder interne Ereignisse reagieren zu können. Das ist z.B. der Fall, wenn der Prozessor vom Anwender zurückgesetzt werden soll (Reset), wenn auf einer Tastatur ein Wert eingegeben wurde oder wenn ein neues Datenwort an einer externen Schnittstelle anliegt. In der Interruptsteuerung werden diese Interrupts, die auch gleichzeitig auftreten können, organisiert.

16.2.3 Speicher

Charakteristisch für einen Von-Neumann-Rechner ist, dass im Speicher sowohl Daten als auch Programme gespeichert werden. Der Speicher setzt sich aus Bausteinen verschiedener Technologien zusammen. Daten werden meist in einem RAM gespeichert, wenn sie geändert werden müssen. Das Betriebssystem oder Teile davon werden oft in einem ROM oder EEPROM gespeichert.

16.2.4 Ein- und Ausgabe

Ein- und Ausgabeeinheiten sind Peripheriegeräte wie Drucker, Bildschirm, Datennetze, externe Festplatten, Tastatur, Maus usw.

16.2.5 Betrieb

Im normalen Betrieb wird der Befehl, dessen Adresse im Befehlszähler steht, aus dem Speicher geholt und dann ausgeführt. Anschließend wird die Adresse des nächsten Befehls ermittelt. Das ist im Normalfall die Adresse des Befehls der als nächstes im Speicher steht. Anders wird bei Sprungbefehlen vorgegangen. Hier wird die Adresse des Sprungziels in den Befehlszähler geladen. Die Adresse des Sprungziels ist im Operanden des Sprungbefehls enthalten.

Der normale Betrieb mit fortwährendem Holen und Ausführen von Befehlen kann aber auch unterbrochen werden. Dies ist nötig, um dem Rechner von außen Informationen mitzuteilen. Beispiele hierfür sind zum Beispiel bei Steuerungsrechnern, wenn sich ein Sensorsignal geändert hat, beim PC, wenn eine Taste auf der Tastatur betätigt wurde, oder bei der Steuerung einer Waschmaschine, wenn der richtige Füllstand erreicht wurde. Dann wird über eine spezielle Leitung, die Interrupt-Leitung, ein Interrupt ausgelöst. Er bewirkt, dass das normale Programm unterbrochen wird und stattdessen eine spezielle Interrupt-Service-Routine (ISR) abgearbeitet wird, in der auf das durch den Interrupt signalisierte Ereignis reagiert wird. Danach wird wieder der normale Betrieb aus wiederholtem Holen und Abarbeiten von Befehlen aufgenommen.

Die Ausführung von Befehlen und die Interrupt-Bearbeitung werden weiter unten detailliert beschrieben.

16.3 Architektur des ATmega16

Der Aufbau eines Mikroprozessors wird hier am Beispiel des weit verbreiteten Mikrocontrollers ATmega16 der Firma Microchip beschrieben [48]. Mikrocontroller sind spezielle Bausteine für die Steuer- und Regelungsaufgaben, die neben einem Mikroprozessor die digitalen Speicher (ROM, RAM, EEPROM) und auch spezielle Schnittstellen für In- und Output digitaler und analoger Größen auf einem Chip enthalten. Der zur AVR-Produktfamilie gehörende ATmega16 dient hier als ein Beispiel für einen Mikroprozessor für 8 Bit Daten. Es stehen der grundlegende Aufbau und die Funktionsweise eines Mikroprozessors im Vordergrund. Es sollen darauf aufbauend die Grundzüge der Assemblerprogrammierung vermittelt werden. Die umfangreichen Möglichkeiten eines Mikrocontrollers werden nur kurz gestreift. Für die Nutzung dieser zusätzlichen Ressourcen wie digitale Ein- und Ausgänge, Zeitgeber (Timer), AD-Wandler usw. wird daher auf die weitergehende Literatur verwiesen [44-48].

Der ATmega16 ist abweichend von der von Neumann-Architektur in einer Havard-Architektur aufgebaut (Bild 16-4). In dieser Architektur sind Programm- und Datenspeicher getrennt und durch eigene Busse mit dem Prozessor verbunden. Da nun das Holen eines Befehls gleichzeitig mit dem Laden oder Speichern eines Datums erfolgen kann, arbeitet der Prozessor etwa doppelt so schnell wie ein Prozessor mit einer von Neumann-Architektur. Der ATmega16 ist ein 8-Bit-Prozessor, das heißt, dass der Datenbus 8Bit breit ist.

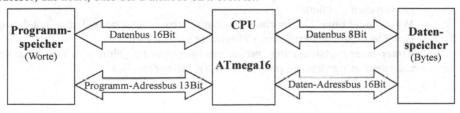

Bild 16-4 Havard-Architektur des ATmega16.

Die Programme werden im Programmspeicher abgespeichert, wobei unter jedem Speicherplatz ein Wort (16Bit) abgespeichert wird. Die Adressen des Programmspeichers sind 13Bit breit, das entspricht einem adressierbaren Adressraum von 8K Worten. Der Programmspeicher ist als nichtflüchtiger Flash-Speicher aufgebaut.

Die Betriebsspannung ist 2,7 – 5,5V. Da Mikrocontroller bevorzugt für Aufgaben in der Regel- und Steuerungstechnik sowie in der Nachrichtentechnik eingesetzt werden, sind auf dem Chip parallele und serielle Schnittstellen, flüchtige und nichtflüchtige Speicher integriert. Der AT-mega16 hat außerdem mehrere Timer und einen 8-Kanal-AD-Wandler mit 10Bit Auflösung. Mehrere Interrupts dienen der Reaktion auf externe Ereignisse. Der Prozessor kann maximal mit 16MHz Taktfrequenz betrieben werden.

Der Aufbau des ATmega16 ist in Bild 16-5 gezeigt. Man erkennt die folgenden Komponenten:

- Der **Program-Counter**, **Befehlsregister, Befehlsdecoder** und die **Interrupt-Steuerung** bilden das Leitwerk. Die **Interrupt-Steuerung** ist verantwortlich für die Bearbeitung von Interrupts. Der **Registerblock**, die **ALU** und das Flag-Register **SREG** ergeben das Operationswerk. Leitwerk und Operationswerk zusammen werden auch **CPU** (Central Processing Unit) genannt

- Der Programmspeicher ist in Flash-Technologie (**Flash**) aufgebaut. Er bietet Platz für 16KByte Programm.

- Das statische RAM (**SRAM**) mit 1KByte und das **EEPROM** mit 512Bytes sind die auf dem Chip integrierten Speicher für Daten.

- **Port A**, **Port B**, **Port C** und **Port D** sind multifunktionale digitale Schnittstellen mit einer Breite von jeweils 8Bit z.B. für die Kommunikation mit Sensoren und Aktoren. Die Funktion dieser Anschlüsse ist oft doppelt belegt.

- Ein **8-Kanal-10-Bit-AD-Wandler** mit wahlweise symmetrischen und asymmetrischen Eingängen.

- Die seriellen Schnittstellen **TWI** (Two-Wire-Serial Interface) und **SPI** (Serielles Peripherie-Interface) und **USART** (Universal Synchronous and Asynchronous Serial Receiver and Transmitter) dienen dem Aufbau von Schnittstellen (z.B. RS 232 oder Kommunikation mit anderen Prozessoren). Das 16-Bit-**Timer-System** dient der Ausführung von zeitlich definierten Vorgängen und entlastet so den Prozessor von Zeitmessaufgaben. Es besteht aus:
  - **Zeitgeber**: Zwei 8Bit-Timer und ein 16Bit-Timer mit programmierbarem Vorteiler. Sie haben einen Output-Compare-Modus, um definierte digitale Ausgangsmuster erzeugen zu können, wie sie zum Beispiel bei der Pulsweitenmodulation benötigt werden und einen Input-Capture-Modus um externe Ereignisse mit einem Zeitstempel versehen zu können.
  - **Watchdog-Timer**: Es gibt einen programmierbaren Watchdog-Timer, mit dem der korrekte Ablauf des Programms überwacht werden kann.
  - **Timer-Interruptsteuerung**: produziert Interrupts bei Timerüberlauf, kann aber auch genutzt werden, um periodisch Interrupts zu erzeugen.

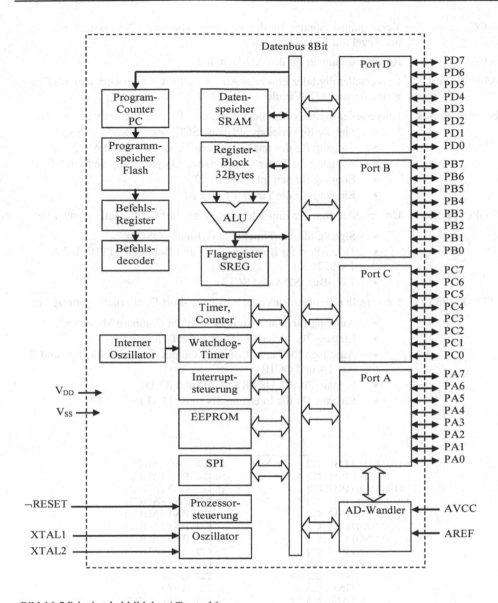

Bild 16-5 Prinzipschaltbild des ATmega16.

16.3.1 Anschlüsse des ATmega16

Der ATmega16 hat die folgenden Anschlüsse (Bild 16-6):

V_{DD}, V_{SS}	Versorgungsspannung und Erde
¬RESET	Mit einem Low kann der Prozessor in einen Grundzustand zurückgesetzt werden.
XTAL1, XTAL2	Anschlüsse für den Schwingquarz

AVCC	Versorgungsspannung für den Prozessor und den AD-Umsetzer, wird in der Regel mit V_{DD} verbunden.
AREF	Referenzspannung für den AD-Wandler
PA7-PA0, Port A	Universeller digitaler Ein- oder Ausgangs-Port A oder alternativ als Eingänge für den AD-Wandler (ADC7-ADC0) verwendet.

PB7-PB0, Port B   Universeller digitaler Ein- oder Ausgangs-Port B, alternativ genutzt für:
- Signale für seriellen SPI-Bus (SCK, MOSI, MISO, ¬SS),
- Eingang für den analogen Vergleicher AIN1 und AIN2,
- Ausgang für Timer/Counter0 und Output Compare Match OC0
- Eingang für den Interrupt INT2
- Eingang für die Timer T1 und T0

PC7-PC0, Port C   Universeller digitaler Ein- oder Ausgangs-Port C, alternativ genutzt für:
- Signale für den Timer (TOSC1 und TOSC2),
- JTAG-Port für Boundary Scan und Debugging (TDI, DTO, TMS, TCK)
- TWI-Bus (SDA und SCL)

PD7-PD0, Port D   Universeller digitaler Ein- oder Ausgangs-Port D, alternativ genutzt für:
- Ausgang für Timer/Counter2 Output Compare Match OC2
- Eingang für Timer/Counter1 Input Capture ICP1
- Ausgänge für Timer/Counter1 Output Compare Match A und B (OC1A und OC1B)
- Signale für den USART (TXD und RXD),
- Eingang für die Interrupts INT0 und INT1

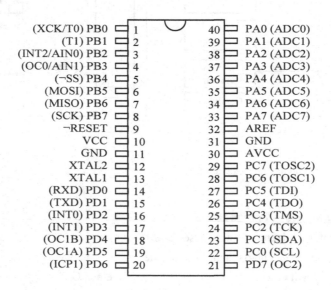

Bild 16-6 Anschlüsse des ATmega16 (PDIP-Package).

16.3.2 CPU-Register

Die CPU-Register, die in Bild 16-7 abgebildet sind, dienen im Wesentlichen der Speicherung von Operanden und Adressen. Die meisten Befehle des ATmega16 arbeiten mit dem Registersatz r0 bis r31, in dem 8-Bit-Operanden gespeichert werden können. Die Register sind Ziel oder Quelle für arithmetische Operationen und werden für die Adressierung benötigt. Eine besondere Rolle nehmen die Register r26, r27 und r28, 29 sowie r30, r31 ein, die paarweise die Indexregister X, Y und Z ergeben. Sie sind vorzugsweise für die Speicherung von 16Bit-Adressen vorgesehen. Durch ihre Breite von 16Bit können sie einen Adressraum von maximal 64K adressieren. Sie werden für eine besondere Adressierungsart verwendet, die indizierte Adressierung. Das Register mit der niedrigeren Adresse speichert jeweils das Low-Byte, während das Register mit der höheren Adresse jeweils das High-Byte der Adresse speichert.

Zusätzlich besitzt der Mikrocontroller 64 Register (I/O-Register) zur Steuerung der Peripherie zu der Timer, Ports, AD-Wandler und die Schnittstellen gehören.

Bereits oben wurde der Programm-Zähler (PC) erwähnt, der eine Breite von 13Bit hat. Er enthält die Adresse des nächsten auszuführenden Befehls. Er wird nach der Ausführung eines Befehls um die Anzahl der Worte des Befehls erhöht. Ausnahme davon sind Sprungbefehle, die bewirken, dass das Sprungziel in den PC geladen wird. Danach wird der Befehl am Sprungziel ausgeführt.

Der 16-Bit Stack-Pointer wird in ein Low-und ein High-Byte unterteilt. Er enthält die Adresse des obersten freien Platzes im Stack (Top of Stack, TOS). Register, die die Adresse eines Datums enthalten, wie der Stack-Pointer oder der Befehlszähler, werden Pointer genannt.

	7	0	Adr.	
	r0		$00	
	r1		$01	
	r2		$02	
	r3		$03	
	...			
	r13		$0D	
	r14		$0E	
	r15		$0F	
Registersatz	r16		$10	
	r17		$11	
	...			
	r26		$1A	X-Register Low-Byte
	r27		$1B	X-Register High-Byte
	r28		$1C	Y-Register Low-Byte
	r29		$1D	Y-Register High-Byte
	r30		$1E	Z-Register Low-Byte
	r31		$1F	Z-Register High-Byte

	7		0
Statusregister SREG	I T H S V N Z C		

Bild 16-7 CPU-Register des ATmega16

Das Status-Register SREG wird auch Flag-Register genannt. Es enthält neben den Flags für die arithmetischen Operationen das I-Bit, das für die Steuerung von Interrupts des Prozessors benötigt wird.

Bit Flag Beschreibung

0   C   **Carry-Flag**: Carry oder Borrow vom MSB. Bei der Addition ist $C = c_n$, bei der Subtraktion ist $C = \neg c_n$.

1   Z   **Zero**. Das Zero-Flag wird gesetzt, wenn alle Bits des Ergebnisses gleich 0 sind.

2   N   **Negative**. Dieses Bit ist äquivalent zu Bit 7 des Ergebnisses einer Operation.

3   V   **Overflow**. Überlauf wie in Kapitel 2 dargestellt. Bedingung dafür ist, dass $c_n \neq c_{n-1}$ gilt. V zeigt ein falsches Vorzeichen bei einer Zweierkomplement-Operation an.

4   S   **Sign-Bit**. Dieses Bit ergibt sich aus der Operation $S = N \leftrightarrow V$

5   H   **Half Carry**. Dieses Flag zeigt einen Übertrag h aus Bit 3 an. Es dient der BCD-Arithmetik.

6   T   **Bit Copy Storage**. Dieses Bit dient als Zwischenspeicher. Mit speziellen Befehlen, die hier nicht weiter erläutert werden, können Bits aus dem Registerfile in das T-Bit kopiert werden.

7   I   **I-Bit**. Mit diesem Bit können die Interrupts gesperrt werden.

16.3.3 Programm-Speicher

Der Programmspeicher (Bild 16-8) ist in Flash-Technologie aufgebaut. Er bietet Platz für 16KByte Programmcode. Da die Befehle des ATmega16 entweder 1 oder 2 Worte lang sind, ist der Speicher so organisiert, dass in jedem Speicherplatz ein Wort gespeichert wird. Der Adressbereich (8K × 16Bit) geht von $0000 bis $1FFF. Dieser Adressbereich kann durch den Programm-Counter mit der Breite von 13 Bit adressiert werden. Der nichtflüchtige Speicher kann bis zu 10000mal beschrieben und gelöscht werden.

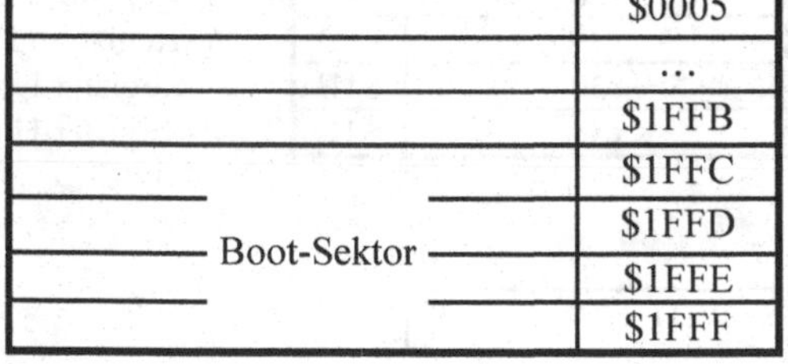

Bild 16-8 Mapping des Programmspeichers des ATmega16

Der Flash-Programmspeicher besteht aus zwei Bereichen. Im oberen Bereich steht der eigentliche Programmcode. Im unteren Bereich, dem Boot-Sektor, kann ein sogenannter Bootloader abgelegt werden. Der Beginn dieses Bereichs wird mit Fuse-Bits festgelegt, die nur über ein Programmiergerät verändert werden können. Wird eine Bootsektion eingerichtet, startet der ATmega16 nach einem Reset an der Startadresse dieses Boot-Bereichs. Mit dem dort abgelegten Programm, welches man Bootloader nennt, wird eine Kommunikation z.B. mit dem PC hergestellt und der Programmcode neu geschrieben. Dies ist sehr nützlich, um bei fertigen Produkten dem Kunden ein Firmware-Update ohne Programmiergerät zu ermöglichen.

16.3.4 Daten-Speicher

Das statische RAM (SRAM) mit 1KByte und das EEPROM mit 512Bytes Inhalt sind die auf dem Chip integrierten Speicher für Daten.

Der Registerblock (Bild 16-9) für die universell verwendbaren CPU-Register liegt im Adressbereich $0000 bis $001F. Im anschließenden Adressbereich von $0020 bis $005F liegen die I/O-Register. In diesen Registern wird die Information gespeichert, wie die Schnittstellen arbeiten, wie der AD-Wandler konfiguriert ist, wie die Timer geschaltet sind usw. Hier wird auf diese Register nicht weiter eingegangen. Sie sind aber von großer Wichtigkeit, wenn mit den erwähnten Ressourcen gearbeitet wird. Die I/O-Register können mit einer besonderen Adressierungsart angesprochen werden. In dieser Adressierungsart wird die alternative Adresse2 in Bild 16-9 verwendet, die um $20 niedriger ist. Der Bereich von $0060 bis $045F ist für die Datenspeicherung frei verfügbar.

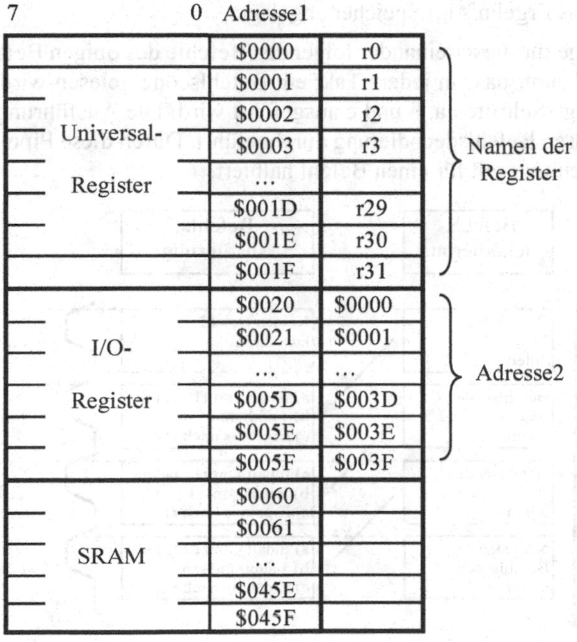

7	0	Adresse1		
		$0000	r0	
		$0001	r1	
		$0002	r2	
Universal-		$0003	r3	Namen der
Register		...		Register
		$001D	r29	
		$001E	r30	
		$001F	r31	
		$0020	$0000	
I/O-		$0021	$0001	
		...	...	Adresse2
Register		$005D	$003D	
		$005E	$003E	
		$005F	$003F	
		$0060		
		$0061		
SRAM		...		
		$045E		
		$045F		

Bild 16-9 Mapping des Datenspeichers des ATmega16.

16.3.5 Funktionsabläufe bei der Befehlsausführung

Im normalen Betriebszustand führt ein Prozessor eine immer wiederkehrende Folge von Schritten durch. Es wird fortwährend ein Befehl aus dem Speicher geholt und dann abgearbeitet. Im Normalfall werden die Befehle in der Reihenfolge bearbeitet, in der sie im Speicher stehen. Die Ausführung einer Befehlsfolge soll an Hand des folgenden Beispiels erläutert werden:

```
Befehl          ;Kommentar

INC r10         ;inkrementiere Register r10
ADD r11,r15     ;addiere r11 und r12, speichere Ergebnis in r11
DEC r12         ;dekrementiere r12
```

In diesem Beispiel dient der Befehl `INC r10` zum Inkrementieren des Inhaltes des Registers r10 und der Befehl `DEC r12` zum Dekrementieren des Inhaltes von r12. Der Befehl `ADD r11,r15` bewirkt, dass der Inhalt des Registers r11 und der des Registers r15 addiert und das Ergebnis in r11 abgespeichert wird.

Beim ATMega16 wird zur Abarbeitung der Befehle eine Befehls-Pipeline verwendet. Bei einer Pipeline wird ein Befehl in mehreren Takten ausgeführt, wie es bei der Fließbandproduktion in der Industrie üblich ist. In der 2-stufigen Pipeline des ATmega16 wird in einem Takt gleichzeitig

- ein Befehl aus dem Programm-Speicher geholt und
- der vorhergehende Befehl ausgeführt. Dafür werden die
  - a) Operanden aus dem Speicher geholt,
  - b) das Ergebnis in der ALU berechnet und
  - c) das Ergebnis im Speicher abgelegt.

Die zeitliche Abfolge für die aufeinander folgenden Befehle des obigen Beispiels ist im Bild 16-10 gezeigt. Man erkennt, dass in jedem Takt ein Befehlscode gelesen wird und ein Befehl mit den drei Ausführungs-Schritten a, b und c ausgeführt wird. Die Ausführung eines Befehls wird einen Takt nach dessen Befehlsdecodierung durchgeführt. Durch diese Pipelinebearbeitung wird die mittlere Verarbeitungszeit für einen Befehl halbiert.

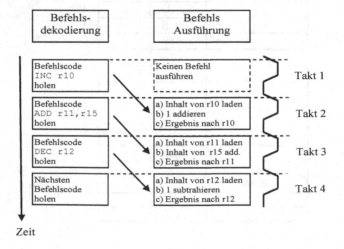

Bild 16-10 Befehlsausführung des ATmega16.

16.4 Assembler-Programmierung

Jeder Befehl hat ein festes Format. Beim ATmega16 sind fast alle Befehle ein Wort und nur in Ausnahmefällen 2 Worte lang. Die Verhältnisse werden im Folgenden an Hand des Assembler-Befehls `ADD r10,r17` beispielhaft erklärt. `ADD` ist ein so genanntes Mnemonic, es lässt sich leicht merken, da es aus der englischen Beschreibung „Add " abgeleitet wurde.

Wie jeder andere Befehl auch, kann der Befehl `ADD r10,r17` in die Maschinensprache übersetzt werden, eine binäre Darstellung, die vom Prozessor interpretiert werden kann. Dies ist in Tabelle 16-2 dargestellt. Der Befehlscode (auch Operationscode oder Opcode) besteht nur aus einem Wort, welches oft hexadezimal dargestellt wird, in diesem Fall $0EA1. In diesem Wert sind der Befehl „ADD" und die beteiligten Register codiert. In der Maschinensprache stehen in der binären Darstellung `0000 11rd dddd rrrr` die Abkürzung `ddddd` für die binäre Codierung des Zielregisters r10 und `rrrrr` und für die binäre Codierung des Quellregisters r17. Das Zeichen $ wird hier für die Kennzeichnung der hexadezimalen Darstellung verwendet.

Tabelle 16-1 Gegenüberstellung der Assembler-, Hexadezimal- und Binärdarstellung des Befehls `ADD r10,r17`. Mit r10 = `ddddd` = `01010` und r17 = `rrrrr` = `10001`.

Schreibweise		Operationscode
Assembler		ADD r10,r17
Maschinensprache	bin.	0000 11rd dddd rrrr
		0000 1110 1010 0001
	hex.	$0EA1

Ein Assembler(-programm) ist ein Programm, welches diese Übersetzung von der Assemblerdarstellung in die Maschinensprache überträgt. Das Assemblerprogramm ist also ein Übersetzer. Das in der Assemblersprache vorliegende Programm wird „Source Code" genannt, das vom Mikroprozessor ausführbare heißt Maschinencode (auch „Object Code"). Der Vorgang des Übersetzens wird Assemblierung genannt. Die Übersetzung kann auch „von Hand" erfolgen.

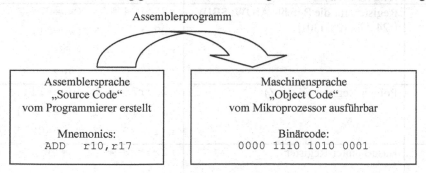

Bild 16-11 Das Verhältnis von Assembler- und Maschinensprache.

Die Firma Microchip bietet als Entwicklungsumgebung das Microchip-Studio an. Es enthält unter anderem einen Simulator, einen Assembler und einen Editor. Microchip-Studio kann kostenlos von der Homepage der Firma heruntergeladen werden [50,51]. Die folgende Beschreibung bezieht sich auf den Assembler von Microchip-Studio. In anderen Assembler-Programmen kann eine leicht veränderte Syntax erforderlich sein. Assembler(-sprache) wird auch gleichzeitig die Programmiersprache genannt, in der die Befehle als Mnemonics dargestellt sind. Diese ist spezifisch für einen bestimmten Mikroprozessor.

In der Assembler-Darstellung wird der Code in 4 Spalten notiert. In der ersten Spalte stehen linksbündig Marken (Labels), in der folgenden Spalte stehen die Mnemonics der Befehle, dann folgen die Operanden. Rechts können, durch ein Semikolon getrennt, Kommentare folgen, die den Rest der Zeile einnehmen können. Ein Beispiel:

```
LOOP:   LDI   r16,$FF      ;Lade Register 16 mit der Konstanten FF
        ADD   r10,r17      ;Lade r10 mit r10 + r17
        CLC                ;Lösche Carry
```

16.5 Adressierungsarten

Assemblerbefehle arbeiten mit verschiedenen Adressierungsarten. Die Unterschiede liegen darin, wie der Ort gekennzeichnet wird, an dem das Datum oder die Daten gespeichert werden, mit denen operiert wird. Im Folgenden sind die wichtigsten Adressierungsarten des ATmega16 aufgelistet. Sie kommen bei den meisten Prozessoren in ähnlicher Form vor. Die Befehle des ATmega16 haben in der Regel die Länge von einem Wort (2Bytes). Innerhalb dieses Wortes sind die Wirkung des Befehls und oft die verwendeten Register codiert. Nach dem Befehlscode kann in manchen Fällen ein weiteres Wort folgen, welches dann eine Adresse beinhaltet. Es werden die Abkürzungen und Konventionen in Tabelle 16-2 verwendet.

Tabelle 16-2 Konventionen

Abk.	Beschreibung	Codierung im Opcode
Rr	Quell-Register r0 bis r31	rrrrr
Rd	Ziel-Register r0 bis r31	ddddd
Rh	Register für die Immediate-Adressierung (r16-r31)	1dddd
Rw	Register (für die Befehle AIDW, SBIW) (r24, r26, r28, r30)	r25:r24 (ww=00) r27:r26 = X (ww=01) r29:r28 = Y (ww=10) r31:r30 = Z (ww=11)
Rp	Pointer-Register (X, Y, Z)	r27:r26 = X (eee=111) r29:r28 = Y (eee=010) r31:r30 = Z (eee=000)
Ro	Base-Pointer-Register	r29:r28 = Y (o=1) r31:r30 = Z (o=0)
Kn	n-Bit-Konstante	kkkkkk...
b	Bit-Position in Register	bbb
P	Portadresse 6 Bit	ppppppp

Es werden im Folgenden zu jeder Adressierungsart Beispielformate für die Befehle angegeben. Die Adressierungsarten sind im Einzelnen:

Inherent

Dies ist die einfachste Adressierungsart, bei der keine weiteren Operanden benötigt werden. Bsp.: CLC Der Befehl bewirkt das Löschen des Carry-Flags. Im Befehlscode, der aus nur einem Wort besteht, ist die Funktionalität des Befehls CLC codiert.

```
15                              0
┌─────────────────────────────────┐
│ 1001 0100 1000 1000 │
└─────────────────────────────────┘
              CLC
```

Immediate

Die Adressierungsart Immediate wird verwendet, um Konstanten in die CPU zu laden. Diese Adressierungsart dient also der Initialisierung von Speicherplätzen. Diese Befehle sind nur ein Wort lang. Sie enthalten als Operanden die zu verarbeitende Zahl selbst. Der Beispielbefehl LDI r19, $3F dient dazu, das Register r19 mit der Konstanten $3F zu laden.

```
15                              0
┌─────────────────────────────────┐
│ 1110 kkkk dddd kkkk │
└─────────────────────────────────┘
          LDI Rh,K8
┌─────────────────────────────────┐
│ 1110 0011 0011 1111 │
└─────────────────────────────────┘
          LDI r19,$3F
```

Der Befehlscode enthält codiert die 8-Bit Konstante, hier mit kkkkkkkk gekennzeichnet, und das Register, welches eines der Register r16 bis r31 sein kann. In der Codierung dddd für das verwendete Register ist das vorderste Bit des Binäräquivalentes der Registernummer weggelassen, da es immer 1 ist (z.B. r19 = 10011 daher dddd = 0011).

Register direkt

Bei der Adressierungsart Register direkt ist nur ein Register beteiligt. Als Beispiel dient uns hier der Befehl INC r9, der den Inhalt des Registers r9 um 1 erhöht. Der Befehlscode ergibt sich aus dem untenstehenden Schema. Für die Codierung des Registers Rd ist ddddd vorgesehen, da in diesem Fall Register r0 bis r31 Operanden sein können.

```
15                              0
┌─────────────────────────────────┐
│ 1001 010d dddd 0011 │
└─────────────────────────────────┘
             INC Rd
┌─────────────────────────────────┐
│ 1001 0100 1001 0011 │
└─────────────────────────────────┘
             INC r9
```

Register direkt, 2 Register

Bei dieser Adressierungsart Register direkt sind zwei Register beteiligt. Ein Beispiel dafür ist der Befehl ADD r10, r17, der bewirkt, dass der Inhalt des Registers r10 und der des Registers r17 addiert und das Ergebnis in r10 abgespeichert wird. Der Befehlscode besteht wieder nur aus einem Wort:

```
15                          0
 ┌──────────────────────────┐
 │ 0000 11rd dddd rrrr      │
 └──────────────────────────┘
         ADD Rd,Rr
 ┌──────────────────────────┐
 │ 0000 1110 1010 0001      │
 └──────────────────────────┘
        ADD r10,r17
```

Für die Codierung der Registers werden hier die Abkürzungen rrrrr für das Quellregister Rr verwendet und ddddd für das Zielregister Rd, in dem das Ergebnis gespeichert wird.

I/O direkt

Bei dieser Adressierungsart ist ein Register aus dem IO/Bereich involviert und ein weiteres Register als Quell- oder Zielregister. Ein Beispiel dafür ist der Befehl OUT $0012,r2, der bewirkt, dass der Inhalt des Registers r2 in das Ausgangsregister des Port D geschrieben wird. Das Ausgangsregister hat die Adresse $0012. Der Befehlscode besteht aus einem Wort:

```
15                          0
 ┌──────────────────────────┐
 │ 1011 1ppr rrrr pppp      │
 └──────────────────────────┘
         OUT P,Rr
 ┌──────────────────────────┐
 │ 1011 1000 0010 1100      │
 └──────────────────────────┘
        OUT $0012,r2
```

Der Befehlscode enthält codiert die 6-Bit IO-Adresse P, die mit ppppppp gekennzeichnet ist. Mit dieser Adressierung können Adressen im IO-Bereich von $00 bis $3F erreicht werden. Mit anderen Adressierungsarten als der IO-direkt-Adressierung muss die Adresse $0012 durch $0032 (vergl. Bild 16-9) ersetzt werden.

Daten direkt

Diese Adressierungsart lädt ein Datum aus dem Datenspeicher in ein Register. In der Adressierungsart Daten direkt steht die gesamte 16-Bit-Adresse eines Operanden im Befehl. Daher hat dieser Befehl eine Länge von 2 Worten. Ein Beispiel ist der Befehl LDS r5,$01F4, der bewirkt, dass das Register r5 aus dem Datenspeicher mit der Adresse $01F4 geladen wird. Im Opcode wird die Adresse binär mit aaaa aaaa aaaa aaaa codiert.

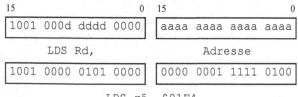

```
15              0 15                  0
 ┌──────────────────┐ ┌──────────────────────┐
 │ 1001 000d dddd 0000 │ │ aaaa aaaa aaaa aaaa  │
 └──────────────────┘ └──────────────────────┘
       LDS Rd,              Adresse
 ┌──────────────────┐ ┌──────────────────────┐
 │ 1001 0000 0101 0000 │ │ 0000 0001 1111 0100  │
 └──────────────────┘ └──────────────────────┘
          LDS r5, $01F4
```

Daten indirekt

Auch in dieser Adressierungsart wird ein Datum aus dem Datenspeicher in ein Register geladen. Die Adresse steht aber in einem der Pointer-Register X, Y oder Z. Daher hat dieser Befehl nur die Länge von einem Wort. Ein Beispiel für diese Adressierungsart ist der Befehl LD r16,X, der bewirkt, dass das Register r16 aus dem Datenspeicher mit dem Datum geladen wird, welches in dem Speicherplatz steht, dessen Adresse im X-Registerpaar gespeichert ist. Im Opcode werden die Registerpaare folgendermaßen codiert: X (eee = 111), Y (eee = 010) und Z (eee = 000). Der Programmierer muss vor der Verwendung des Befehls das Pointer-Register initialisieren.

```
15                          0
000e 000d dddd ee00
```

LD Rd,Rp

```
0001 0001 0000 1100
```

LD r16,X

Diese Adressierungsart existiert in einigen Varianten, die sich in der Verwendung der Indexregister unterscheiden. Es ist z.B. möglich, dass das Datum aus dem Speicherplatz geladen wird, dessen Adresse sich aus dem Inhalt des Indexregisters plus einem Versatz (Displacement) ergibt. Alternativ ist auch die Dekrementierung des Indexregisters vor dem Zugriff auf das Datum möglich oder die Inkrementierung nach dem Zugriff. Dies ist in der Tabelle 16-3 zusammengefasst.

Tabelle 16-3 Ladebefehle für Daten indirekt mit Displacement, Prädekrement und Postinkrement.

Befehl	Beschreibung	Wirkung	Veränderung Indexregister
LD r16, X	Data indirekt	r16 ← (X)	Keine
LDD r16, Y+10	Data indirekt, Displacement	r16 ← (Y+10)	Keine
LD r16, -X	Data indirekt, Prädekrement	r16 ← (X-1)	X ← X-1
LD r16, X+	Data indirekt, Postinkrement	r16 ← (X)	X ← X+1

In dieser Tabelle bedeutet r16 ← (X), dass das Register r16 mit dem Inhalt des Datenspeichers mit der Adresse geladen wird, die im Registerpaar X steht. Die Klammer bedeutet also, dass der Inhalt des Registers als Adresse gedeutet werden soll, unter der das Datum zu finden ist. Diese Schreibweise wird im Folgenden bei der Beschreibung der Wirkung von Befehlen verwendet. In der Spalte „Veränderung Indexregister" ist der Inhalt des Indexregisters nach der Ausführung des Befehls aufgelistet.

Programmspeicher direkt

Diese Adressierungsart wird beim Sprungbefehl JMP und beim Unterprogrammaufruf CALL verwendet. So wird z.B. beim Sprung JMP $0100 das Programm an der Adresse $0100 im Programmspeicher fortgesetzt. Die Adresse darf maximal 22Bit umfassen.

```
15                    0 15                    0
1001 010k kkkk 110k   kkkk kkkk kkkk kkkk
```
JMP   Adresse
```
1001 0100 0000 1100   0000 0001 0000 0000
```

JMP $0100

Programmspeicher relativ

Diese Adressierungsart wird beim Sprungbefehl RJMP und beim Unterprogrammaufruf RCALL verwendet. Der Operand gibt im Zweierkomplement an, wie der Sprung zu der angegebenen Adresse relativ zum Inhalt des Befehlszählers ausgeführt werden soll. Im Beispiel unten wird zu der Zieladresse gesprungen, indem der PC um $12 erhöht wird.

16.6 Befehlssatz

16.6.1 Konventionen

Im Folgenden wird der Befehlssatz des ATmega16 besprochen. Einige komplexere Befehle wie die Multiplikation und die Division werden hier nicht dargestellt. Sie sind auch nicht bei allen Prozessoren der ATmega-Familie verfügbar. Auch die Befehle zum Abspeichern und Laden aus dem Programmspeicher werden hier nicht dargestellt. Bei der Beschreibung der Befehle werden die in Tabelle 16-2 definierten Konventionen verwendet.

16.6.2 Transfer-Befehl

Dieser Befehl dient dem Transfer von Daten zwischen Registern. Der Befehl verändert, wie auch die Lade- und Speicherbefehle, das Statusregister SREG nicht. Der Befehl MOV Rd,Rr (Move) kopiert den Inhalt des Registers Rd in das Register Rr, so dass dann beide Register den alten Inhalt des Registers Rd enthalten. Der Befehl ist ein Wort lang und benötigt zur Ausführung einen Takt.

Tabelle 16-4 Transferbefehl (T = Takte, W = Worte).

Befehl	Operanden	Beschreibung	Ausführung	T	W
MOV	Rd,Rr	Kopiere Register	Rd ← Rr	1	1

16.6.3 Laden von Bytes

Lade-Befehle bewirken das Laden eines Registers mit einem Datum. Der Befehl LDI dient der Initialisierung eines Registers mit einer Konstanten:

```
LDI     r17,$FF     ;Alle Bits im Register r17 setzen
```

Wie aus der Beschreibung des Befehls in Tabelle 16-5 ersichtlich ist, dient als Zielregister Rh. Mit Rh werden im Folgenden die Register r16-r31 bezeichnet, die mit der Adressierungsart Immediate verwendet werden können. Die Konstante, mit der initialisiert werden muss, ist entsprechend der Größe der Register ein Byte lang.

Tabelle 16-5 Ladebefehle (T = Takte, W = Worte).

Befehl	Operanden	Beschreibung	Ausführung	T	W
`LDI`	`Rh,K8`	Lade immediate	Rd ← K	1	1
`LDS`	`Rd,A16`	Lade direkt aus Daten-speicher	Rd ← (A)	2	2
`LD`	`Rd,Rp`	Lade indirekt	Rd ← (Rp)	2	1
`LD`	`Rd,Rp+`	Lade indirekt mit Post-Inkrement	Rd ← (Rp) Rp ← Rp + 1	2	1
`LD`	`Rd,-Rp`	Lade indirekt mit Prä-Dekrement	Rp ← Rp - 1 Rd ← (Rp)	3	1
`LDD`	`Rd,Ro+K6`	Lade indirekt mit Dis-placement	Rd ← (Ro + K)	2	1
`IN`	`Rd,P`	Lade aus IO-Adresse	Rd ← (P)	1	1

Soll ein Datum direkt aus dem Datenspeicher in ein Register kopiert werden, muss der Befehl LDS verwendet werden. Der Befehl enthält die 16Bit-Adresse des Speicherplatzes, aus dem das 8Bit-Datum geladen wird. Daher wird zur Darstellung des Befehls ein zweites Wort benötigt.

```
LDS      r17,$01FF      ;Register r17 mit dem Inhalt der
                        ;Speicherstelle $01FF laden
```

Der Aufwand kann reduziert werden, wenn man die indirekte Adressierungsart verwendet. Bei dieser steht die Adresse in einem der Indexregister X, Y oder Z. Allerdings müssen die Indexregister vor der Verwendung der indirekten Adressierung initialisiert werden. Bsp.:

```
LDI      XL,$60      ;Low-Byte der Adresse in XL laden
LDI      XH,$00      ;High-Byte der Adresse in XH laden
LD       r16,X       ;r16  mit dem Datum aus $0060 laden
```

In diesem Beispiel wird zunächst mit den beiden LDI-Befehlen das Register XL mit dem Low-Byte der Adresse und das Register XH mit dem High-Byte der Adresse geladen. Dann kann der eigentliche Datentransfer aus dem Speicherplatz mit der Adresse $0060 stattfinden. Dieser Overhead lohnt sich, wenn anschließend auf benachbarte Speicherplätze zugegriffen wird, wie es in Tabellen normalerweise der Fall ist. Dafür stehen die Befehle mit Dekrementierung des Indexregisters vor dem Zugriff oder die Inkrementierung nach dem Zugriff zur Verfügung. Im folgenden Beispiel wird zusätzlich der Inhalt des Speicherplatzes $0061 in Register r17 geladen, um zu zeigen, dass dies ohne erneute Initialisierung des Indexregisters möglich ist, indem man im Befehl vorher das Postinkrement nutzt.

```
LDI      XL,$60      ;Low-Byte der Adresse in XL laden
LDI      XH,$00      ;High-Byte der Adresse in XH laden
LD       r16,X+      ;r16 aus $0060 laden, X = X+1
LD       r17,X       ;r17 aus $0061 laden
```

Der Befehl LDD lädt indirekt mit einem Displacement. Er kann nur mit den Registerpaaren Y und Z verwendet werden (Diese Register werden hier mit der Abkürzung Ro gekennzeichnet). Das Displacement ist eine vorzeichenlose 6-Bit Konstante (0 bis 63), die für die Adressierung zum Inhalt des Indexregisters addiert wird. Nach dem Zugriff bleibt der Inhalt des Indexregisters unverändert.

```
LDI    YL,$65           ;Low-Byte der Adresse in YL laden
LDI    YH,$00           ;High-Byte der Adresse in YH laden
LDD    r17,Y+$2         ;r17 aus $0067 laden, Y = Y
```

Der Befehl IN dient zum Laden von Daten aus IO-Adressen. Er arbeitet mit der Adressierungsart IO direkt. Das Register aus dem IO-Bereich ist das Quellregister und das Register r17 ist das Zielregister.

```
IN     r17,$16          ;Port B lesen
```

$16 ist die Adresse des Port B. Entsprechend Bild 16-9 ist das die Adresse1, die in dieser Adressierungsart verwendet werden muss. Die entsprechende Adresse2 ist $36, sie müsste zusammen mit der Adressierungsart Daten direkt verwendet werden.

16.6.4 Speichern von Bytes

Speicher-Befehle dienen zum Abspeichern von Registerinhalten in den Datenspeicher. Die Befehle sind in Tabelle 16-6 aufgelistet, sie haben die gleichen Adressierungsarten wie die Lade-Befehle, nur die Adressierungsart Immediate ist beim Abspeichern nicht möglich.

Tabelle 16-6 Speicherbefehle.

Befehl	Operanden	Beschreibung	Ausführung	T	W
STS	A16,Rd	Speichere direkt in Datenspeicher	(A) ← Rd	2	2
ST	Rp,Rr	Speichere indirekt	(Rp) ← Rr	2	1
ST	Rp+,Rr	Speichere indirekt mit Post-Inkrement	(Rp) ← Rr / Rp ← Rp + 1	2	1
ST	-Rp,Rr	Speichere indirekt mit Prä-Dekrement	Rp ← Rp − 1 / (Rp) ← Rr	2	1
STD	Ro+K6,Rr	Speichere indirekt mit Displacement	(Ro + K) ← Rr	2	1
OUT	P,Rr	Speichere in IO-Adresse	(P) ← Rr	1	1

16.6.5 Arithmetische Befehle: Negation

Die Negation (Tabelle 16-7) mit dem Befehl NEG bildet in einer ALU das Zweierkomplement. Es werden die angegebenen Flags in Abhängigkeit vom Ergebnis beeinflusst.

Tabelle 16-7 Negation.

Befehl	Operand	Beschreibung	Ausführung	H,S,V,N,Z,C	T
NEG	Rd	Zweierkomplement	Rd ← $00 - Rd	H,S,V,N,Z,C	1

Da es sich um eine Subtraktion handelt, wird ein „Borrow", also das invertierte c_n, als Carry-Bit verwendet. Wir betrachten als ein Beispiel den Code

```
LDI    r17,$45
NEG    r17
```

Es wird intern das Folgende gerechnet:

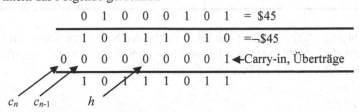

In der ersten Zeile der Rechnung steht der Operand $45, der in der zweiten Zeile bitweise invertiert ist. Durch das Carry-in, welches gleich 1 gesetzt wird, wird das Zweierkomplement erzeugt. In der gleichen Zeile sind die Überträge notiert, die bei der Addition des Carry-in zu ¬$45 entstehen. Die beiden vordersten Überträge heißen c_n und c_{n-1}, wie bereits im Kapitel 2 beschrieben. Die Flags ergeben sich nach folgendem System:

N = Bit 7 des Ergebnisses = 1 (man beginnt bei Bit 0 zu zählen). Das Ergebnis ist negativ.
Z = 0, da das Ergebnis nicht Null ist
V = $c_n \leftrightarrow c_{n-1}$ = 0, (vergl. Kapitel 2) also kein Overflow, das Ergebnis ist daher richtig.
S = N $\leftrightarrow$ V = 1
C = ¬c_n = 1, da bei der Subtraktion das invertierte Carry (Borrow) verwendet wird.
H = ¬h = 1, da bei der Subtraktion das invertierte Halfcarry verwendet wird.
Im Flagregister SREG steht H = 1, S = 1, V = 0, N = 1, Z = 0, C = 1, im Register r17 steht $BB.

16.6.6 Arithmetische Befehle: Addition und Subtraktion

Es gibt eine Reihe von Befehlen für die Addition und die Subtraktion (Tabelle 16-8).

Tabelle 16-8a Additionsbefehle und Subtraktionsbefehle.

Befehl	Operand	Beschreibung	Ausführung	H,S,V,N,Z,C	T
ADD	Rd,Rr	Addiere ohne Carry	Rd ← Rd + Rr	H,S,V,N,Z,C	1
ADC	Rd,Rr	Addiere mit Carry	Rd ← Rd + Rr + C	H,S,V,N,Z,C	1
ADIW	Rw,K6	Addiere zu Wort immediate	Rw ← Rw + K	-,S,V,N,Z,C	2
SUB	Rd,Rr	Subtrahiere ohne Carry	Rd ← Rd - Rr	H,S,V,N,Z,C	1
SUBI	Rh,K8	Subtrahiere immediate	Rh ← Rh - K	H,S,V,N,Z,C	1
SBC	Rd,Rr	Subtrahiere mit Carry	Rd ← Rd - Rr - C	H,S,V,N,Z,C	1
SBCI	Rh,K8	Subtrahiere immediate mit Carry	Rh ← Rh - K - C	H,S,V,N,Z,C	1
SBIW	Rw,K6	Subtrahiere immediate	Rw ← Rw - K	-,S,V,N,Z,C	2

Tabelle 16-8b Additionsbefehle und Subtraktionsbefehle (Inkrement und Dekrement).

Befehl	Operand	Beschreibung	Ausführung	H,S,V,N,Z,C	T
INC	Rd	Inkrementiere	Rd ← Rd + 1	-,S,V,N,Z,-	1
DEC	Rd	Dekrementiere	Rd ← Rd - 1	-,S,V,N,Z,-	1

Der Additionsbefehl ADD Rd,Rr addiert den Inhalt der beiden beteiligten Register Rd und Rr und speichert das Ergebnis in Rd ab. Es werden die Flags H, S, V, N, Z und C beeinflusst. Als Beispiel sei hier die Rechnung $08 + $FC (= 8 + (− 4)) gezeigt:

```
LDI     r17,$08
LDI     r18,$FC
ADD     r17,r18
```

Es wird intern das Folgende gerechnet:

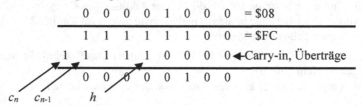

Da es sich um eine Addition handelt, ist das Carry-in gleich 0. In der 3. Zeile der Rechnung stehen die Überträge der Rechnung $08 + $FC. Das Flag-Register SREG enthält nach der Rechnung die folgenden Inhalte H = h =1, V= c_n ↔ c_{n-1} = 0, N = 0, S = N ↔ V = 0, Z = 0, C = c_n=1. Das Register r17 wird mit dem Ergebnis $04 geladen.

Beim ADC-Befehl wird ein vorher gesetztes Carry berücksichtigt. Dies ist notwendig, um Zahlen addieren zu können, die aus mehreren Bytes bestehen. Das folgende Beispiel mit 16-Bit-Zahlen geht davon aus, dass sich der erste Summand in den Speicherplätzen $0060 (Low-Byte) und $0061 (High-Byte) befindet und der zweite in den Speicherplätzen $0062 (Low-Byte) und $0063 (High-Byte). Die Summe wird in die Speicherplätze $0064 (Low-Byte) und $0065 (High-Byte) geschrieben. Man beachte, dass bei diesem Prozessor immer das Low-Byte im Speicherplatz mit der niedrigeren Adresse steht und das High-Byte im Speicherplatz mit der höheren Adresse.

```
LDI     YL,$60      ;Low-Byte der Adresse in YL laden
LDI     YH,$00      ;High-Byte der Adresse in YH laden
LD      r16,Y       ;r16 aus $0060 laden
LDD     r17,Y+2     ;r17 aus $0062 laden
ADD     r16,r17     ;Summe der Low-Bytes in r16, Carry setzen
STD     Y+4,r16     ;r16 nach $0064
LDD     r16,Y+1     ;r16 aus $0061 laden
LDD     r17,Y+3     ;r17 aus $0063 laden
ADCD    r16,r17     ;Summe der High-Bytes + Carry in r16
STD     Y+5,r16     ;r16 nach $0065
```

Das Programm funktioniert nur, weil die Befehle LDD und STD das Carry-Bit, welches im Befehl ADD gesetzt wurde, nicht mehr verändern. Bei der ersten Addition wird der Befehl ADD verwendet, der ein bereits gesetztes Carry nicht berücksichtigt.

In manchen Fällen kann der Befehl ADIW verwendet werden. Er erlaubt es, eine Konstante K (0 ≤ K ≤ 63) zu einem Wort zu addieren, welches in einem der Registerpaare Rw steht. (r25:r24, r27:r26, r29:r28, r31:r30)

Der Befehl INC Rd inkrementiert den Inhalt eines Registers.

Die Befehle für die Subtraktion sind analog zu den Additionsbefehlen konstruiert. Allerdings wird hier das Carry als Borrow interpretiert. Es soll ein Beispiel mit dem Befehl SUB gezeigt werden. Wir betrachten die Rechnung $08 – $04 (= 8 – 4) analog zum obigen Beispiel für die Addition:

```
LDI     r17,$08
LDI     r18,$04
SUB     r17,r18
```

Die Rechnung sieht folgendermaßen aus:

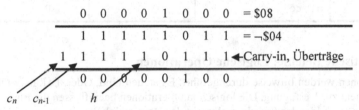

Das Statusregister SREG enthält daher $H = \neg h = 0$, $V = c_n \leftrightarrow c_{n-1} = 0$, $N = 0$, $S = N \leftrightarrow V = 0$, $Z = 0$, $C = \neg c_n = 0$. Das Register r17 wird mit dem Ergebnis $04 geladen.

Die Subtraktionsbefehle, die das Carry (Borrow) einer vorausgegangenen Subtraktion (z.B. der Befehl SBC) berücksichtigen, sind so konstruiert, dass sie bei der sequentiellen Ausführung das Carry richtig weitergeben. Es erscheint also in den Befehlen mit einem negativen Vorzeichen.

16.6.7 Arithmetische Befehle: Setzen und Löschen von Bits in einem Register

Mit den Befehlen SBR und CBR in Tabelle 16-9 können einzelne Bit in einem Register mit einer Maske gesetzt oder gelöscht werden. Die Befehle SER Rh und CLR Rd setzen bzw. löschen alle Bits im angegebenen Register, wobei der Befehl SER nur mit den Registern 16-31 verwendet werden kann, während CLR mit allen Registern kompatibel ist. CLR hat den gleichen Opcode wie EOR Rd,Rd.

Tabelle 16-9 Setzen und Löschen eines einzelnen Bit in einem Register.

Befehl	Operand	Beschreibung	Ausführung	H,S,V,N,Z,C	T
SBR	Rh,K8	Setze Bit(s)	Rh ← Rh ∨ K	-,S,V,N,Z,-	1
CBR	Rh,K8	Lösche Bit(s)	Rh ← Rh ∧ ($FF-K)	-,S,V,N,Z,-	1
CLR	Rd	Lösche Register	Rd ← $00	-,0,0,0,1,-	1
SER	Rh	Setze Register	Rh ← $FF	-,-,-,-,-,-	1

16.6.8 Arithmetische Befehle: Test und Vergleich

Der Befehl TST Rd (Test for Zero or Minus) vergleicht den Inhalt eines Registers mit der Zahl 0. Es werden die Flags S, V, N und Z entsprechend dem Inhalt des Registers gesetzt, ohne dass dieser verändert wird. Alle Befehle für den Vergleich zweier Zahlen haben gemeinsam, dass sie nur das Statusregister SREG verändern, aber keines der anderen beteiligten Register. Es wird also nur eine Testsubtraktion durchgeführt. Die Flags werden nach dem gleichen Prinzip wie bei der Subtraktion verändert.

Tabelle 16-10 Test und Vergleich.

Befehl	Operand	Beschreibung	Ausführung	H,S,V,N,Z,C	T
TST	Rd	Teste auf Null o-der Minus	Rd ← Rd ∧ Rd	-,S,V,N,Z,-	1
CP	Rd,Rr	Vergleiche	Rd - Rr	H,S,V,N,Z,C	1
CPC	Rd,Rr	Vergleiche mit Carry	Rd - Rr - C	H,S,V,N,Z,C	1
CPI	Rh,K8	Vergleiche imme-diate	Rd - K	H,S,V,N,Z,C	1

16.6.9 Arithmetische Befehle: Logische Operationen

Logische Operationen werden bitweise durchgeführt. Es stehen Und, Oder, Exklusiv-Oder und das Einerkomplement zur Verfügung. Die logischen Operationen beeinflussen die Flags S, V, N und Z. Der Befehl COM bildet das Einerkomplement des Registerinhalts.

Der Befehl AND Rd,Rd ist identisch mit dem Befehl TST Rd, daher haben die beiden Befehle den gleichen Opcode.

Tabelle 16-11 Logische Operationen.

Befehl	Operand	Beschreibung	Ausführung	H,S,V,N,Z,C	T
AND	Rd,Rr	Logisches UND	Rd ← Rd ∧ Rr	-,S,V,N,Z,-	1
ANDI	Rh,K8	Logisches UND, immediate	Rh ← Rh ∧ K	-,S,V,N,Z,-	1
OR	Rd,Rr	Logisches ODER	Rd ← Rd ∨ Rr	-,S,V,N,Z,-	1
ORI	Rh,K8	Logisches ODER, immediate	Rh ← Rh ∨ K	-,S,V,N,Z,-	1
EOR	Rd,Rr	Exklusives ODER	Rd ← Rd ↔ Rr	-,S,V,N,Z,-	1
COM	Rd	Einerkomplement	Rd ← $FF - Rd	-,S,V,N,Z,C	1

16.6.10 Schiebe- und Rotationsbefehle

Der ATmega16 besitzt Befehle für das arithmetische und logische Schieben und das Rotieren von Registerinhalten um ein Bit nach links oder rechts. Die Adressierungsart bei allen Schiebe- und Rotations-Befehlen ist Register direkt. Die Befehle für das arithmetische und logische Schieben und Rotieren sind in Tabelle 16-12 zusammengefasst.

Tabelle 16-12 Schiebe- und Rotationsbefehle.

Befehl	Operand	Beschreibung	Ausführung	H,S,V,N,Z,C
LSL	Rd	Logisch links schieben	Rd(n+1) ← Rd(n), Rd(0) ← 0, C ← Rd(7)	H,-,V,N,Z,C
LSR	Rd	Logisch rechts schieben	Rd(n) ← Rd(n+1), Rd(7) ← 0, C ← Rd(0)	-,-,V,N,Z,C
ROL	Rd	Rotiere links über Carry	Rd(0) ← C, Rd(n+1) ← Rd(n), C ← Rd(7)	H,-,V,N,Z,C
ROR	Rd	Rotiere rechts über Carry	Rd(7) ← C, Rd(n) ← Rd(n+1), C ← Rd(0)	-,-,V,N,Z,C
ASR	Rd	Arithmetisches Schieben rechts	Rd(n) ← Rd(n+1), n = 0..6	-,-,V,N,Z,C

Logisches Schieben bedeutet, dass beim Links-Schieben Nullen in die Bit-Position 0 geschoben werden. Beim Rechts-Schieben werden Nullen in die Bit-Position 7 geschoben. Die herausgeschobenen Bits werden in das Carry-Flag kopiert. Logisches Schieben ist in Bild 16-12 verdeutlicht. Der Befehl LSL Rd wird vom Assembler-Programm in den gleichen Opcode wie ADD Rd,Rd übersetzt, da diese beiden Befehle von ihrer Wirkung her identisch sind.

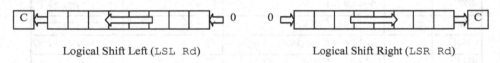

Logical Shift Left (LSL Rd)   Logical Shift Right (LSR Rd)

Bild 16-12 Logisches Schieben eines Registerinhaltes.

Das Rotieren des Inhaltes eines Registers geschieht über das Carry-Bit, wie es in Bild 16-13 dargestellt ist. Der Befehl ROL Rd wird vom Assembler in den Opcode ADC Rd,Rd übersetzt, da auch dieser Befehl eine Verschiebung um 1 Bit nach links bewirkt, wobei das Carry nach Bit 0 transferiert wird.

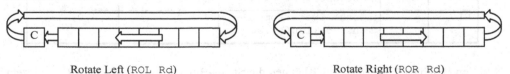

Rotate Left (ROL Rd)   Rotate Right (ROR Rd)

Bild 16-13 Rotieren eines Registerinhaltes.

Das arithmetische Schieben soll beim Links-Schieben eine Multiplikation mit 2, beim Rechts-Schieben die Division durch 2 verwirklichen. Daher werden beim Links-Schieben von links Nullen nachgeschoben, beim Rechts-Schieben wird das MSB (Most Significant Bit) reproduziert, um das Vorzeichen zu erhalten. Das Prinzip ist in Bild 16-14 verdeutlicht. Arithmetisches Schieben des Inhalts eines Registers ist mit dem Befehl ASR nach rechts möglich.

Arithmetisches und logisches Links-Schieben sind identisch. Daher kann für das arithmetische Links-Schieben der Befehl LSL verwendet werden.

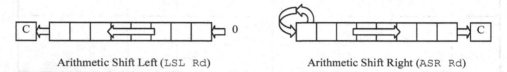

Arithmetic Shift Left (LSL Rd)   Arithmetic Shift Right (ASR Rd)

Bild 16-14 Arithmetisches Schieben eines Registerinhaltes.

16.6.11 Befehle zum Setzen und Löschen von Flags im SREG

Der ATmega16 besitzt eine Reihe von Befehlen für die Manipulation einzelner Flags des SREG, die in Tabelle 16-13 zusammengefasst sind.

Tabelle 16-13 Befehle zum Setzen und Löschen von Registerinhalten.

Befehl	Oper.	Beschreibung	Ausführung	H,S,V,N,Z,C
BSET	B	Flag Setzen	SREG(b) ← 1	SREG(b)
BCLR	B	Flag Löschen	SREG(b) ← 0	SREG(b)
SEC		Setze Carry	C ← 1	-,-,-,-,-,1
CLC		Lösche Carry	C ← 0	-,-,-,-,-,0
SEN		Setze Negative-Flag	N ← 1	-,-,-,1,-,-
CLN		Lösche Negative-Flag	N ← 0	-,-,-,0,-,-
SEZ		Setze Zero-Flag	Z ← 1	-,-,-,-,1,-
CLZ		Lösche Zero-Flag	Z ← 0	-,-,-,-,0,-
SES		Setze Signed-Flag	S ← 1	-,1,-,-,-,-
CLS		Lösche Signed-Flag	S ← 0	-,0,-,-,-,-
SEV		Setze Zweierkomple-ment-Überlauf Flag	V ← 1	-,-,1,-,-,-
CLV		Lösche Zweierkomple-ment-Überlauf Flag	V ← 0	-,-,0,-,-,-

Mit den Befehlen BSET und BCLR können die Status-Bits des Flag-Registers SREG einzeln gesetzt und zurückgesetzt werden:

```
BSET    b       ;setze Bit b im SREG
BCLR    b       ;lösche Bit b im SREG
```

So bewirkt der Befehl BSET 2, dass das Negativ-Flag im SREG gesetzt wird, alle anderen Flags im SREG bleiben unverändert. Alternativ kann dazu der Befehl SEN verwendet werden:

```
SEN             ;setze Negativ-Flag im SREG = BSET 2
```

Die beiden Befehle SEN und BSET 2 werden vom Assemblerprogramm in den gleichen Opcode übersetzt. Genauso haben auch die anderen Befehle zum Setzen und Löschen der Flags SEC, CLC, SEN, CLN, SEZ, CLZ, SES, CLS, SEV und CLV den gleichen Opcode wie der entsprechende BSET oder BCLR Befehl.

16.6.12 Absolut adressierter Sprung

Sprungbefehle verändern die normale Abfolge von Befehlen, die durch eine Inkrementierung des Befehlszählers gegeben ist. Der Assemblerbefehl

```
JMP    Adresse
```

bewirkt einen Sprung zu der im Befehl angegebenen absoluten Adresse im Programm-Speicher, die durch eine 22Bit lange Konstante angegeben wird. Es wird also die im Befehl angegebene Adresse in den Befehlszähler geladen.

Tabelle 16-14 Direkter Sprungbefehl JMP.

Befehl	Operand	Beschreibung	Ausführung	T	W
JMP	K22	Sprung direkt	PC ← K	3	2

Wie man Tabelle 16-14 entnimmt, ist der Befehl 2 Worte lang. Der Opcode hat folgendes Format:

```
1001 010k kkkk 110k kkkk kkkk kkkk kkkk
```

Der Buchstabe k markiert die 16 Bits der Adresse des Sprungziels. Im folgenden Beispiel soll die Befehlsfolge aus den LDI-Befehlen, dem LD-Befehl und dem INC-Befehl übersprungen werden. Die Adresse des Sprungziels ist zunächst nicht bekannt:

```
JMP    ?            ;Sprung zum Sprungziel
LDI    YL,$60       ;Low-Byte der Adresse in YL laden
LDI    YH,$00       ;High-Byte der Adresse in YH laden
LD     r16,Y        ;r16 aus $0060 laden
INC    r16          ;inkrementiere r16

....                ;Sprungziel
```

Um die Adresse des Sprungziels festlegen zu können, muss die absolute Lage des Programms im Speicher feststehen. Unten ist der Programmspeicherinhalt abgebildet unter der Annahme, dass das Programm ab der Adresse $0010 im Programmspeicher steht. Aus dieser Auflistung ergibt sich das Sprungziel $0016.

Adresse	Inhalt	Kommentar
0010	940C	;Opcode JMP Ziel, 1.Wort
0011	0016	;Opcode JMP Ziel, 2.Wort
0012	E6C0	;LDI YL, $60
0013	E0D0	;LDI YH, $00
0014	8108	;LD r16, Y
0015	9503	;INC r16
0016	....	;Sprungziel (Adresse $0016)

Für einen Programmierer ist das Abzählen der Befehls-Worte zwischen Sprung und Sprungziel eine sehr fehlerträchtige Aufgabe. Ein Assembler erledigt diese Aufgabe automatisch. Im folgenden Assemblerprogramm wird die Marke (engl.: Label) ZIEL verwendet, die eine symbolische Sprungadresse repräsentiert. Man beachte, dass nach dem Label in der ersten Spalte des Source-Codes ein Doppelpunkt folgt. Der Assembler setzt für die Marke beim Übersetzungsvorgang eine konkrete Adresse (Bei dieser Anordnung des Programms ist Ziel = $0016) ein.

```
        JMP  Ziel          ;Sprung zum Sprungziel
        LDI  YL,$60        ;Low-Byte der Adresse in YL laden
        LDI  YH,$00        ;High-Byte der Adresse in YH laden
        LD   r16,Y         ;r16 aus $0060 laden
        INC  r16           ;inkrementiere r16
ZIEL:   . . .              ;Sprungziel
```

16.6.13 Relativ adressierter Sprung

Alternativ kann ein Sprung auch relativ adressiert werden. Das ist mit dem Befehl RJMP möglich.

Tabelle 16-15 Relativ adressierter Sprungbefehl RJMP.

Befehl	Operand	Beschreibung	Ausführung	T	W
RJMP	K12	Relativer Sprung	PC ← PC + K + 1	2	1

Beim relativ adressierten Sprung wird das Sprungziel im Zweierkomplement relativ zum Inhalt des Befehlszählers angegeben. Im Opcode sind 12 Bit für die Codierung der Sprungweite vorgesehen. Die Sprungweite beträgt daher maximal $7FF, das sind 2047 Worte nach vorn oder $800 nach hinten, was 2048 Worten entspricht. Ein relativer Sprung funktioniert unabhängig von seiner absoluten Position im Speicher.

Wir betrachten ein ähnliches Beispiel wie oben, nur mit einem relativ adressierten Sprung:

```
        RJMP Ziel          ;relativer Sprung zum Sprungziel
        LDI  YL,$60        ;Low-Byte der Adresse in YL laden
        LDI  YH,$00        ;High-Byte der Adresse in YH laden
        LD   r16,Y         ;r16 aus $0060 laden
        INC  r16           ;inkrementiere r16
ZIEL:   . . .              ;Sprungziel
```

Im Programmspeicher würde das Programm ab der Adresse $0010 folgendermaßen abgespeichert:

Adresse	Inhalt	Kommentar
0010	C004	;RJMP Ziel, Ziel entspricht = + 4Wörter
0011	E6C0	;LDI YL, $60
0012	E0D0	;LDI YH, $00
0013	8108	;LD r16, Y
0014	9503	;INC r16
0015	....	;Sprungziel (Adresse $0015)

Der Sprung muss also 4 Wörter im Programmspeicher nach vorn erfolgen. Man beachte, dass der Inhalt des Befehlszählers *nach* Ausführung des Befehls RJMP Ziel, nämlich $0011, der Rechnung zugrunde gelegt wird. Zu $0011 wird der Sprungabstand $04 addiert, woraus sich das Sprungziel $0015 ergibt.

16.6.14 Relativ adressierte, bedingte Sprünge

Der Befehl RJMP wird immer ausgeführt, ebenso wie der Befehl JMP. Dagegen gibt es andere Sprünge, die nur ausgeführt werden, wenn eine bestimmte Bedingung erfüllt ist. Deshalb sind in Tabelle 16-16 Befehle zusammen mit der Bedingung angegeben, unter der sie ausgeführt werden, andernfalls wird der Befehl an der nächsthöheren Speicherstelle ausgeführt. Hier soll zunächst ein Beispiel für eine einfache Schleife mit einem bedingten Sprung beschrieben werden:

```
         LDI   r20,$0A    ;Es sollen 10 Durchgänge erfolgen
         LDI   YL,$60     ;Low-Byte der Adresse in YL laden
         LDI   YH,$00     ;High-Byte der Adresse in YH laden
ANF:     ST    Y+,r0      ;Register r0 in Zieladresse speichern
                          ;Indexregister Y inkrementieren
         DEC   r20        ;Zähler dekr., Zero-Flag setzen
         BRNE ANF         ;wiederholen, wenn r20 größer 0
```

Im Beispielprogramm wird der Inhalt von Register r0 in die Speicherplätze $0060 bis $0069 kopiert. Das wird erreicht, indem zunächst das Register r20 mit der Anzahl der zu behandelnden Fälle, nämlich $A, geladen wird. Im Register r20 wird also eine Zählvariable gespeichert. Dann wird das Indexregister Y auf die erste Adresse gesetzt und nachfolgend mit dem Befehl ST Y+,r0 das Register r0 in den Speicherplatz gespeichert, dessen Adresse im Indexregister Y steht. Danach wird der Inhalt des Indexregisters Y um eins erhöht, so dass es auf den nächsten Speicherplatz zeigt. Die Zählvariable im Register r20 wird mit dem Befehl DEC um 1 dekrementiert. Dieser Befehl setzt das Zero-Flag, wenn in r20 $00 steht. Das nutzt der folgende, bedingte Sprungbefehl. Der Sprung zum Label ANF wird nur ausgeführt, wenn der Inhalt von r20 noch nicht 0 ist.

Es ist in vielen Fällen sinnvoll, vor dem Sprungbefehl den Befehl CP Rd,Rr zu platzieren, um die Flags zu setzen. Sollen damit Zahlen verglichen werden, ist es wichtig zu unterscheiden, ob diese vorzeichenbehaftet (signed = Zweierkomplement-Zahl) oder nicht vorzeichenbehaftet (unsigned = natürliche Zahl) sind. Für signed-Zahlen sind speziell die Befehle BRGE und BRLT vorgesehen, für unsigned-Zahlen die Befehle BRSH und BRLO. Hier ein Beispiel für zwei vorzeichenlose Zahlen:

```
         CP    r1,r2      ;r1 - r2 bilden und Flags setzen
         BRLO Ziel        ;springen, wenn r1 kleiner r2
```

Der Sprung zum Label Ziel wird ausgeführt, wenn die Zahl in r1 kleiner ist als die in r2. Die Zahlen in r1 und r2 werden als vorzeichenlose Zahlen interpretiert.

Tabelle 16-16 Bedingte Sprungbefehle mit relativ adressiertem Sprungziel.

Befehl	Ope-rand	Beschreibung	Ausführung	T	W
BRBS	b,K7	Verzweige wenn Status Flag gesetzt	wenn (SREG(b) = 1)dann PC ← PC + K + 1	1/2	1
BRBC	b,K7	Verzweige wenn Status Flag gelöscht	wenn (SREG(b) = 0)dann PC ← PC + K + 1	1/2	1
BREQ	K7	Verzweige wenn gleich	wenn (Z = 1) dann PC ← PC + K + 1	1/2	1
BRNE	K7	Verzweige wenn un-gleich	wenn (Z = 0) dann PC ← PC + K + 1	1/2	1
BRCS	K7	Verzweige wenn Carry gesetzt	wenn (C = 1) dann PC ← PC + K + 1	1/2	1
BRCC	K7	Verzweige wenn Carry gelöscht	wenn (C = 0) dann PC ← PC + K + 1	1/2	1
BRSH	K7	Verzweige wenn gleich oder größer, unsigned	wenn (C = 0) dann PC ← PC + K + 1	1/2	1
BRLO	K7	Verzweige wenn klei-ner, unsigned	wenn (C = 1) dann PC ← PC + K + 1	1/2	1
BRMI	K7	Verzweige wenn nega-tiv	wenn (N = 1) dann PC ← PC + K + 1	1/2	1
BRPL	K7	Verzweige wenn posi-tiv	wenn (N = 0) dann PC ← PC + K + 1	1/2	1
BRGE	K7	Verzweige wenn größer gleich, signed	wenn (N ↔ V = 0) dann PC ← PC + K + 1	1/2	1
BRLT	K7	Verzweige wenn klei-ner gleich, signed	wenn (N ↔ V =1) dann PC ← PC + K + 1	1/2	1
BRHS	K7	Verzweige wenn Half Carry Flag gesetzt	wenn (H = 1) dann PC ← PC + K + 1	1/2	1
BRHC	K7	Verzweige wenn Half Carry Flag gelöscht	Wenn (H = 0) dann PC ← PC + K + 1	1/2	1
BRVS	K7	Verzweige wenn Over-flow Flag gesetzt	wenn (V = 1) dann PC ← PC + K + 1	1/2	1
BRVC	K7	Verzweige wenn Over-flow Flag gelöscht	wenn (V = 0) dann PC ← PC + K + 1	1/2	1

16.6.15 Befehl überspringen

Alternativ kann der nächste Befehl, abhängig von einer Bedingung mit den Befehlen CPSE, SBRC und SBRS übersprungen werden (vergl. Tabelle 16-17).

Tabelle 16-17 Bedingte Sprungbefehle zum Überspringen des nächsten Befehls.

Befehl	Operand	Beschreibung	Ausführung
CPSE	Rd,Rr	Überspringe wenn gleich	wenn (Rd = Rr), dann PC ← PC + 2 oder 3
SBRC	Rr,b	Überspringe wenn Bit im Register gelöscht	wenn (Rr(b) = 0), dann PC ← PC + 2 oder 3
SBRS	Rr,b	Überspringe wenn Bit im Register gesetzt	wenn(Rr(b) = 1), dann PC ← PC + 2 oder 3

16.6.16 Befehle für Unterprogramme

Unterprogramme dienen der besseren Strukturierung eines Programmes. Sie sind Programmteile, die eine bestimmte, klar definierte Aufgabe erfüllen. Sie werden vom aufrufenden Programm mit den Befehlen CALL (Call Subroutine) oder RCALL (Relative Call Subroutine) aufgerufen. Dazu muss im Befehl die Adresse des Unterprogramms stehen. CALL springt zu einer absolut definierten Adresse, RCALL zu einer relativ definierten Adresse. Der letzte Befehl im Unterprogramm ist RET (Return from Subroutine), er bewirkt, dass als nächstes der Befehl im aufrufenden Programm ausgeführt wird, der nach dem CALL- bzw. RCALL-Befehl steht. Die Rücksprungadresse wird dazu im Stack zwischengespeichert.

Der Stack ist ein Stapelspeicher im RAM. Auf ihm werden Daten oben abgelegt oder von oben entnommen. Beim ATmega16 wächst der Stack nach niedrigeren Adressen hin. Die nächste freie Speicherstelle im Stack wird dabei im Stack-Pointer gespeichert. Zu Beginn des Programms wird der Stack initialisiert, indem man den Stack-Pointer z.B. auf die oberste Speicherstelle im RAM-Bereich setzt. Wenn das erste Datum an diesem Speicherplatz abgelegt wird, wird gleichzeitig der Stack-Pointer um Eins dekrementiert, denn das ist dann der nächste freie Speicherplatz im Stack. Wenn ein Datum entnommen wird, wird der Stack-Pointer um Eins inkrementiert.

Es werden beim CALL-Befehl die folgenden Schritte durchgeführt:

1. Bei einem Unterprogrammaufruf durch den Befehl CALL wird zunächst die Rücksprungadresse gerettet, indem zuerst das höherwertige Byte des Befehlszählers (PCH) auf den Stack gelegt wird, also an die Adresse, die im Stack-Pointer gespeichert ist.

2. Dann wird der Stack-Pointer dekrementiert, so dass er auf die nächste freie Speicherstelle im Stack zeigt.

3. Das niederwertige Byte des Befehlszählers (PCL) wird auf den Stack gelegt, also an die Adresse, auf die der Stack-Pointer zeigt.

4. Anschließend wird der Stack-Pointer um eins dekrementiert. Wählt man die übliche Darstellung, in der die Speicherplätze mit höheren Adressen nach unten aufgetragen werden, so wächst der Stack nach oben. Der Stack-Pointer zeigt nach dem CALL-Befehl wieder auf die erste freie Stack-Position (top of stack = TOS).

5. Mit der Adresse im Operanden wird der Befehlszähler geladen. Der nächste auszuführende Befehl steht dann an dieser Stelle. Es ist die Adresse des ersten Befehls des Unterprogramms.

6. Die Unterprogrammbefehle zum Aufruf eines Unterprogramms und Rücksprung aus einem Unterprogramm sind in Tabelle 16-18 zusammengefasst.

Der Befehl RCALL arbeitet genauso wie der Befehl CALL, nur dass die Adresse des Unterprogramms relativ zum Speicherplatz des Befehls BSR angegeben wird. Dadurch darf das Unterprogramm maximal 2K Wörter weiter vorn oder 2K Wörter weiter hinten im Programm stehen.

Der Rücksprung aus dem Unterprogramm in das aufrufende Programm geschieht mit dem Befehl RET (Return from Subroutine). Beim Rücksprung ist die Reihenfolge der Stack-Operationen umgekehrt:

1. Der Stack-Pointer wird inkrementiert, so dass er auf den obersten besetzten Speicherplatz zeigt.

2. Der Inhalt des Speicherplatzes, auf den der Stack-Pointer zeigt, wird in das niederwertige Byte des Befehlszählers PCL geschrieben.

3. Der Stack-Pointer wird inkrementiert.

4. Der Inhalt des Speicherplatzes, auf den der Stack-Pointer zeigt, wird in das höherwertige Byte des Befehlszählers PCH geschrieben.

Tabelle 16-18 Unterprogrammbefehle

Befehl	Operand	Beschreibung	Ausführung	Flags	T	W
RCALL	K12	Relativer Aufruf Unterprogramm	PC ← PC + K + 1 Stack ← PC + 1 SP ← SP − 2	keins	3	1
CALL	K22	Absoluter Aufruf Unterprogramm	PC ← K Stack ← PC + 2 SP ← SP − 2	keins	4	2
RET		Unterprogramm Return	PC ← STACK SP ← SP + 2	keins	4	1
PUSH	Rr	Push Register auf den Stack	STACK ← Rr SP ← SP − 1	keins	2	1
POP	Rd	Pop Register vom Stack	Rd ← STACK SP ← SP + 1	keins	2	1

Der Stack-Pointer muss initialisiert werden. Man setzt ihn in der Regel auf die höchste Adresse des RAM-Bereiches. Das Initialisieren kann mit der folgenden Befehlsfolge geschehen.

```
LDI    r16,LOW(RAMEND)
OUT    SPL,r16
LDI    r16,HIGH(RAMEND)
OUT    SPH,r16
```

In diesem Fall wird der Stackpointer auf die Adresse $045F, die oberste Adresse im SRAM initialisiert (vergl. Bild 16-9). Ein Unterprogramm WARTEN, welches eine Warteschleife enthält, ist unten gezeigt. Es wird vom Befehl CALL WARTEN im Hauptprogramm aufgerufen.

```
        CALL    WARTEN      ;Aufruf Unterprogramm „Warten"
        ...                 ;weitere Befehle im Hauptprogramm
        ...                 ;
WARTEN: LDI     r17,$FF     ;Unterprogrammbeginn, $FF in r17 laden
ANFANG: DEC     r17         ;Zähler dekrementieren
        BRNE    ANFANG      ;wiederholen, wenn B größer 0
        RET                 ;Rücksprung
```

Das gezeigte Unterprogramm WARTEN hat den Nachteil, dass es den Inhalt des Registers r17 zerstört. Nach dem Aufruf des Unterprogramms steht immer $00 in r17. Man müsste immer beim Aufruf des Unterprogramms sicherstellen, dass der Inhalt dieses Registers nicht mehr gebraucht wird. Besser ist es, zu Beginn eines jeden Unterprogramms alle benötigten Register auf den Stack zu retten und sie vor dem Rücksprung wieder vom Stack zu holen.

Mit dem Befehl PUSH kann der Inhalt der Register auf dem Stapel abgelegt werden, damit sie durch die Operationen im Unterprogramm nicht zerstört werden. Man nennt diesen Vorgang Retten (engl. push). Mit dem Befehl POP kann der Registerinhalt vom Stack zurückgeholt werden (engl. pull). Wie die Tabelle 16-24 zeigt, wird beim Pushen der Registerinhalt in den Speicherplatz abgelegt, auf den der Stack-Pointer zeigt. Anschließend wird der Stack-Pointer dekrementiert, so dass er wieder auf den nächsten freien Speicherplatz zeigt. Beim Befehl POP wird erst der Stack-Pointer inkrementiert und dann das Datum vom Stack in das Register geladen.

Hier ist das obige Unterprogramm so ergänzt, dass der Inhalt des Registers r17 auf den Stack gerettet und am Ende des Unterprogramms wieder vom Stack geholt wird:

```
        CALL   WARTEN      ;Aufruf Unterprogramm
        ...                ;weitere Befehle im Hauptprogramm
        ...                ;
WARTEN: PUSH   r17         ;Inhalt von r17 retten
        LDI    r17,$FF     ;$FF in r17 laden
ANFANG: DEC    r17         ;Zähler dekrementieren
        BRNE   ANFANG      ;wiederholen, wenn B>0
        POP    r17         ;r17 zurückholen
        RET                ;Rücksprung zum Hauptprogramm
```

In Tabelle 16-18 ist die Übersetzung dieses Programmes durch den Assembler gezeigt. Unter „Adr" findet man die Adresse des Speichers. Rechts daneben sind jeweils die Bytes aufgelistet, die zu einem Befehl gehören. Weiter rechts steht der Assemblercode. Im ersten Befehl steht unter der Adresse $0010 den Opcode für den Befehl CALL WARTEN. Dieser Befehl umfasst die beiden Worte 94 0E 00 15. Man erkennt, dass das Label WARTEN durch die Adresse 0015 ersetzt ist. Dies ist die Adresse des Unterprogramms.

Tabelle 16-19 List-File des Unterprogramms.

Adr.	Inhalt	Label	Opcode	Operand	;Kommentar
0010	94 0E 00 15		CALL	WARTEN	;Aufruf Unterprogramm
0012	. . .				;weitere Befehle des
					;Hauptprogramms
0015	93 1F	WARTEN:	PUSH	r17	;Inhalt von r17 retten
0016	EF 1F		LDI	r17,$FF	;$FF in r17 laden
0017	95 1A	ANFANG:	DEC	r17	;Zähler dekrementieren
0018	F7 F1		BRNE	ANFANG	;wiederholen, wenn B>0
0019	91 1F		POP	r17	;r17 zurückholen
001A	95 08		RET		;Rücksprung

In Tabelle 16-19 ist der Inhalt des Stacks gezeigt, wie er sich während der Ausführung des Unterprogramms darstellt. In diesem Beispiel wird angenommen, dass im Register r17 vor dem Aufruf des Unterprogramms $2E stand. Der Stackpointer vor dem Aufruf des Unterprogramms zeigt auf die Adresse $045F.

Tabelle 16-19 Stack zum Programm „Warten". Es ist der Zustand während der Ausführung des Unterprogramms gezeigt.

Speicher		Kommentar
Adresse	Inhalt	
045C		←Stack-Pointer bei PC = 0016
045D	2E	geretteter Inhalt von r17
045E	12	PCL
045F	00	PCH ←Stack-Pointer vor dem Unterprogrammaufruf

16.7 Assembleranweisungen

Man unterscheidet zwischen Assembleranweisungen und Assemblerbefehlen.

- Assemblerbefehle nennt man auch Mnemonics (z.B. `LDI r20,$0A`). Sie bilden den Source-Code.
- Die Assembleranweisungen (engl. Directives) dienen dagegen der Übersetzung des Source-Codes in den Object-Code. Sie werden nicht übersetzt, sondern sagen aus, wie die Befehle zu einem Programm zusammengefügt werden sollen. Sie sagen, ab welcher Adresse das Programm in den Speicher geschrieben wird und geben Hinweise für die Zuordnung von symbolischen Variablen zu Speicherplätzen. z.B. sagt der Befehl `.ORG $0010`, dass die folgenden Befehle ab der Adresse $0010 im Speicher angeordnet werden sollen. Assembleranweisungen beginnen zur Unterscheidung von Variablen und Labeln immer mit einem Punkt.

Das Assemblerprogramm nimmt die Übersetzung des Source-Codes in den Object-Code vor, hat aber daneben noch weitere Aufgaben:

1. Ein Maschinenprogramm ist im Allgemeinen an einen bestimmten Ort im Speicher gebunden. Zum Beispiel stehen in absolut adressierten Sprüngen Sprungadressen, die bei einer Verschiebung des Programms im Speicher geändert werden müssen. Um es dem Programmierer einfacher zu machen, ist das Assemblerprogramm in der Lage, aus symbolischen Sprungadressen konkrete Adressen (physikalische Adressen) zu berechnen. Dazu muss dem Assembler mitgeteilt werden, wo das Programm im Speicher stehen soll. Das geschieht mit dem Befehl:

`.ORG Adresse`

Alternativ können mit den folgenden Definitionen Bereiche festgelegt werden, in die das Programme oder Daten geschrieben werden sollen:

Anweisung	Wirkung
.CSEG	Der folgende Code wird in den Flash-Speicher geschrieben
.DSEG	Die folgenden Variablendeklarationen stehen im SRAM
.ESEG	Der folgende Code wird in das EEPROM übernommen

2. Vom Assembler können symbolische Namen „*Name*" für Konstanten verarbeitet werden. Er ordnet jedem Label „*Name*" eine Konstante zu. Es sind 8-Bit-Konstanten und 16-Bit-Konstanten möglich.

Anweisung	Operand	Wirkung	Beispiel
.EQU	*Name = data*	Weist der Konstanten einen Zahlenwert „*data*" zu	.EQU Null = $00

3. Ebenso können symbolische Namen „*Name*" für Variablen und Konstanten vom Assembler verarbeitet werden. Er ordnet jeder Variablen eine 16-Bit-Adresse zu, da eine Variable im Rechner identisch mit der Adresse eines Speicherplatzes ist.

Anweisung	Operand	Wirkung	Beispiel
Name: .DB	Liste	Erstellt eine Liste mit Konstanten	Konst: .DB 4,7,8
Name: .BYTE	n	Definiert n 8-Bit-Variablen	VAR: .BYTE 3

4. Kommentare, die mit einem Semikolon beginnen müssen, werden vom Assembler ignoriert.

5. Das Assemblerprogramm nimmt eine Prüfung auf Syntaxfehler vor.

6. Durch die Definition von Makros kann der Programmieraufwand gesenkt werden.

Die Assemblierung wird in mehreren Durchgängen vorgenommen. Zuerst werden die Befehle übersetzt. In den weiteren Durchgängen werden dann die symbolischen Adressen und Sprungziele zugeordnet. Die Übersetzung der Befehle in den Maschinencode wird mit Hilfe von prozessorspezifischen Listen vorgenommen.

```
Adresse  Inhalt        Label  Opcode  Operand           ;Kommentar

                       .EQU    KONST = $FF       ;KONST definieren

                       .CSEG                     ;Programmbeginn
000000 e50f            LDI     r16,LOW(RAMEND)   ;Stack
000001 bf0d            OUT     SPL,r16           ;initialisieren
000002 e004            LDI     r16,HIGH(RAMEND)
000003 ef1f            LDI     r17,KONST         ;r17 mit KONST la-
                                                 ;den
000004 9310 0060       STS     VAR1,r17          ;r17 in VAR1 spei-
                                                 ;chern
000006 ...

                       .DSEG                     ;Beginn Datenspei-
                                                 ;cher
000060          VAR1: .BYTE 1                     ;Speicherort Var1
```

Das Beispiel verwendet die Assembleranweisungen .CSEG, .DSEG, .EQU und .BYTE. Durch die Anweisung .CSEG wird der folgende Code im Flash-Programmspeicher abgelegt. Die Befehle stehen daher ab der Adresse $0000 im Flash-Speicher. Durch .DSEG werden die Daten ab der ersten verfügbaren Adresse im SRAM, hier also ab der Adresse $0060 abgelegt.

Der Assembler weist den Befehlen und Sprungmarken entsprechende Adressen im Programmspeicher zu (in diesem Beispiel nicht vorhanden).

Die Anweisung .EQU wird für die Definition der Konstanten KONST verwendet. Immer wenn diese Konstante im Text vorkommt, setzt das Assemblerprogramm den entsprechenden Wert $FF ein. Das dient der Übersichtlichkeit des Programms. KONST1 ist eine 8-Bit-Konstante. Sie wird verwendet, um das Register r17 zu initialisieren.

Die Anweisung .BYTE reserviert zunächst einen Speicherplatz und weist ihm eine Adresse und einen symbolischen Namen zu. Der Name ist in diesem Fall VAR1, die Adresse ist $0060, die erste Adresse im SRAM. Der Programmierer kann jetzt VAR1 wie eine Adresse behandeln, z.B. in Befehlen, die die Adressierungsart Daten Direkt verwenden, wie hier beim Befehl STS.

16.8 Interrupt-Bearbeitung

Ein Interrupt ist eine Möglichkeit ein laufendes Programm von außen zu unterbrechen. Dies ist zum Beispiel erforderlich, wenn durch eine Tastatur ein Befehl eingegeben wurde, oder wenn bei einer Mikroprozessor-gesteuerten Werkzeugmaschine ein Not-Halt ausgeführt werden soll.

Andere Ereignisse, die einen Interrupt auslösen können sind z.B.:

- Wenn einer der Timer im ATmega einen vorher festgelegten Wert erreicht.
- Wenn eine serielle Übertragung einer Schnittstelle abgeschlossen ist.
- Wenn eine Pegeländerung an einem speziellen externen Pin am ATmega 16 aufgetreten ist. Dies ist z.B. der INT0-Pin, der einen externen Interrupt signalisiert.

Wenn solch ein externes oder internes Ereignis signalisiert wird, wird das Programm unterbrochen und stattdessen eine für den Interrupt-spezifische Interrupt-Service-Routine (ISR) ausgeführt, die die anstehenden Probleme lösen soll. Anschließend wird das Programm weiter ausgeführt.

Interrupts sind ein Eingriff in das laufende Programm. Wenn ein Interrupt auftritt, wird die Rücksprungadresse auf den Stack gerettet, um nach der Ausführung der ISR das Programm weiter ausführen zu können.

Außerdem können Interrupts ein- und ausgeschaltet werden. Das ist nötig, um Interrupts an unpassenden Stellen im Programmablauf zu verhindern. So ist es z.B. katastrophal, wenn ein Interrupt auftritt, bevor der Stack initialisiert wurde. Es ist daher üblich, ganz am Anfang des Programms den Stack-Pointer zu initialisieren und dann erst die Interrupts freizugeben. Ein Interrupt wird nur angenommen, wenn das lokale Masken-Bit und das globale Maskenbit im SREG, das I-Bit, gesetzt sind.

Die Reihenfolge der Aktionen bei einem Interrupt ist:

- Wenn die Interrupt-Quelle festgestellt ist, reagiert die CPU nach Beendigung des augenblicklich ausgeführten Befehls.
- Die Rücksprungadresse wird auf dem Stack gespeichert.
- Da mehrere Interrupts gleichzeitig auftreten können, haben Interrupts eine Priorität. Es wird daher der anliegende Interrupt mit der höchsten Priorität ausgeführt. Dafür wird aus dem Speicher der Interrupt-Vektor des Interrupts mit der höchsten Priorität aus der Interrupt-Vektor-Tabelle geholt und in den PC geladen. Die ISR wird an der Adresse angesprungen, die durch die Interrupt-Vektor-Tabelle (Tab. 16-21) definiert ist.
- Alle anderen Interrupts sind während der Ausführung der ISR gesperrt (Globales Maskenbit im SREG wird zurückgesetzt).
- Der RETI-Befehl in der ISR bewirkt das Laden des alten PC-Wertes aus dem Stack.
- Die normale Programmbearbeitung wird fortgesetzt.

Beim Auftreten eines Interrupts ist folgendes zu beachten:

- Es werden außer dem PC-Wert keine Register automatisch gerettet. Wenn ein Register in der ISR verwendet wird, sollte es auf jeden Fall gerettet werden, da in der Regel nicht bekannt ist, an welcher Stelle im Hauptprogramm der Interrupt ausgelöst wurde.
- Zum Retten von Arbeitsregistern dienen die Befehle PUSH und POP.
- Falls durch arithmetische Befehle in der ISR das SREG verändert wird, sollte es ebenfalls gerettet werden. Dies muss über IN und OUT in ein Arbeitsregister zwischengespeichert werden, da es dafür keinen direkten Befehl gibt. (genauso: I/O Register).

- Flanken- oder Pegelsteuerung der Interrupts wird durch Bits im Register MCUCR eingestellt, welches im IO-Bereich liegt.

Der ATmega besitzt zwei Gruppen von Interrupts:

Die eine Gruppe sind die *nicht maskierbaren* Interrupts, von denen als Beispiele die Interrupts INT0 und INT1 in Tabelle 16-20 aufgelistet sind. Die Tabelle 16-20 enthält für jeden Interrupt zwei aufeinanderfolgende Adressen im Programmspeicher, in denen der Programmierer üblicherweise einen Sprung zu der dazugehörigen Interrupt-Service-Routine einsetzt. Hier sind nur der Reset, die externen Interrupts INT0 und INT1 sowie beispielhaft zwei Interrupts des Timers 2 aufgelistet. Insgesamt gibt es 21 Interrupts.

Die *maskierbaren* Interrupts haben ein lokales Maskenbit, mit dem sie ein- und ausgeschaltet werden können. Die Maskenbits sind in den IO-Registern enthalten, die im Datenspeicher liegen (vergl. Bild 16-9).

Tabelle 16-20 Eigenschaften einiger Interrupts und des Reset des ATmega16.

Priorität	Vektor-Adresse im Programmspeicher	Interrupt	Quelle
1	0000-0001	RESET	Externer Pin
2	0002-0003	INT0	Externer PIN
3	0004-0005	INT1	Externer PIN
4	0006-0007	TIMER2 COMP	Timer/Counter2 Compare Match
5	0008-0009	TIMER2 OVF	Timer/Counter2 Overflow
6 . . . 21	0006-0007 . . . 0028-0029	Weitere Interrupts	

Auch der Reset gehört zu den Interrupts. Unter anderem wird ein Reset beim Einschalten der Betriebsspannung ausgelöst, oder indem der Eingang ¬Reset auf 0 gesetzt wird. Das bewirkt einen Neustart des Prozessors an der Adresse $0000 mit einer Initialisierung der meisten Register.

Wie im untenstehenden Programmbeispiel gezeigt, steht an der Stelle $0000 im Programm ein Sprung in das Hauptprogramm, welches nach den Interruptvektoren an der Adresse $002A angeordnet ist.

Das Hauptprogramm beginnt mit der Initialisierung des Stackpointers auf das Ende des SRAM. Danach werden die Interrupts mit dem Befehl SEI freigegeben. Die Interrupt-Service-Routine ist nach dem letzten Befehl des Hauptprogramms angeordnet. Dies ist in der Regel ein Rücksprung zum Beginn des Hauptprogramms. Das Hauptprogramm besteht oft aus einer Endlosschleife, in der die Steuer- und Regelaufgaben ausgeführt werden.

Der Ablauf bei einem Interrupt ist wie folgt: Wenn ein INT0-Interrupt während der Ausführung des Hauptprogramms auftritt, wird der der Inhalt des PC, der auf den nächsten Befehl zeigt, auf den Stack gerettet. Statt des nächsten Befehls wird der Interrupt-Vektor an der Adresse $0002 des INT0-Interrupts (vergl. Tabelle 16-20) in den PC geladen. An dieser Adresse steht ein

Sprung in die ISR an der Adresse $040. Nach deren Beendigung veranlasst der Befehl RTI das Zurückholen des PC, der damit auf den nächsten Befehl des Hauptprogramms zeigt.

```
Addr  Label        Code                      ;Kommentar
$000               JMP Main                  ; Reset-Handler
$002               JMP EXT_INT0              ; Sprung zu IRQ0
$004               Weitere Interrupts
. . .
$02A  Main:        LDI r16,high(RAMEND)      ; Hauptprogramm
$02B               OUT SPH,r16               ;  Stack Pointer init.
$02C               LDI r16,low(RAMEND)
$02D               OUT SPL,r16
$02E               SEI                       ; Enable interrupts
$02F               Befehle Hauptprogramm
. . .
$03F               RJMP Main                 ; Letzter Befehl Hauptprgr.
$040  EXT_INT0:    Befehle ISR INT0          ; Beginn ISR INT0
$041               Befehle ISR INT0          ; Befehle ISR
$042               RETI                      ; Rücksprung aus ISR
```

16.9 Übungen

Aufgabe 16.1

Was ist der Vorteil und der Nachteil einer gemeinsamen Speicherung von Daten und Befehlen beim Von-Neumann-Rechner in demselben Speicher? Welche Vorteile hat eine Harvard-Architektur?

Aufgabe 16.2

a) Zählen Sie die Adressierungsarten des ATmega16 auf.
b) Was geschieht bei einem Interrupt?
c) Erklären Sie die Begriffe Stack und Stack-Pointer.
d) Welche Schritte führen CALL und RET beim Aufruf eines Unterprogramms aus.

Aufgabe 16.3

Schreiben Sie ein Programm, welches zwei Zahlen in ihren Speicherplätzen vertauscht. Die Zahlen sollen in Speicherplätzen stehen, deren Adressen in den Index-Registern X und Y stehen. Wie viele Takte benötigt Ihr Programm zur Ausführung?

Aufgabe 16.4

Schreiben Sie ein Programmstück für den ATmega16, welches einen Block von variabler Länge (n Bytes $\leq$ 255) von einer Stelle im SRAM an eine andere verschiebt. Die Anzahl der zu verschiebenden Bytes soll im Register r17 stehen. Im Index-Register X soll die erste Adresse des zu verschiebenden Blocks stehen, im Index-Register Y die erste Adresse des neuen Blocks.

Aufgabe 16.5

Schreiben Sie ein Programm, welches die Anzahl der Einsen im Register r18 zählt. Die Anzahl der Einsen soll anschließend binär codiert im Register r16 stehen.

A Anhang

A.1 Die Abhängigkeitsnotation

In dieser Tabelle werden die funktionsbeschreibenden Symbole der Abhängigkeitsnotation zusammengefasst. Diese Symbole werden innerhalb der Umrandung des Symbols angegeben. Sie beschreiben die allgemeine Funktion der Schaltung.

Symbol	Beschreibung
&	UND-Gatter
≥ 1	ODER Gatter
=1	EXOR-Gatter
=	Äquivalenz-Gatter
2k	Eine gerade Anzahl der Eingänge muss auf 1 liegen
2k+1	Eine ungerade Anzahl der Eingänge muss auf 1 liegen
1	Ein Eingang muss auf 1 sein
◁ oder ▷	Treiber-Ausgang, das Symbol ist in Richtung des Signalflusses orientiert.
⊓	Schmitt-Trigger
X/Y	Code-Wandler
MUX	Multiplexer
DMUX oder DX	Demultiplexer
Σ	Addierer
P-Q	Subtrahierer
CPG	Carry-Look-Ahead-Generator
π	Multiplizierer
COMP	Vergleicher, Komparator
ALU	Arithmetisch-logische-Einheit
SRGm	Schieberegister mit m Bits
CTRm	Zähler mit m Bits, Zykluslänge 2^m
CTR DIVm	Zähler mit Zykluslänge m
RCTRm	Asynchroner Zähler mit Zykluslänge 2^m
ROM	Read Only Memory
RAM	Schreib-Lese-Speicher
FIFO	First-In-First-Out-Speicher

© Springer Fachmedien Wiesbaden GmbH, ein Teil von Springer Nature 2023
K. Fricke, *Digitaltechnik*, https://doi.org/10.1007/978-3-658-40210-5

In der folgenden Tabelle werden die logischen Symbole außerhalb der Umrandung zusammengefasst:

Nr	Symbol	Beschreibung
1		Logische Inversion eines Eingangs (externe 0 erzeugt interne 1)
2		Logische Inversion eines Ausgangs (interne 0 erzeugt externe 1)
3		Eingang, aktiv bei L, äquivalent zu Nr. 1 bei positiver Logik
4		Eingang, aktiv bei L, Signalfluss von rechts nach links
5		Ausgang, aktiv bei L, äquivalent zu 2 bei positiver Logik
6		Signalfluss von rechts nach links
7		Bidirektionaler Signalfluss
8		Dynamischer Eingang: aktiv bei positiver Flanke
9		Dynamischer Eingang: aktiv bei negativer Flanke
10		Nichtlogischer Eingang
11		Analoger Eingang an einem digitalen Symbol
12		Interne Verbindung
13		Invertierende interne Verbindung
14		Interne Verbindung: aktiv bei positiver Flanke

Die logischen Symbole der nächsten Tabelle liegen innerhalb der Umrandung des Symbols. Es werden dadurch Aussagen über den inneren logischen Zustand der Schaltung gemacht.

Symbol	Beschreibung
⌐⊢	gepufferter Ausgang: Änderung erst bei Erreichen des ursprünglichen Zustands des Eingangs
⊣⊡	Eingang mit Hysterese
◊⊢	Ausgang mit offenem Kollektor eines npn-Transistors oder vergleichbarer Ausgang
◊⊢	Ausgang mit offenem Emitter eines npn-Transistors oder vergleichbarer Ausgang
▽⊢	Tri-State-Ausgang
⊣EN	Enable-Eingang
J, K, R, S, D, T	Flipflop-Eingänge: Übliche Bedeutung der Buchstaben
⊣→m ⊣←m	Eingänge, die Rechts-Shift bzw. Links-Shift in einem Schieberegister bewirken, $m \in N$, $m = 1$ wird in der Regel nicht angegeben
0 } n	Binärer Eingangsvektor mit den Wertigkeiten 0 bis n. n ist die Zweierpotenz der Wertigkeit des MSB
⊣CT=15	Setz-Eingang, der angegebene Wert wird geladen, wenn der Eingang aktiv ist
CT=15⊢	Ausgang geht auf 1, wenn das Register den angegebenen Wert annimmt
"1"⊢	Ausgang mit konstantem Wert
⫫	Gruppe von Signalen, die einen einzigen logischen Eingang bilden
▷	Interne Verbindung: aktiv bei positiver Flanke

In dieser Tabelle wird die Bedeutung der Buchstaben in der Abhängigkeitsnotation zusammengefasst. Es sind zusätzlich die Seiten angegeben, auf denen genauere Beschreibungen der Abhängigkeiten oder Beispiele zu finden sind.

Abhängigkeit	Symbol	Eingang auf 1	Eingang auf 0	Seite
Adresse	A	wählt Adresse	Adresse nicht gewählt	160
Kontrolle	C	aktiviert	unverändert	79
Enable	EN	aktiviert	Eingänge unwirksam, Tri-State-Ausgänge hochohmig, Open-Kollektor-Ausgänge aus, andere Ausgänge auf 0	37
UND	G	UND mit anderen Eingängen	erzwingt 0	27
Mode	M	Modus gewählt	Modus nicht gewählt	133
Negation	N	negiert Zustand	Kein Einfluss	29
Reset	R	setzt Flipflop zurück	Kein Einfluss	78
Set	S	setzt Flipflop	Kein Einfluss	78
ODER	V	erzwingt 1	Oder mit anderen Eingängen	28
Übertragung	X	bidirektionale Verbindung hergestellt	Verbindung offen	29
Verbindung	Z	erzwingt 1	erzwingt 0	29

A.2 Befehlssatz des ATmega16

Abkürzungen für die folgenden Tabellen

Abk.	Beschreibung	Codierung im OP-Code
Rr	Quell-Register r0 bis r31	rrrrr
Rd	Ziel-Register r0 bis r31	ddddd
Rh	Register für die Immediate-Adressierung (r16-r31)	1dddd
Rw	Pointer-Register (für die Befehle AIDW,SBIW) (r24,r26,r28,r30)	r25:r24　　　(ww=00) r27:r26 = X (ww=01) r29:r28 = Y (ww=10) r31:r30 = Z (ww=11)
Rp	Pointer-Register (X,Y,Z)	r27:r26 = X (eee=111) r29:r28 = Y (eee=010) r31:r30 = Z (eee=000)
Ro	Base Pointer-Register	r29:r28 = Y (o=1) r31:r30 = Z (o=0)
Kn	n Bit-Konstante	kkkkkk...
b	Bit-Position in Register	bbb
P	Portadresse 6 Bit	pppppp

Transfer-Befehle

Befehl	Operanden	Beschreibung	Ausführung	T	W
MOV	Rd,Rr	Kopiere Register	Rd ← Rr	1	1
LDI	Rh,K8	Lade immediate	Rh ← K	1	1
LDS	Rd,A16	Lade direkt aus Datenspeicher	Rd ← (A)	2	2
LD	Rd,Rp	Lade indirekt	Rd ← (Rp)	2	1
LD	Rd,Rp+	Lade indirekt mit Post-Inkrement	Rd ←(Rp) Rp ← Rp + 1	2	1
LD	Rd,-Rp	Lade indirekt mit Prä-Dekrement	Rp ← Rp - 1 Rd ← (Rp)	3	1
LDD	Rd,Ro+K6	Lade indirekt mit Displacement	Rd ← (Ro + K)	2	1
STS	A16,Rd	Speichere direkt in Datenspeicher	(A) ← Rd	2	2
ST	Rp,Rr	Speichere indirekt	(Rp) ← Rr	2	1
ST	Rp+,Rr	Speichere indirekt mit Post-Inkrement	(Rp) ← Rr Rp ← Rp + 1	2	1
ST	-Rp,Rr	Speichere indirekt mit Prä-Dekrement	Rp ← Rp - 1 (Rp) ← Rr	2	1
STD	Ro+K6,Rr	Speichere indirekt mit Displacement	(Ro + K) ← Rr	2	1
IN	Rd,P	Lade aus IO-Adresse	Rd ← (P)	1	1
OUT	P,Rr	Speicher in IO-Adresse	(P)← Rr	1	1

Arithmetische Befehle

Be-fehl	Ope-rand	Beschreibung	Ausführung	H,S,V,N,Z,C	T
ADD	Rd,Rr	Addiere ohne Carry	Rd ← Rd + Rr	H,S,V,N,Z,C	1
ADC	Rd,Rr	Addiere mit Carry	Rd ← Rd + Rr + C	H,S,V,N,Z,C	1
ADIW	Rw,K6	Addiere zu Wort immediate	Rw ← Rw + K	-,S,V,N,Z,C	2
SUB	Rd,Rr	Subtrahiere ohne Carry	Rd ← Rd − Rr	H,S,V,N,Z,C	1
SUBI	Rh,K8	Subtrahiere imme-diate	Rh ← Rh − K	H,S,V,N,Z,C	1
SBC	Rd,Rr	Subtrahiere mit Carry	Rd ← Rd − Rr − C	H,S,V,N,Z,C	1
SBCI	Rh,K8	Subtrahiere imme-diate mit Carry	Rh ← Rh − K − C	H,S,V,N,Z,C	1
SBIW	Rw,K6	Subtrahiere imme-diate	Rw ← Rw − K	-,S,V,N,Z,C	2
AND	Rd,Rr	Logisches UND	Rd ← Rd ∧ Rr	-,S,V,N,Z,-	1
ANDI	Rh,K8	Logisches UND, im-mediate	Rh ← Rh ∧ K	-,S,V,N,Z,-	1
OR	Rd,Rr	Logisches ODER	Rd ← Rd ∨ Rr	-,S,V,N,Z,-	1
ORI	Rh,K8	Logisches ODER, immediate	Rh ← Rh ∨ K	-,S,V,N,Z,-	1
EOR	Rd,Rr	Exklusives ODER	Rd ← Rd ↔ Rr	-,S,V,N,Z,-	1
COM	Rd	Einerkomplement	Rd ← $FF − Rd	-,S,V,N,Z,C	1
NEG	Rd	Zweierkomplement	Rd ← $00 − Rd	H,S,V,N,Z,C	1
SBR	Rh,K8	Setze Bit(s)	Rh ← Rh ∨ K	-,S,V,N,Z,-	1
CBR	Rh,K8	Lösche Bit(s)	Rh ← Rh ∧ ($FF-K)	-,S,V,N,Z,-	1
INC	Rd	Inkrementiere	Rd ← Rd + 1	-,S,V,N,Z,-	1
DEC	Rd	Dekrementiere	Rd ← Rd − 1	-,S,V,N,Z,-	1
CLR	Rd	Lösche Register	Rd ← $00	-,0,0,0,1,-	1
SER	Rh	Setze Register	Rh ← $FF	-,-,-,-,-,-	1

SREG-Manipulation

Be-fehl	Ope-rand	Beschreibung	Ausführung	H,S,V,N,Z,C	T	W
BSET	b	Flag Setzen	SREG(b) ← 1	SREG(b)	1	1
BCLR	b	Flag Löschen	SREG(b) ← 0	SREG(b)	1	1
SEC		Setze Carry	C ← 1	-,-,-,-,-,1	1	1
CLC		Lösche Carry	C ← 0	-,-,-,-,-,0	1	1
SEN		Setze Negative-Flag	N ← 1	-,-,-,1,-,-	1	1
CLN		Lösche Negative- Flag	N ← 0	-,-,-,0,-,-	1	1
SEZ		Setze Zero-Flag	Z ← 1	-,-,-,-,1,-	1	1
CLZ		Lösche Zero-Flag	Z ← 0	-,-,-,-,0,-	1	1
SES		Setze Signed-Flag	S ← 1	-,1,-,-,-,-	1	1
CLS		Lösche Signed-Flag	S ← 0	-,0,-,-,-,-	1	1
SEV		Setze Zweierkomple-ment- Überlauf Flag	V ← 1	-,-,1,-,-,-	1	1
CLV		Lösche Zweierkomple-ment- Überlauf Flag	V ← 0	-,-,0,-,-,-	1	1

Schieben Rotieren

Be-fehl	Ope-rand	Beschrei-bung	Ausführung	H,S,V,N,Z,C	T	W
LSL	Rd	Logisch links schieben	Rd(n+1) ← Rd(n), Rd(0) ← 0, C ← Rd(7)	H,-,V,N,Z,C	1	1
LSR	Rd	Logisch rechts schieben	Rd(n) ← Rd(n+1), Rd(7) ← 0, C ← Rd(0)	-,-,V,N,Z,C	1	1
ROL	Rd	Rotiere links über Carry	Rd(0) ← C, Rd(n+1) ← Rd(n), C ← Rd(7)	H,-,V,N,Z,C	1	1
ROR	Rd	Rotiere rechts über Carry	Rd(7) ← C, Rd(n) ← Rd(n+1), C ← Rd(0)	-,-,V,N,Z,C	1	1
ASR	Rd	Arithme-tisches Schieben rechts	Rd(n) ← Rd(n+1), n=0..6	-,-,V,N,Z,C	1	1

Vergleich

Be-fehl	Ope-rand	Beschreibung	Ausführung	H,S,V,N,Z,C	T	W
CP	Rd,Rr	Vergleiche	Rd - Rr	H,S,V,N,Z,C	1	1
CPC	Rd,Rr	Vergleiche mit Carry	Rd - Rr - C	H,S,V,N,Z,C	1	1
CPI	Rh,K8	Vergleiche immediate	Rd - K	H,S,V,N,Z,C	1	1
TST	Rd	Teste auf Null oder Minus	Rd ∧ Rd	-,S,V,N,Z,-	1	1

Verzweigungsbefehle

Be-fehl	Ope-rand	Beschreibung	Ausführung	T	W
RJMP	K12	Relativer Sprung	PC ← PC + K + 1	2	1
JMP	K22	Sprung direkt	PC ← K	3	2
CPSE	Rd,Rr	Überspringe, wenn gleich	wenn (Rd = Rr) dann PC ← PC + 2 oder 3	1/2/3	1
SBRC	Rr,b	Überspringe, wenn Bit im Register gelöscht	wenn (Rr(b) = 0) dann PC ← PC + 2 oder 3	1/2/3	1
SBRS	Rr,b	Überspringe, wenn Bit im Register gesetzt	Wenn (Rr(b) = 1) dann PC ← PC + 2 oder 3	1/2/3	1
BRBS	b,K7	Verzweige, wenn Status Flag gesetzt	wenn (SREG(b) = 1 dann PC ← PC + K + 1	1/2	1
BRBC	b,K7	Verzweige, wenn Status Flag gelöscht	wenn (SREG(b) = 0) dann PC ← PC + K + 1	1/2	1
BREQ	K7	Verzweige, wenn gleich	wenn (Z = 1) dann PC ← PC + K + 1	1/2	1
BRNE	K7	Verzweige, wenn un-gleich	wenn (Z = 0) dann PC ← PC + K + 1	1/2	1
BRCS	K7	Verzweige, wenn Carry gesetzt	wenn (C = 1) dann PC ← PC + K + 1	1/2	1
BRCC	K7	Verzweige, wenn Carry gelöscht	wenn (C = 0) dann PC ← PC + K + 1	1/2	1
BRSH	K7	Verzweige, wenn gleich oder größer, Unsigned	wenn (C = 0) dann PC ← PC + K + 1	1/2	1
BRLO	K7	Verzweige, wenn klei-ner, Unsigned	wenn (C = 1) dann PC ← PC + K + 1	1/2	1
BRMI	K7	Verzweige, wenn nega-tiv	wenn (N = 1) dann PC ← PC + K + 1	1/2	1
BRPL	K7	Verzweige, wenn posi-tiv	wenn (N = 0) dann PC ← PC + K + 1	1/2	1
BRGE	K7	Verzweige, wenn größer gleich, Signed	wenn (N ⟷ V = 0) dann PC ← PC + K + 1	1/2	1
BRLT	K7	Verzweige, wenn klei-ner gleich, Signed	wenn (N ⟷ V = 1) dann PC ← PC + K + 1	1/2	1
BRHS	K7	Verzweige, wenn Half Carry Flag gesetzt	wenn (H = 1) dann PC ← PC + K + 1	1/2	1
BRHC	K7	Verzweige, wenn Half Carry Flag gelöscht	Wenn (H = 0) dann PC ← PC + K + 1	1/2	1
BRVS	K7	Verzweige, wenn Over-flow Flag gesetzt	wenn (V = 1) dann PC ← PC + K + 1	1/2	1
BRVC	K7	Verzweige, wenn Over-flow Flag gelöscht	wenn (V = 0) dann PC ← PC + K + 1	1/2	1
CPSE	Rd,Rr	Überspringe wenn gleich	wenn (Rd = Rr), dann PC ← PC + 2 oder 3	1/2/3	1
SBRC	Rr,b	Überspringe wenn Bit im Register gelöscht	wenn (Rr(b) = 0), dann PC ← PC + 2 oder 3	1/2/3	1
SBRS	Rr,b	Überspringe wenn Bit im Register gesetzt	wenn (Rr(b) = 1), dann PC ← PC + 2 oder 3	1/2/3	1

Unterprogramm-Befehle

Befehl	Operand	Beschreibung	Ausführung	Flags	T	W
RCALL	K12	Relativer Aufruf Unterprogramm	PC ← PC + K + 1 Stack ← PC + 1 SP ← SP - 2	keins	3	1
CALL	K22	Absoluter Aufruf Unterprogramm	PC ← K Stack ← PC + 2 SP ← SP - 2	keins	4	2
RET		Unterprogramm Return	PC ← STACK SP ← SP + 2	keins	4	1
RETI		Interrupt Return	PC ← STACK SP ← SP + 2	I	4	1
PUSH	Rr	Push Register auf den Stack	STACK ← Rr SP ← SP - 1	keins	2	1
POP	Rd	Pop Register vom Stack	Rd ← STACK SP ← SP + 1	keins	2	1

Einige Befehle wie Multiplikation, Division, einige Steuerbefehle usw. sind nicht aufgeführt!

Codierung der Befehle des ATmega16

Mnemonic	Operanden	Codierung Wort 1	Wort 2
ADC	Rd,Rr	0001 11rd dddd rrrr	
ADD	Rd,Rr	0000 11rd dddd rrrr	
ADIW	Rw,K6	1001 0110 kkww kkkk	
AND	Rd,Rr	0010 00rd dddd rrrr	
ANDI	Rh,K8	0111 kkkk dddd kkkk	
ASR	Rd	1001 010d dddd 0101	
BCLR	b	1001 0100 1bbb 1000	
BRBC	b,K7	1111 01kk kkkk kbbb	
BRBS	b,K7	1111 00kk kkkk kbbb	
BRCC	K7	1111 01kk kkkk k000	
BRCS	K7	1111 00kk kkkk k000	
BREQ	K7	1111 00kk kkkk k001	
BRGE	K7	1111 01kk kkkk k100	
BRHC	K7	1111 01kk kkkk k101	
BRHS	K7	1111 00kk kkkk k101	
BRLO	K7	1111 00kk kkkk k000	
BRLT	K7	1111 00kk kkkk k100	
BRMI	K7	1111 00kk kkkk k010	
BRNE	K7	1111 01kk kkkk k001	
BRPL	K7	1111 01kk kkkk k010	
BRSH	K7	1111 01kk kkkk k000	
BRVC	K7	1111 01kk kkkk k011	
BRVS	K7	1111 00kk kkkk k011	
BSET	b	1001 0100 0bbb 1000	
CALL	K22	1001 010k kkkk 111k	K16
CBR	Rh,K8	0111 kkkk dddd kkkk	
CLC		1001 0100 1000 1000	
CLN		1001 0100 1010 1000	
CLR	Rd	= EOR Rd,Rd	
CLS		1001 0100 1100 1000	
CLV		1001 0100 1011 1000	
CLZ		1001 0100 1001 1000	
COM	Rd	1001 010d dddd 0000	
CP	Rd,Rr	0001 01rd dddd rrrr	
CPC	Rd,Rr	0000 01rd dddd rrrr	
CPI	Rh,K8	0011 kkkk dddd kkkk	
CPSE	Rd,Rr	0001 00rd dddd rrrr	

Mnemonic	Operanden	Codierung Wort 1	Wort 2
DEC	Rd	1001 010d dddd 1010	
EOR	Rd,Rr	0010 01rd dddd rrrr	
IN	Rd,P	1011 0ppd dddd pppp	
INC	Rd	1001 010d dddd 0011	
JMP	K22	1001 010k kkkk 110k	K16
LD	Rd,Rp	100e 000d dddd ee00	
LD	Rd,Rp+	100e 000d dddd ee01	
LD	Rd,-Rp	100e 000d dddd ee10	
LDD	Rd,Ro,K6	10k0 kk0d dddd okkk	
LDI	Rh,K8	1110 kkkk dddd kkkk	
LDS	Rd,K16	1001 000d dddd 0000	K16
LSL	Rd	= ADD Rd,Rd	
LSR	Rd	1001 010d dddd 0110	
MOV	Rd,Rr	0010 11rd dddd rrrr	
NEG	Rd	1001 010d dddd 0001	
NOP		0000 0000 0000 0000	
OR	Rd,Rr	0010 10rd dddd rrrr	
ORI	Rh,K8	0110 kkkk dddd kkkk	
OUT	P,Rr	1011 1ppr rrrr pppp	
POP	Rd	1001 000d dddd 1111	
PUSH	Rr	1001 001r rrrr 1111	
RCALL	K12	1101 kkkk kkkk kkkk	
RET		1001 0101 0000 1000	
RETI		1001 0101 0001 1000	
RJMP	K12	1100 kkkk kkkk kkkk	
ROL	Rd	= ADC Rd,Rd	
ROR	Rd	1001 010d dddd 0111	
SBC	Rd,Rr	0000 10rd dddd rrrr	
SBCI	Rh,K8	0100 kkkk dddd kkkk	
SBIW	Rw,K6	1001 0111 kkww kkkk	
SBR	Rh,K8	0110 kkkk dddd kkkk	
SBRC	Rr,b	1111 110r rrrr 0sss	
SBRS	Rr,b	1111 111r rrrr 0sss	
SEC		1001 0100 0000 1000	
SEN		1001 0100 0010 1000	
SER	Rh	1110 1111 dddd 1111	
SES		1001 0100 0100 1000	

Mnemonic	Operanden	Codierung Wort 1	Wort 2
SEV		1001 0100 0011 1000	
SEZ		1001 0100 0001 1000	
ST	Rp,Rr	100e 001r rrrr ee00	
ST	Rp+,Rr	100e 001r rrrr ee01	
ST	-Rp,Rr	100e 001r rrrr ee10	
STD	Ro,K6,Rr	10k0 kk1r rrrr okkk	
STS	K16,Rd	1001 001d dddd 0000	K16
SUB	Rd,Rr	0001 10rd dddd rrrr	
SUBI	Rh,K8	0101 kkkk dddd kkkk	
SWAP	Rd	1001 010d dddd 0010	
TST	Rd	= AND Rd,Rd	

A.3 Lösungen der Aufgaben

Lösung Aufgabe 2.1

a) $1110,101_2 = 1 \cdot 2^3 + 1 \cdot 2^2 + 1 \cdot 2^1 + 0 \cdot 2^0 + 1 \cdot 2^{-1} + 0 \cdot 2^{-2} + 1 \cdot 2^{-3} = 14,625_{10}$

b) $10011,1101_2 = 1 \cdot 2^4 + 1 \cdot 2^1 + 1 \cdot 2^0 + 1 \cdot 2^{-1} + 1 \cdot 2^{-2} + 1 \cdot 2^{-4} = 19,8125_{10}$

Lösung Aufgabe 2.2

a)

33:2 = 16	Rest 1	
16:2 = 8	Rest 0	
8:2=4	Rest 0	ganzzahliger Anteil der Dualzahl
4:2=2	Rest 0	
2:2=1	Rest 0	
1:2 =0 Rest 1		

0,125·2 = 0,25	+ 0	
0,25·2=0,5	+ 0	gebrochener Anteil der Dualzahl
0,5·2=0	+ 1	

Daher ist $33,125_{10} = 100001,001_2$.

b)

45:2 = 22	Rest 1	
22:2 = 11	Rest 0	
11:2=5	Rest 1	ganzzahliger Anteil der Dualzahl
5:2=2	Rest 1	
2:2=1	Rest 0	
1:2=0 Rest 1		

0,33·2 = 0,66	+ 0	
0,66·2=0,32	+ 1	gebrochener Anteil der Dualzahl
0,32·2=0,64	+ 0	
0,64·2=0,28	+ 1	

Jetzt ist die Dualzahl bis auf 4 Stellen hinter dem Komma bekannt. Daher gilt: $45,33_{10} \approx 101101,0101_2$.

Lösung Aufgabe 2.3

a) Das Zweierkomplement von 001010 ist 110110.

	0	1	0	1	0	1		21_{10}
+	1	1	0	1	1	0		-10_{10}

Übertrag 1 1 0 1 0 0

= (1) 0 0 1 0 1 1 11_{10}

Es gab die Überträge c_5 und c_6, daher ist das Ergebnis richtig.

b) Das Zweierkomplement von 010111 ist 101001, das von 011011 ist 100101.

	1	0	1	0	0	1		-23_{10}
+	1	0	0	1	0	1		-27_{10}

Übertrag 1 0 0 0 0 1

= (1) 0 0 1 1 1 0 14_{10}

Es gilt hier $c_5 = 0$ und $c_6 = 1$, daher ist das Ergebnis falsch.

Lösung Aufgabe 2.4

a) $110101 \cdot 010101 = 010001011001$

b) $1101110 : 110 = 10010,\overline{01}$

Lösung Aufgabe 2.5

z.B.: 000, 001, 011, 010, 110, 100

Lösung Aufgabe 2.6

$C23A8000_{16} =$ 1100 0010 0 011 1010 1000 0000 0000$_2$

$\underbrace{\quad}_{s}\ \underbrace{\quad}_{c}\quad\underbrace{\qquad\qquad}_{m}$

$c = 10000100_2 = 132_{10}$
$e = c - 127 = 132 - 127 = 5$
$1,m = 1,01110101$
$1,m \times 2^5 = 101110,101_2 = 46,625$
Wegen $s = 1$ ist die gesuchte reelle Zahl negativ: $C23A8000_{16} = -46,625_{10}$

Lösung Aufgabe 3.1 Beweis durch eine Wahrheitstabelle:

Gleichung 3.10

x_1	x_0	$x_0 \vee x_1$	$x_0 \wedge (x_0 \vee x_1)$	x_0
0	0	0	0	0
0	1	1	1	1
1	0	1	0	0
1	1	1	1	1

Gleichung 3.11

x_1	x_0	$x_0 \wedge x_1$	$x_0 \vee (x_0 \wedge x_1)$	x_0
0	0	0	0	0
0	1	0	1	1
1	0	0	0	0
1	1	1	1	1

Lösung Aufgabe 3.2

$y = x_0 x_1 x_2 \neg x_3 \vee x_0 x_1 x_2 x_3 \vee \neg x_0 \neg x_1 x_2 x_3 \vee \neg x_0 \neg x_1 \neg x_2 x_3 \vee x_0 \neg x_1 x_2 x_3 \vee x_0 \neg x_1 \neg x_2 x_3$

$y = x_0 x_1 x_2 \vee \neg x_0 \neg x_1 x_3 \vee x_0 \neg x_1 x_3$

$y = x_0 x_1 x_2 \vee \neg x_1 x_3$

Die letzte Gleichung ist die gesuchte minimale Darstellung.

Lösung Aufgabe 3.3

Aufstellen der Wahrheitstabelle:

a	0	0	0	0	1	1	1	1
b	0	0	1	1	0	0	1	1
c	0	1	0	1	0	1	0	1
s_1	0	0	0	1	0	1	1	1
s_0	0	1	1	0	1	0	0	1

KDNF für s_0: $s_0 = \neg a \neg b c \vee \neg a b \neg c \vee a \neg b \neg c \vee abc$

KDNF für s_1: $s_1 = \neg abc \vee a \neg bc \vee ab \neg c \vee abc$

KKNF für s_0: $s_0 = (\neg a \vee \neg b \vee c)(\neg a \vee b \vee \neg c)(a \vee \neg b \vee \neg c)(a \vee b \vee c)$

KKNF für s_1: $s_1 = (a \vee b \vee \neg c)(a \vee \neg b \vee c)(\neg a \vee b \vee c)(a \vee b \vee c)$

Lösung Aufgabe 3.4

$s_1 = bc \vee ac \vee ab$ oder $s_1 = (a \vee b)(a \vee c)(b \vee c)$

Die Gleichungen für s_0 lassen sich nicht weiter vereinfachen, da sich alle Terme in mindestens zwei Variablen unterscheiden.

Lösung Aufgabe 3.5

a) $a \leftrightarrow \neg b - ab \vee \neg a \neg b = \neg((\neg a \vee \neg b)(a \vee b)) = \neg(\neg ab \vee a \neg b) = \neg(a \leftrightarrow b)$

b) $f = a \leftrightarrow b \leftrightarrow c \Rightarrow \neg f = \neg(a \leftrightarrow b) \leftrightarrow c \Rightarrow \neg f = \neg a \leftrightarrow b \leftrightarrow c$

Wiederholen mit b und c: $\neg f = \neg a \leftrightarrow \neg b \leftrightarrow \neg c$

Lösung Aufgabe 3.6

a) y_1 = $x_1 x_2 x_3 \vee \neg x_2 x_3$

     = $x_1 x_2 x_3 \vee \neg x_2 x_3 x_1 \vee \neg x_2 x_3$ (Absorptionsgesetz)

     = $x_1 x_3 \vee \neg x_2 x_3$ (Zusammenfassung der Terme 1 und 2 nach Gl. 3.34)

     = $x_3(x_1 \vee \neg x_2)$ (Distributivgesetz)

b) y_2 = $\neg x_1 \neg x_2 \neg x_3 \vee \neg x_1 x_2 x_3 \vee x_1 x_2 x_3 \vee x_1 \neg x_2 \neg x_3 \vee x_1 x_2 \neg x_3 \vee \neg x_1 x_2 \neg x_3$

     = $\neg x_2 \neg x_3 \vee x_2 x_3 \vee x_2 \neg x_3$ (Terme 1 und 4, 2 und 3 sowie 5 und 6 zusammengefasst)

     = $\neg x_2 \neg x_3 \vee x_2 x_3 \vee x_2 \neg x_3 \vee x_2 \neg x_3$ (Absorptionsgesetz)

     = $\neg x_3 \vee x_2$ (Terme 1 und 3, sowie 2 und 4 zusammengefasst)

c) y_3 = $\neg x_1 x_2 \neg x_3 \vee \neg(x_1 \vee x_2) \vee x_1 \neg x_2 \neg x_3 \vee \neg x_1 \neg x_2 x_3 x_4$

     = $\neg x_1 x_2 \neg x_3 \vee \neg x_1 \neg x_2 \vee x_1 \neg x_2 \neg x_3 \vee \neg x_1 \neg x_2 x_3 x_4$ (de Morgan)

     = $\neg x_1 x_2 \neg x_3 \vee \neg x_1 \neg x_2 \vee x_1 \neg x_2 \neg x_3$ (Term 4 kann wg. Term 2 weggelassen werden)

     = $\neg x_1 x_2 \neg x_3 \vee \neg x_1 \neg x_2 \vee x_1 \neg x_2 \neg x_3 \vee \neg x_1 \neg x_2 \neg x_3 \vee \neg x_1 \neg x_2 \neg x_3$ (Absorptionsgesetz)

     = $\neg x_1 \neg x_3 \vee \neg x_1 \neg x_2 \vee \neg x_2 \neg x_3$ (Terme 1 und 4 sowie 3 und 5 zusammengefasst)

d) y_4 = $\neg(\neg(\neg x_1 \neg x_2 \neg x_4) \neg(\neg x_1 \vee \neg x_2 \vee \neg x_3))$

     = $\neg x_1 \neg x_2 \neg x_4 \vee \neg x_1 \vee \neg x_2 \vee \neg x_3$ (de Morgan)

     = $\neg x_1 \vee \neg x_2 \vee \neg x_3$ (Absorptionsgesetz)

e) y_5 = $\neg(\neg x_1 x_2 \neg x_3 \vee \neg(x_1 \vee x_2 \vee x_3))(x_1 \vee \neg x_2)$

     = $\neg(\neg x_1 x_2 \neg x_3 \vee \neg x_1 \neg x_2 \neg x_3)(x_1 \vee \neg x_2)$ (de Morgan)

     = $\neg(\neg x_1 \neg x_3)(x_1 \vee \neg x_2)$ (Gleichung 3.34)

     = $(x_1 \vee x_3)(x_1 \vee \neg x_2)$ (de Morgan)

     = $x_1 \vee x_3 \neg x_2$ (Distributivgesetz)

Lösung Aufgabe 3.7

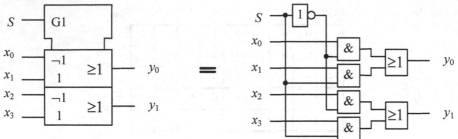

Lösung Aufgabe 4.1

Z.B. durch Aufstellen der Wahrheitstabellen und Invertieren der Ein- und Ausgangsvariablen findet man:

Positive Logik	Negative Logik
UND	ODER
ODER	UND
Äquivalenz	Exklusiv-ODER
Exklusiv-ODER	Äquivalenz

Lösung Aufgabe 4.2

a) $y = \neg(ab) \vee \neg cd \vee a\neg bd = \neg a \vee \neg b \vee \neg cd \vee a\neg bd = \neg a \vee \neg b \vee \neg cd$

b)

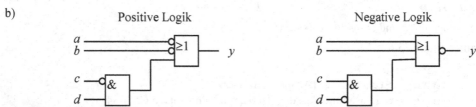

Positive Logik   Negative Logik

Lösung Aufgabe 4.3

Spannungspegel			Positive Logik logisches NAND			Negative Logik logisches NOR		
x_2	x_1	y	x_2	x_1	y	x_2	x_1	y
L	L	H	0	0	1	1	1	0
L	H	H	0	1	1	1	0	0
H	L	H	1	0	1	0	1	0
H	H	L	1	1	0	0	0	1

Lösung Aufgabe 5.1

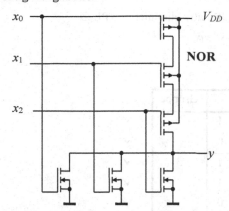 **NOR** **NAND**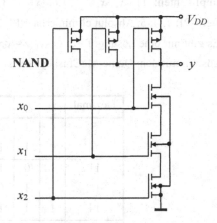

Lösung Aufgabe 5.2

x_0	x_1	En	y
1	1	0	0
1	0	0	0
0	1	0	0
0	0	0	1
d	d	1	hochohmig

a)

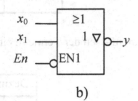

b)

Lösung Aufgabe 5.3

Es handelt sich um eine Kombination von NAND und NOR-Gatter:

$$y = \neg x_0 \lor \neg x_1 \lor \neg x_2 \neg x_3 \neg x_4 = \neg(x_0 x_1 (x_2 \lor x_3 \lor x_4))$$

Lösung Aufgabe 5.4

Es handelt sich um ein Äquivalenz-Gatter:

$$s = \neg(x_0 x_1) \quad ; \quad y = \neg s \lor \neg x_0 \neg x_1 = x_0 x_1 \lor \neg x_0 \neg x_1 = x_0 \leftrightarrow x_1$$

Lösung Aufgabe 6.1

a)

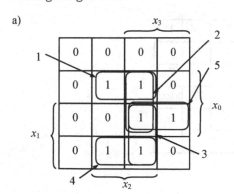

b) Implikanten: 1) $x_0 x_2 \neg x_1$ 2) $x_0 x_2 x_3$ 3) $x_1 x_2 x_3$ 4) $\neg x_0 x_1 x_2$ 5) $x_1 x_0 x_3$

c) Kern-PI: 1, 4, 5. Absolut eliminierbare PI: 2, 3. Relativ eliminierbare PI: $\varnothing$

d) Es gibt nur eine Lösung: $f = x_0 x_2 \neg x_1 \lor \neg x_0 x_1 x_2 \lor x_1 x_0 x_3$

e) Lösung mit dem Quine-McCluskey-Verfahren

Dezimal	x_3	x_2	x_1	x_0	Gruppe	
5	0	1	0	1	2	✓
6	0	1	1	0		✓
11	1	0	1	1	3	✓
13	1	1	0	1		✓
14	1	1	1	0		✓
15	1	1	1	1	4	✓

Zusammenfassen der Terme in einer zweiten Tabelle:

Dezimal	x_3	x_2	x_1	x_0	Gruppe
5,13	-	1	0	1	2
6,14	-	1	1	0	
11,15	1	-	1	1	3
13,15	1	1	-	1	
14,15	1	1	1	-	

Keine weiteren Zusammenfassungen möglich, daher Eintragung in die Primimplikantentafel:

	5	6	11	13	14	15
5,13	⊗			⊗		
6,14		⊗			⊗	
11,15			⊗			⊗
13,15				×		×
14,15					×	×

Die Kernprimimplikanten 5,13; 6,14 und 11,15 decken alle Minterme ab. Daher besteht die minimale Form nur aus den Kern-Primimplikanten: $f = x_0 x_2 \neg x_1 \lor \neg x_0 x_1 x_2 \lor x_1 x_0 x_3$

Lösung Aufgabe 6.2

a)

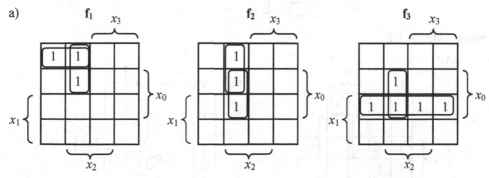

Lösung für eine minimale DNF: $y = \neg x_3 x_2 \vee \neg x_1 x_4 \vee \neg x_0 \neg x_4$

b)

Lösung für eine minimale KNF: $y = (x_1 \vee \neg x_0 \vee x_4)\,(\neg x_3 \vee x_4)\vee(\neg x_1 \vee \neg x_4)$

Lösung Aufgabe 6.3

a)

DNF der einzelnen Funktionen:

$f_1 = \neg x_0 \neg x_1 \neg x_3 \vee \neg x_1 x_2 \neg x_3$; $f_2 = \neg x_1 x_2 \neg x_3 \vee x_0 x_2 \neg x_3$; $f_3 = x_0 x_2 \neg x_3 \vee x_0 x_1$

b) f_1 und f_2 sowie f_2 und f_3 haben jeweils einen gemeinsamen Term, er wird nur einmal realisiert.

c) Der Aufwand beträgt 7 Gatter mit insgesamt 17 Eingängen:

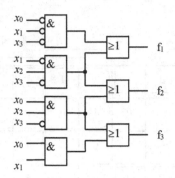

Lösung Aufgabe 6.4

Es wird zunächst die optimale DNF aufgestellt, indem das KV-Diagramm ausgewertet wird.

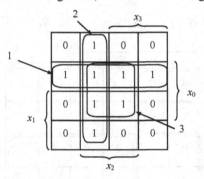

$y = x_0\bar{x}_1 \vee x_2\bar{x}_3 \vee x_0x_2$ Durch Anwendung der de Morganschen Regel erhält man:

$y = x_0\bar{x}_1 \vee x_2\bar{x}_3 \vee x_0x_2 = \neg(\neg(x_0\bar{x}_1)\neg(x_2\bar{x}_3)\neg(x_0x_2))$

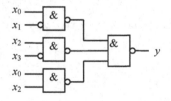

Lösung Aufgabe 6.5

a) $y = x_0x_2x_3 \vee x_1\bar{x}_3 \vee \bar{x}_0\bar{x}_1\bar{x}_2x_3$

b)

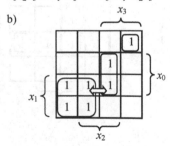

c) Der Hazard ist durch ⟺ markiert

d)

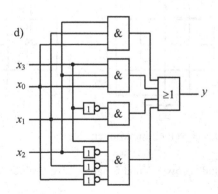

Lösung Aufgabe 7.1

Die Rückkopplung des asynchronen Schaltwerks wird aufgetrennt:

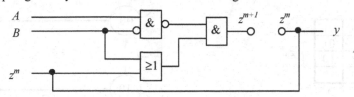

a) aus der Schaltung liest man ab:

$z^{m+1} = \neg(A\neg B)(B \vee z^m) = (\neg A \vee B)(B \vee z^m) = \neg AB \vee \neg Az^m \vee B \vee Bz^m$

Daraus erhält man eine Zustandstabelle in KV-Diagrammform:

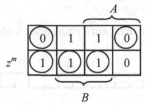

Ausgabegleichung: $y = z^m$

b) Da $y = z^m \neq f(A, B)$ ist handelt es sich um ein Moore-Schaltwerk.

c) Für $A = B = 0$ ist die Schaltung bistabil.

d) Zustandsdiagramm:

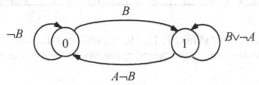

e)

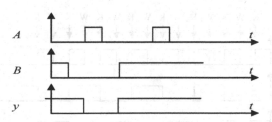

Lösung Aufgabe 7.2

a) Ablesen der Übergangsbedingungen aus dem Schaltbild:

$z_1^{m+1} = \neg Cz_0^m \vee Cz_1^m \qquad ; \qquad z_0^{m+1} = \neg Cz_0^m \vee C\neg z_1^m$

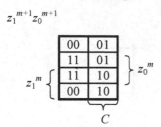

Zustandsfolgetabelle

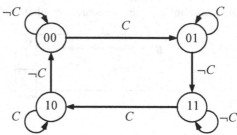

Zustandsdiagramm

b) Hazardfreie Realisierung durch das Hinzufügen zweier redundanter Terme:

$$z_1^{m+1} = \neg C z_0^m \vee C z_1^m = \neg C z_0^m \vee C z_1^m \vee z_0^m z_1^m$$

$$z_0^{m+1} = \neg C z_0^m \vee C \neg z_1^m = \neg C z_0^m \vee C \neg z_1^m \vee z_0^m \neg z_1^m$$

c) Aus dem Zustandsdiagramm kann man ein Zeitdiagramm ableiten, aus dem die Funktion deutlich wird:

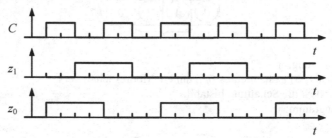

Das Schaltwerk durchläuft den Zyklus 01, 11, 10, 00, während der Takt zwei Impulse aufweist. Dadurch kann an den beiden Ausgängen z_1 und z_2 jeweils ein Signal der halben Frequenz abgegriffen werden.

Lösung Aufgabe 7.3

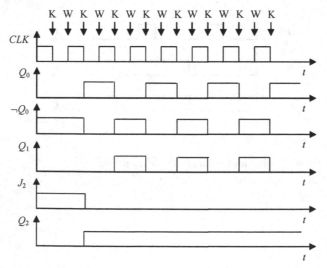

Lösung Aufgabe 7.4

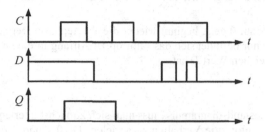

Lösung Aufgabe 7.5

a) Es werden jeweils 2 Transistoren für ein Transmission-Gate sowie für einen Inverter benötigt: 12 Transistoren.

b)

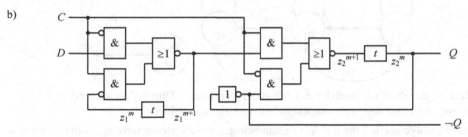

c) $z_1^{m+1} = \neg((D\neg C)\vee(\neg z_1^m C)) = (\neg D\vee C)(z_1^m\vee\neg C) = \neg Dz_1^m\vee\neg C\neg D\vee Cz_1^m$

$z_2^{m+1} = \neg((\neg z_2^m\neg C)\vee(z_1^{m+1}C)) = \neg(\neg z_2^m\neg C)\neg(z_1^{m+1}C) = (z_2^m\vee C)(\neg z_1^{m+1}\vee\neg C)$

$z_2^{m+1} = (z_2^m\vee C)(D\neg C\vee\neg z_1^m C\vee\neg C) = z_2^m D\neg C\vee\neg z_1^m z_2^m C\vee z_2^m\neg C\vee\neg z_1^m C = z_2^m\neg C\vee\neg z_1^m C$

$Q = z_2^m$

d) Zustandsfolgetabelle

z_1^m z_2^m	z_1^{m+1} z_2^{m+1}			
	$\neg D\neg C$	$\neg DC$	DC	$D\neg C$
0 0	10	01	01	00
0 1	11	01	01	01
1 1	11	10	10	01
1 0	10	10	10	00

e) Zustandsdiagramm (in den Kreisen: $z_1^m z_2^m$)

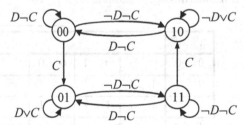

Da der Ausgang $Q = z_2^m$ ist, bezeichnet die rechte Ziffer in den Kreisen des Zustandsdiagramms den Ausgang Q. Das Flipflop ist in den Zuständen 01, 11 gesetzt und in den Zuständen 00, 10 zurückgesetzt. Es wird im Folgenden der Fall betrachtet, dass das Flipflop gesetzt ist und auf eine steigende Flanke wartet ($C = 0$). Es gibt 2 Möglichkeiten:

1) **Rücksetzen**: Wenn $D = 0$ ist, befindet sich das Flipflop im Zustand 11. Kommt nun eine steigende Flanke des Taktes ($C = 1$) so wechselt das Flipflop zum Zustand 10. In diesem Zustand bleibt das Flipflop, solange $C = 1$ ist, unabhängig von D, was für die Flankensteuerung charakteristisch ist.

2) **Flipflop bleibt gesetzt**. Wenn $D = 1$ ist, ist das Flipflop im Zustand 01. Kommt eine steigende Flanke, so bleibt das Flipflop in diesem Zustand und es wird weiterhin eine 1

gespeichert. Eine Änderung von D hat keinen Einfluss, wodurch die Flankensteuerung realisiert wird.

Wenn der Takt wieder auf 0 geht, beginnt wieder die Wartephase. Der Fall, dass eine 0 gespeichert wird, ist analog, nur befindet sich das Flipflop zu Anfang in einem der beiden oberen Zustände, je nachdem welchen Wert D hat.

Lösung Aufgabe 8.1

Beim Aufstellen des Zustandsdiagramms muss man sich zunächst überlegen, wie viele Zustände man benötigt, um das geforderte Verhalten zu erzielen. Da 0,1 und 2 Pumpen laufen können, kann man es mit 3 Zuständen versuchen.

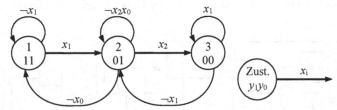

Im Bild sind die Zustände zunächst mit 1,2 und 3 bezeichnet. Durch Vergleich mit der Aufgabenstellung stellt man fest, dass sich das Schaltwerk richtig verhält.

Die Zustandsfolgetabelle kann aus dem Zustandsdiagramm abgelesen werden. Dazu ist aber eine Codierung der Zustände nötig. Hier wählen wir die Zustände folgendermaßen Zustand 1: $z_1^m z_0^m = 11$, Zustand 2: $z_1^m z_0^m = 01$, Zustand 3: $z_1^m z_0^m = 00$

Man beachte, dass durch diese Wahl der Zustandsvariablen $z_i = y_i$ gilt. Es handelt sich daher um ein Moore-Schaltwerk, bei dem das Schaltnetz SN2 aus Durchverbindungen besteht. Man beachte auch, dass die Eingangsvariablenkombinationen $x_1 \neg x_0$, $x_2 \neg x_1$ und $x_2 \neg x_0$ nicht vorkommen können: daher erscheinen hier don't-cares (im Diagramm keine Eintragung). Das ist genauso für den „überflüssigen" Zustand $z_1^m z_0^m = 10$.

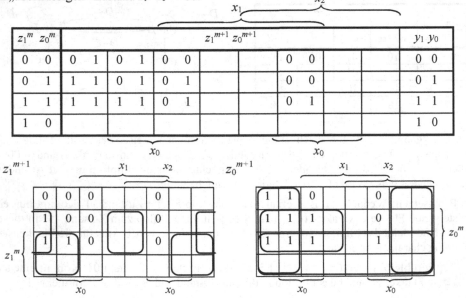

$z_1^m\ z_0^m$	$z_1^{m+1}\ z_0^{m+1}$						$y_1\ y_0$
0 0	0 1	0 1	0 0		0 0		0 0
0 1	1 1	0 1	0 1		0 0		0 1
1 1	1 1	1 1	0 1		0 1		1 1
1 0							1 0

Aus den KV-Diagrammen lesen wir ab: $z_0^{m+1} = z_1^m \lor \lnot x_2 z_0^m \lor \lnot x_1$ und $z_1^{m+1} = z_0^m \lnot x_0 \lor \lnot x_1 z_1^m$
Für die Ausgabegleichungen erhält man $y_0 = z_0^m$ und $y_1 = z_1^m$.

Lösung Aufgabe 8.2

a) **Realisierung mit RS-FF**: Ansteuerung eines RS-Flipflops abhängig von den alten und neuen Inhalten.

z^m	z^{m+1}	S	R	Beschreibung
0	0	0	d	Speichern oder Rücksetzen
0	1	1	0	Setzen
1	0	0	1	Rücksetzen
1	1	d	0	Speichern oder Setzen

Die Zustandsfolgetabelle 8-5 muss nun entsprechend der obigen Tabelle abgeändert werden.

$S_1 R_1$	$S_0 R_0$	$S_1 R_1$	$S_0 R_0$	
0d	10	0d	0d	
10	d0	0d	01	$\}\,z_0^m$
d0	01	01	01	
01	0d	01	0d	$\}\,z_1^m$

Für die Ansteuerfunktionen der RS-Flipflops, die das Schaltnetz SN1 beschreiben, liest man aus dem KV-Diagramm ab:

$$S_0 = \lnot r^m \,\lnot z_1^m \qquad\qquad ; \qquad S_1 = \lnot r^m \,\lnot z_0^m$$

$$R_0 = r^m \lor z_1^m = \lnot(\lnot r^m \,\lnot z_1^m) = \lnot S_0 \quad ; \quad R_1 = r^m \lor \lnot z_0^m = \lnot(\lnot r^m \, z_0^m)$$

Die Ansteuerfunktionen für die Eingänge S_0, S_1, R_0, R_1 sind also mit der Realisierung mit JK-Flipflops identisch.

b) **Realisierung mit JK-FF**: Ansteuerung eines JK-Flipflops abhängig von den alten und neuen Inhalten.

z^m	z^{m+1}	J	K	Beschreibung
0	0	0	d	Speichern oder Rücksetzen
0	1	1	d	Wechseln oder Setzen
1	0	d	1	Wechseln oder Rücksetzen
1	1	d	0	Speichern oder Setzen

Die Werte aus dieser Tabelle werden in ein KV-Diagramm eingetragen, welches aus der Zustandsfolgetabelle entwickelt wird.

		$\overbrace{\qquad}^{r^m}$			$\overbrace{\qquad}^{r^m}$
J_1K_1	J_0K_0	J_1K_1	J_0K_0	$M_1M_2M_3$	$M_1M_2M_3$
0d	1d	0d	0d	111	000
1d	d0	0d	d1	011	000
d0	d1	d1	d1	010	000
d1	0d	d1	0d	110	000

$\left.\begin{array}{l}\\\\\\\\\end{array}\right\} z_0{}^m$ $\left.\begin{array}{l}\\\end{array}\right\} z_1{}^m$

Für die Ansteuerfunktionen der JK-Flipflops, die das Schaltnetz SN1 beschreiben, liest man aus diesem KV-Diagramm unter Ausnutzung der don't care-Terme ab:

$J_0 = \neg r^m \, \neg z_1{}^m$; $J_1 = \neg r^m \, z_0{}^m$

$K_0 = r^m \vee z_1{}^m = \neg(\neg r^m \, \neg z_1{}^m) = \neg J_0$; $K_1 = r^m \vee \neg z_0{}^m = \neg(\neg r^m \, z_0{}^m) = \neg J_1$

Für eine Realisierung mit D-Flipflops erhält man hier also das einfachste Netzwerk. In anderen Fällen kann das anders sein. Die Ansteuerfunktionen für die Ausgänge (SN2) sind bei allen Realisierungen gleich.

Lösung Aufgabe 8.3

a) In den Zuständen 010 und 110 gibt der Münzprüfer immer $M = (x_1, x_0) = (0,0)$ aus, denn dort ist $S = 1$, wodurch der Münzeinwurf gesperrt wird. In der Zustandsfolgetabelle können für die anderen M beliebige Folgezustände eingetragen werden.

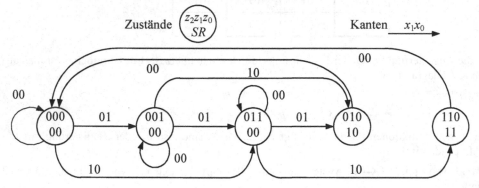

Zustandsfolgetabelle (für die überzähligen Zustände 100, 101, 111 sind alle Eintragungen ddd):

$z_2{}^m$	$z_1{}^m$	$z_0{}^m$	$z_2{}^{m+1} \; z_1{}^{m+1} \; z_0{}^{m+1}$												$S\,R$	
			$\neg x_1 \, \neg x_0$			$x_1 \, \neg x_0$			$x_1 \, x_0$			$\neg x_1 \, x_0$				
0	0	0	0	0	0	0	1	1	d	d	d	0	0	1	0	0
0	0	1	0	0	1	0	1	0	d	d	d	0	1	1	0	0
0	1	1	0	1	1	1	1	0	d	d	d	0	1	0	0	0
0	1	0	0	0	0	d	d	d	d	d	d	d	d	d	1	0
1	1	0	0	0	0	d	d	d	d	d	d	d	d	d	1	1

b)   Realisierung mit D-Flipflops:

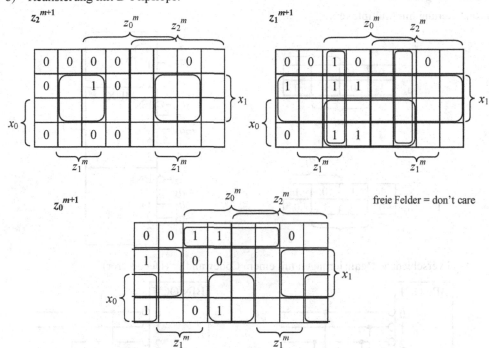

Übergangsfunktionen:

$$z_2^{m+1} = x_1 z_1^m$$

$$z_1^{m+1} = x_1 \vee x_0 z_0^m \vee z_0^m z_1^m$$

$$z_0^{m+1} = \neg x_0 \neg x_1 z_0^m \vee x_1 \neg z_0^m \vee x_0 \neg z_1^m$$

Ausgabefunktionen (direkt aus der Zustandsfolgetabelle abgelesen):

$$R = z_2^m \qquad\qquad ; \qquad\qquad S = z_1^m \neg z_0^m$$

Lösung Aufgabe 9.1

Lösung für den Fall, dass an die Eingänge des Multiplexers a_0 mit der Wertigkeit 2^0 und a_2 mit der Wertigkeit 2^1 angeschlossen werden. Andere Lösungen sind denkbar.

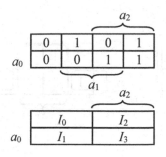

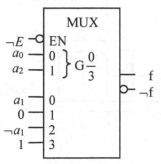

Lösung Aufgabe 9.2

a) Realisierung mit Multiplexern:

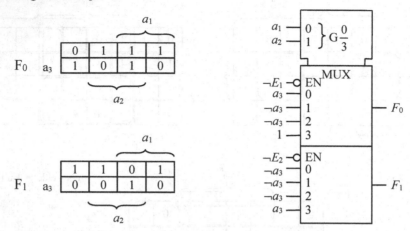

b)   Zwei verschiedene Realisierungen mit einem Codewandler (Decodierer)

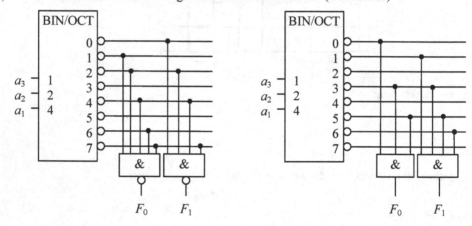

Lösung Aufgabe 9.3

Konstruktion von 3 Schaltnetzen für die 3 Ausgänge:

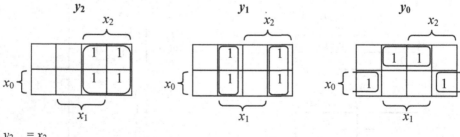

$$y_2 = x_2$$
$$y_1 = x_1 \neg x_2 \ \lor \ \neg x_1 x_2$$
$$y_0 = x_1 \neg x_0 \ \lor \ \neg x_1 x_0$$

Lösung Aufgabe 10.1

a) Die Zählerschaltung ist ein synchroner Zähler, da das Eingangssignal an die Takteingänge aller Flipflops geht.
b) Es ist ein Aufwärtszähler (vergleiche Bild 10-10).
c) Q_2 hat 1/8 der Frequenz des Eingangssignals x_1, es ist also ein Teiler durch 8.

Lösung Aufgabe 10.2

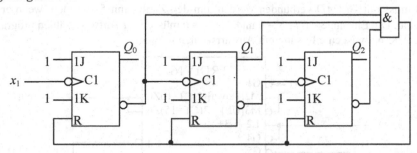

Lösung Aufgabe 10.3

Zunächst muss die Zustandsfolgetabelle mit dem gegebenen Code entworfen werden:

$z_2{}^m$ $z_1{}^m$ $z_0{}^m$	$V=1$ $z_2{}^{m+1}$ $z_1{}^{m+1}$ $z_0{}^{m+1}$	$V=0$ $z_2{}^{m+1}$ $z_1{}^{m+1}$ $z_0{}^{m+1}$
0 0 0	0 0 1	1 0 0
0 0 1	0 1 0	0 0 0
0 1 0	0 1 1	0 0 1
0 1 1	1 0 0	0 1 0
1 0 0	0 0 0	0 1 1

Dann stellt man die KV-Diagramme für die Ansteuerfunktionen der 3 D-Flipflops auf:

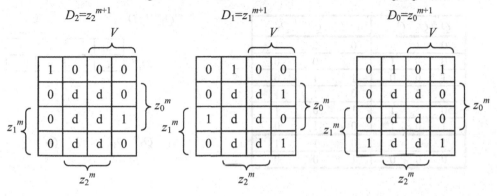

Ansteuergleichungen:

$$D_0 = z_0^{m+1} = (z_2^m \neg V) \vee (z_1^m \neg z_0^m) \vee (V \neg z_2^m \neg z_0^m)$$
$$D_1 = z_1^{m+1} = (z_2^m \neg V) \vee (z_0^m \neg z_1^m V) \vee (z_1^m z_0^m \neg V) \vee (z_1^m \neg z_0^m V)$$
$$D_2 = z_2^{m+1} = (\neg z_2^m \neg z_1^m \neg z_0^m \neg V) \vee (z_1^m z_0^m V)$$

Lösung Aufgabe 10.4

An die Eingänge für paralleles Laden muss die binäre 5 angelegt werden. $\neg RCO$ (vergl. Seite 129 ff.) muss mit $\neg LOAD$ verbunden werden, um den Zähler mit 5 zu laden, wenn er die 15 erreicht hat. Die Eingänge $\neg CTEN = 0$ und $D/\neg U = 0$ müssen für Aufwärtszählen programmiert werden. Alternativ ist eine Lösung mit Abwärtszählen möglich.

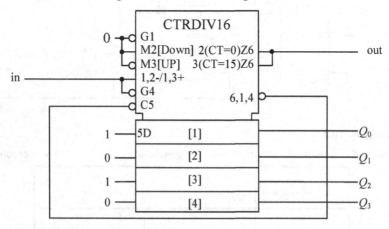

Lösung Aufgabe 11.1

Zuerst wird die Zustandsfolgetabelle konstruiert. Man beginnt, indem man in der Spalte $Q_3{}^m$ die gewünschte Folge von oben nach unten einträgt. Das garantiert, dass die Folge aus dem seriellen Ausgang herausgeschoben wird. Dann kann man die Spalten $Q_1{}^m$ und $Q_2{}^m$ ausfüllen, indem man die Eintragungen aus der Spalte $Q_3{}^m$ diagonal nach links oben überträgt. Daraus ergibt sich auch automatisch der Folgezustand $Q_1{}^{m+1}$, $Q_2{}^{m+1}$, $Q_3{}^{m+1}$. Die $Q_1{}^{m+1}$ der nicht benötigten Zustände 111 und 000 sind zunächst beliebig. Dann kann das KV-Diagramm für den Eingang des ersten Flipflops erstellt werden.

$Q_1{}^m$	$Q_2{}^m$	$Q_3{}^m$	$Q_1{}^{m+1}$	$Q_2{}^{m+1}$	$Q_3{}^{m+1}$
0	1	0	0	0	1
0	0	1	1	0	0
1	0	0	1	1	0
1	1	0	0	1	1
0	1	1	1	0	1
1	0	1	0	1	0
1	1	1	0	1	1
0	0	0	1	0	0

$Q_1{}^{m+1} = D_1$

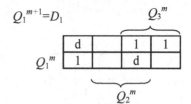

$$D_1 = Q_3{}^m \neg Q_1{}^m \vee \neg Q_2{}^m \neg Q_3{}^m$$

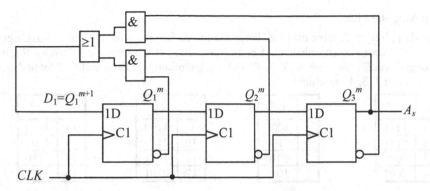

Aufgabe 11.2

a) Ausgehend von den Zuständen 3,1,0,4,2 werden die möglichen Folgezustände ausprobiert. Das können jeweils nur zwei verschiedene sein, da ja nur eine 1 oder eine 0 in das linke Schieberegister geschoben werden kann. Schon im Zyklus vorhandene Zustände werden gestrichen, da sie nicht zu einer maximal langen Folge führen. Man erhält die Folge 3,1,0,4,2,5,6,7…

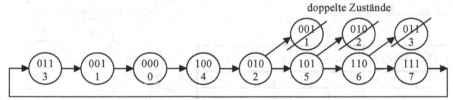

b) Zustandsfolgetabelle:

$Q_1^m\ Q_2^m\ Q_3^m$	$Q_1^{m+1}\ Q_2^{m+1}\ Q_3^{m+1}$	$J_1\ \ K_1$
0 0 0	1 0 0	1 d
0 0 1	0 0 0	0 d
0 1 0	1 0 1	1 d
0 1 1	0 0 1	0 d
1 0 0	0 1 0	d 1
1 0 1	1 1 0	d 0
1 1 0	1 1 1	d 0
1 1 1	0 1 1	d 1

c)

J_1

	\{ Q_1^m \}		
1	1	d	d
0	0	d	d

Q_3^m (left), Q_2^m (bottom)

K_1

	\{ Q_1^m \}		
d	d	0	1
d	d	1	0

Q_3^m (left), Q_2^m (bottom)

$$J_1 = \neg Q_3^m \qquad ; \qquad K_1 = Q_2^m Q_3^m \vee \neg Q_2^m \neg Q_3^m$$

Lösung Aufgabe 11.3

Die Rückkopplungen für eine maximal lange Pseudo-Zufallsfolge liegen an den Ausgängen $Q_3{}^m$ und $Q_4{}^m$. Mit dem Registerinhalt 1111 beim Einschalten erhält man die folgenden Registerinhalte, indem man für das neue Bit 1 die EXOR-Verknüpfung von Bit 3 und 4 bildet und die alten Bit 1, 2, 3 nach 2, 3, 4 verschiebt.

m	$Q_i{}^m$
1	1111
2	0111
3	0011
4	0001

m	$Q_i{}^m$
5	1000
6	0100
7	0010
8	1001

m	$Q_i{}^m$
9	1100
10	0110
11	1011
12	0101

m	$Q_i{}^m$
13	1010
14	1101
15	1110
16	1111

Die erzeugte Folge ist daher: 111100010011010 usw.

Lösung Aufgabe 11.4

a) $E_s = \neg(Q_1 \vee Q_2 \vee Q_3) \vee Q_2 Q_3 \vee Q_1 Q_3 = \neg Q_1 \neg Q_2 \neg Q_3 \vee Q_2 Q_3 \vee Q_1 Q_3$

   b) Zustandsfolgetabelle   c) Zustandsdiagramm

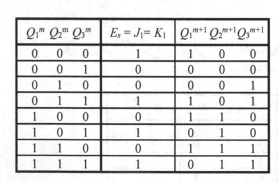

$Q_1{}^m$	$Q_2{}^m$	$Q_3{}^m$	$E_s = J_1 = K_1$	$Q_1{}^{m+1}$	$Q_2{}^{m+1}$	$Q_3{}^{m+1}$
0	0	0	1	1	0	0
0	0	1	0	0	0	0
0	1	0	0	0	0	1
0	1	1	1	1	0	1
1	0	0	0	1	1	0
1	0	1	1	0	1	0
1	1	0	0	1	1	1
1	1	1	1	0	1	1

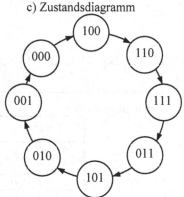

Lösung Aufgabe 12.1

Ein 74181 kann als Komparator verwendet werden, wenn er als Subtrahierer geschaltet ist. Dafür muss $S = (0,1,1,0)$ und $M = 0$ und $c_0 = 1$ sein. Dann gilt für den Übertrag c_4 und den Ausgang $A_{x=y}$, wie man leicht feststellen kann, bei einer Differenz $x\text{-}y$:

$x = y$	$c_4 = 1, A_{x=y} = 1$
$x > y$	$c_4 = 1, A_{x=y} = 0$
$x < y$	$c_4 = 0, A_{x=y} = 0$

Lösung Aufgabe 12.2

Für $S = 0110$ und $M = 1$ erhält man nach Gleichung 12.26:

$t_i = \neg(\neg x_i \, y_i \vee x_i \, \neg y_i) = \neg(x_i \leftrightarrow y_i)$

Da $M = 1$ ist, werden die $u_i = 1$ und man erhält nach Gleichung 12.31 die Funktion:

$\neg F_i = u_i \leftrightarrow t_i = \neg t_i = x_i \leftrightarrow y_i$

Lösung Aufgabe 12.3

a) Die Schaltung beruht darauf, dass die Addierer der höheren Stufen doppelt vorhanden sind. Der eine Addierer einer Stufe hat als Eingangs-Carry CI eine 1 der andere eine 0. Am Ausgang CO einer Stufe mit CI =0 wird das Signal Carry Generate G (vergl. Seite 146) erzeugt, am Ausgang CO einer Stufe mit CI =1 das Signal Carry Propagate P. In dem aus einem UND- und einem ODER-Gatter gebildeten Netzwerk wird der Übertrag $c_{i+1} = G_i + c_i P_i$ gebildet. Dieser Übertrag wählt am Auswahl-Eingang eines Multiplexers das richtige Ergebnis der nächsten Stufe aus. Für die Optimierung der Laufzeit ist es sinnvoll, die Breiten der niedrig-wertigen Stufen geringer zu wählen als die der Stufen für die hochwertigen Bit.

b) Es werden die folgenden Abkürzungen verwendet:

Beschreibung	Formelzeichen
Gatterlaufzeit	t_p
Laufzeit des Übertrags c_i	t_{ci}
Breite der Stufe i	m_i
Laufzeit des Ausgangs $F_{i...m}$	$t_{Fi/m}$
Laufzeit eines Multiplexers	t_{Mux}
Laufzeit der Summe im Addierer der Stufe mit dem Ausgang $F_{i..m}$	$t_{i/m}$

Man erhält die Laufzeiten:

Signal	Laufzeit
$F_{0...3}$	$t_{F0/3} = (2m_1+1)\, t_p = 9\, t_p$
c_1	$t_{c1} = 2m_1\, t_p = 8\, t_p$
$F_{4...8}$	$t_{F4/8} = \text{Max}\{\, t_{4/8}, t_{c1}\} + t_{Mux} = (\text{Max}\{11,8\}+2)\, t_p = 13\, t_p$
c_2	$t_{c2} = \text{Max}\{2m_2 t_p, t_{c1}\} + 2\, t_p = (\text{Max}\{10,8\}+2)\, t_p = 12\, t_p$
$F_{9...15}$	$t_{F9/15} = \text{Max}\{\, t_{9/15}, t_{c2}\} + t_{Mux} = (\text{Max}\{15,12\}+2)\, t_p = 17\, t_p$
c_3	$t_{c3} = \text{Max}\{2m_3 t_p, t_{c2}\} + 2\, t_p = (\text{Max}\{14,12\}+2)\, t_p = 16\, t_p$

Lösung Aufgabe 13.1

a) Ein RAM ist flüchtig, EEPROM und ROM sind nicht flüchtig

b) PROM, ROM, EEPROM sind Festwertspeicher

c) Programmiert werden können: ROM durch Masken, PROM einmal elektrisch, EPROM elektrisch und EEPROM elektrisch.

d) Ein ROM kann nicht gelöscht werden, ein EPROM kann durch UV-Licht gelöscht werden, ein EEPROM kann elektrisch gelöscht werden und ein Flash-EEPROM kann blockweise elektrisch gelöscht werden.

e) Siehe Text: statische und dynamische Speicherung.

Lösung Aufgabe 13.2

a) Zunächst muss der Adressplan aufgestellt werden. Dazu werden die Speicherbereiche der Speicherbausteine lückenlos aneinandergereiht.

Baustein	Adresse (Hex)	Adressleitungen (binär) 15 14 13 12	11 10 9 8	7 6 5 4	3 2 1 0
1	0 0 0 0	0 0 0 0	0 0 0 0	0 0 0 0	0 0 0 0
(4K)	0 F F F	0 0 0 0	1 1 1 1	1 1 1 1	1 1 1 1
2	1 0 0 0	0 0 0 1	0 0 0 0	0 0 0 0	0 0 0 0
(2K)	1 7 F F	0 0 0 1	0 1 1 1	1 1 1 1	1 1 1 1
3	1 8 0 0	0 0 0 1	1 0 0 0	0 0 0 0	0 0 0 0
(2K)	1 F F F	0 0 0 1	1 1 1 1	1 1 1 1	1 1 1 1
4	2 0 0 0	0 0 1 0	0 0 0 0	0 0 0 0	0 0 0 0
(8K)	3 F F F	0 0 1 1	1 1 1 1	1 1 1 1	1 1 1 1

Decodierer

b) Im Adressplan sind die Bereiche der Adressleitungen, die als Eingänge an den Speichern anliegen, durch gestrichelte Kästen angedeutet. Der Demultiplexer muss als höchstwertige Eingangsleitung die höchstwertigte Adressleitung haben, bei der sich ein Bit ändert. Das ist A_{13}. Damit ist sichergestellt, dass sich auch die höchsten Speicherplätze anwählen lassen. Als niederwertigste Eingangsleitung muss der Demultiplexer die Adressleitung haben, die am kleinsten Speicher nicht mehr anliegt. Das ist A_{11}.

c) Der gesamte Speicherbereich von 16Kbyte wird durch den Demultiplexer in 8 Blöcke zu jeweils 2Kbyte aufgeteilt. Für den Speicherbaustein mit 8Kbyte müssen daher 4 Ausgänge des Demultiplexer logisch ODER verknüpft werden. Durch die zweimalige Inversion muss man ein UND-Gatter verwenden. Daraus ergibt sich folgender Anschlussplan:

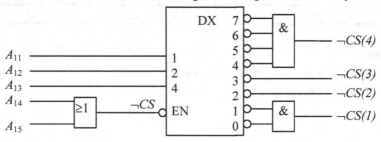

Lösung Aufgabe 13.3

a) Der größte Speicherbaustein verwendet die Adressleitungen A_0 bis A_2. Daher stehen die Adressleitungen A_3 bis A_7 zur Auswahl der Bausteine zur Verfügung (Bild links).

b) Adressplan s. rechts (Adressen außerhalb der angegebenen Bereiche führen zu Fehlern!).

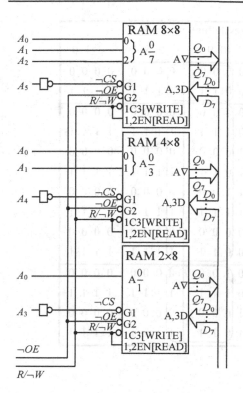

Baustein	Adr. (Hex)	Adressleitungen (binär)		
		7 6 5 4	3 2 1 0	
1	0 8	0 0 0 0	1 0 0 0	
(2byte)	0 9	0 0 0 0	1 0 0 1	
2	1 0	0 0 0 1	0 0 0 0	
(4byte)	1 3	0 0 0 1	0 0 1 1	
3	2 0	0 0 1 0	0 0 0 0	
(8byte)	2 7	0 0 1 0	0 1 1 1	

Lösung Aufgabe 13.4

$\neg CS_1 = A_{10} \vee A_{11} \vee A_{12} = \neg(\neg A_{10}\neg A_{11}\neg A_{12})$

$\neg CS_2 = A_{10}A_{12} \vee A_{11}A_{12} \vee \neg A_{10}\neg A_{11}\neg A_{12} = \neg(A_{10}\neg A_{12} \vee A_{11}\neg A_{12} \vee \neg A_{10}\neg A_{11}A_{12})$

(KV-Diagramm verwenden!)

$\neg CS_3 = \neg(\neg A_{10}A_{11}A_{12} \vee A_{10}\neg A_{11}A_{12})$

a) Im unten gezeigten Adressschema sind die binären Speicher-Adressen in 1K-Schritte aufgeteilt. Der Adressbereich, der durch die Decodierschaltung abgedeckt wird, ist markiert.

b) Baustein 1 muss 1Kbyte, Baustein 2 4Kbyte und Baustein 3 2Kbyte Kapazität haben.

c) Da die oberen 3 Adressleitungen nicht verwendet werden und eine lückenlose Decodierung des unteren Speicherbereichs durchgeführt wird, handelt es sich um eine Teildecodierung.

Baustein	Adresse (Hex)	15 14 13 12	11 10 9 8	7 6 5 4	3 2 1 0
1	0 0 0 0	d d d 0	0 0 0 0	0 0 0 0	0 0 0 0
	0 3 F F	d d d 0	0 0 1 1	1 1 1 1	1 1 1 1
2	0 4 0 0	d d d 0	0 1 0 0	0 0 0 0	0 0 0 0
		d d d 0	0 1 1 1	1 1 1 1	1 1 1 1
		d d d 0	1 0 0 0	0 0 0 0	0 0 0 0
		d d d 0	1 0 1 1	1 1 1 1	1 1 1 1
		d d d 0	1 1 0 0	0 0 0 0	0 0 0 0
		d d d 0	1 1 1 1	1 1 1 1	1 1 1 1
		d d d 1	0 0 0 0	0 0 0 0	0 0 0 0
	1 3 F F	d d d 1	0 0 1 1	1 1 1 1	1 1 1 1
3	1 4 0 0	d d d 1	0 1 0 0	0 0 0 0	0 0 0 0
		d d d 1	0 1 1 1	1 1 1 1	1 1 1 1
		d d d 1	1 0 0 0	0 0 0 0	0 0 0 0
	1 B F F	d d d 1	1 0 1 1	1 1 1 1	1 1 1 1

Lösung Aufgabe 14.1

Siehe Text und insbesondere Tabelle 14-2.

Lösung Aufgabe 14.2

Die 3 booleschen Funktionen werden in drei KV-Diagramme eingetragen. Dann wird eine Optimierung so durchgeführt, dass maximal 5 Produktterme entstehen. KV-Diagramme der 3 Funktionen:

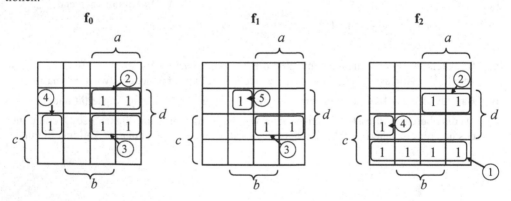

Damit erhält man folgende 5 Produktterme:

$P_1 = c \neg d$; $P_2 = ad \neg c$; $P_3 = adc$; $P_4 = \neg a \neg bcd$; $P_5 = \neg ab \neg cd$

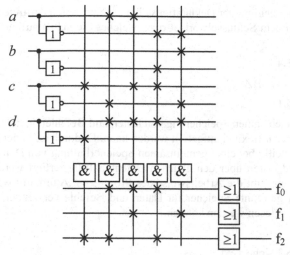

Lösung Aufgabe 14.3

Die Funktion f_0 wird so zusammengefasst, dass sie mit 4 Produkttermen realisiert werden kann. Bei f_1 ist das bereits der Fall.

$$f_0(a,b,c,d) = \neg a \neg b \neg c \neg d \vee a \neg c \neg d \vee \neg abd \vee \neg acd$$

$$f_1(a,b,c,d) = \neg a \neg b \neg c \neg d \vee ab \neg cd \vee \neg a \neg bcd \vee \neg abc \neg d$$

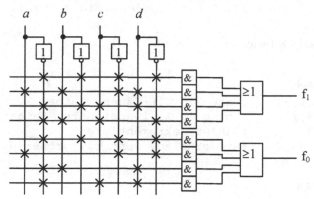

Lösung Aufgabe 15.1

Die Entity ist eine Schnittstellenbeschreibung, während die Architektur die Funktion der Schaltung beschreibt.

Lösung Aufgabe 15.2

C und D haben den alten Wert von D. Die Werte von A und B sind vertauscht.

Lösung Aufgabe 15.3

a) Bei Prozessen mit Sensitivity-List nach der Sensitivity-List und vor dem Schlüsselwort `begin`, welches die sequentiellen Anweisungen einleitet. Bei Prozessen ohne Sensitivity-List nach dem Schlüsselwort `process` und vor dem Schlüsselwort `begin`, welches die sequentiellen Anweisungen einleitet.

b) In einer Architektur beginnt der Deklarationsteil nach dem ersten Auftreten des Schlüsselwortes is und endet vor dem Schlüsselwort begin, welches die nebenläufigen Anweisungen einleitet.

Lösung Aufgabe 15.4

$F = AX \vee \neg ABY \vee \neg A \neg BZ$

Lösung Aufgabe 16.1

Der Vorteil einer gemeinsamen Speicherung von Daten und Befehlen in demselben Speicher ist, dass der Speicherbereich flexibel aufgeteilt werden kann. Dadurch ist in der Regel ein kleinerer Speicher nötig. Nachteilig bei einer gemeinsamen Speicherhaltung von Daten und Programmen ist, dass Befehle und Daten über den gleichen Datenbus transportiert werden müssen. Dieser serielle Betrieb verlangsamt die Arbeitsweise des Prozessors. Alternativ werden daher bei der Harvard-Architektur getrennte Speicher für Daten und Befehle verwendet, so dass Daten und Befehle gleichzeitig gelesen werden können.

Lösung Aufgabe 16.2 siehe Text.

Lösung Aufgabe 16.3

```
LD    r16,X     ;1. Zahl in r16 laden              2 Takte
LD    r17,Y     ;2. Zahl in r17 laden              2 Takte
ST    Y,r16     ;1. Zahl → Speicherplatz der 2.    2 Takte
ST    X,r17     ;2. Zahl → Speicherplatz der 1.    2 Takte
```

Das Programm benötigt 8 Takte.

Lösung Aufgabe 16.4

```
ANFANG: LD   r16,X+    ;Datum in r16 laden, Zeiger X inkrem.
        ST   Y+,r16    ;Datum in Ziel speichern, Zeiger Y inkrem.
        DEC  r17       ;Zähler dekrementieren
        BRNE ANFANG    ;wiederholen, wenn r17 größer 0
```

Lösung Aufgabe 16.5

```
        LDI  r17,$08   ;Anzahl der Bits in r17=Zähler
        CLR  r16       ;r16 null setzen
ANFANG: LSL  r10       ;MSB von r10 ins Carry schieben
        BRCC WEITER    ;überspringen, wenn Carry = 0
        INC  r16       ;Akku A hochzählen, wenn Carry = 1
WEITER: DEC  r17       ;Zähler dekrementieren
        BRNE ANFANG    ;Nächstes Bit, wenn B größer 0
```

A.4 Literatur

Allgemein (alle Kapitel)

[1]   Schiffmann, W.; Schmitz, R.: Technische Informatik
      Band 1 Grundlagen der digitalen Elektronik. Berlin: Springer. 5. Auflage 2004.

[2]   Schiffmann, W.; Schmitz, R.: Technische Informatik
      Band 2 Grundlagen der Computertechnik. Berlin: Springer. 4. Auflage 2002.

[3]   Beuth, K.; Beuth, O.: Digitaltechnik
      Würzburg: Vogel. 14. Auflage 2019.

[4]   Reichardt, J.: Digitaltechnik und digitale Systeme
      Berlin: De Gruyter Oldenbourg. 5. Auflage 2021.

[5]   Gehrke, W.; Winzker, M.; Urbanski, K. und Woitowitz, R.: Digitaltechnik
      Berlin, Heidelberg: Springer. 8. Auflage 2022.

[6]   Tocci, R.; Widmer, N. und Moss, G.: Digital Systems
      London: Pearson. 12. Auflage 2018.

Codierung (Kapitel 2)

[7]   Schönfeld, D; Klimant, H.; Piotraschke, R.: Informations- und Kodierungstheorie
      Wiesbaden: Springer Vieweg. 4. Auflage 2012.

[8]   Werner, M.: Information und Codierung
      Braunschweig, Wiesbaden: Vieweg. 2. Auflage 2008. (3. Auflage erscheint 2024)

[9]   Bossert, M.: Kanalcodierung
      München: Oldenbourg. 3. Auflage 2013.

Schaltalgebra (Kapitel 3)

[10] DIN 19226 Teil 3

Schaltungstechnik (ab Kapitel 4)

[11] Tietze, U.; Schenk, Chr. und Gamm, E.: Halbleiterschaltungstechnik
      Berlin, Heidelberg: Springer. 16. Auflage 2019.

[12] Giebel, Th.: Grundlagen der CMOS-Technologie
      Stuttgart, Leipzig, Wiesbaden: Teubner. 1. Auflage 2002.

[13] Baker, R.J.: CMOS Circuit Design, Layout, and Simulation
      Hoboken: J. Wiley & Sons. 4. Auflage 2019.

[14] Klar, H.: Integrierte Digitale Schaltungen MOS/BICMOS
      Berlin, Heidelberg: Springer: 3. Auflage 2015.

[15] Groß, W.: Digitale Schaltungstechnik
      Braunschweig, Wiesbaden: Vieweg 1994.

[16]   Kang, S.-M.; Leblebici Y.: CMOS Digital Integrated Circuits: Analysis and Design
       New York: McGraw-Hill. 4. Auflage 2016.

[17]   Kumar, A. A.: Switching Theory and Logic Design
       New Delhi: PHI Learning. 3. Auflage 2016.

[18]   Ellwein, Ch.: Progammierbare Logik mit GAL und CPLD
       München: Oldenbourg. 1999.

Schaltwerke (Kapitel 7 und 8)

[19]   Wuttke, H.; Henke, K.: Schaltsysteme
       München: Pearson Studium. 2003.

Speicher (Kapitel 13)

[20]   http://www.samsung.com

[21]   Hoffmann, K.: Systemintegration: Vom Transistor zur großintegrierten Schaltung
       München: Oldenbourg. 3. Auflage 2011.

[22]   Sharma, A.K.: Advanced Semiconductor Memories
       Chichester: John Wiley & Sons. 2009.

Programmierbare Logikbausteine (Kapitel 14)

[23]   Auer, A.: PLD
       München: Franzis'. 1993.

[24]   Salcic, Z.: Smailagic, A.: Digital Systems Design and Prototyping: Using Field Program-
       mable Logic and Hardware Description Languages
       Norwell, Kluwer: Academic Press. 2. Auflage 2000.

[25]   Bitterle, D., Nosswitz, M.: Schaltungstechnik mit GALs
       München: Franzis'. 1997.

[26]   Elias, C.: FPGAs für Maker
       Heidelberg: dpunkt.verlag. 2. Auflage 2022.

[27]   http://www.xilinx.com/

[28]   https://www.intel.com/content/www/us/en/products/programmable.html

[29]   Kilts, S.: Advanced FPGA Design: Architecture, Implementation, and Optimization
       Hoboken: John Wiley & Sons. 2007.

[30]   Grout, I. A.: Digital Systems Design with FPGAs and CPLDs
       Amsterdam: Elsevier. 2008.

[31]   Beenker, F.P.M. et al: Testability Concepts for Digital ICs
       New York: Springer. 2013.

VHDL (Kapitel 15)

[32] Kesel, F.; Bartolomä, R.: Entwurf von digitalen Schaltungen und Systemen mit HDLs und FPGAs

     München, Wien: Oldenbourg. 3. Auflage 2013.

[33] VHDL-Archiv der Universität Hamburg:

     http://tams-www.informatik.uni-hamburg.de/vhdl/vhdl.html

[34] Bhasker, J.: Die VHDL-Syntax

     Toronto: Prentice Hall. 1996.

[35] Reifschneider, N.: CAE-gestützte IC-Entwurfsmethoden

     München: Prentice-Hall. 1998.

[36] Reichardt, J.; Schwarz, B.: VHDL-Simulation und -Synthese

     München: Oldenbourg. 8. Auflage 2020.

[37] Hunter, R.D. und Johnson, T.T.: Introduction to VHDL

     London: Chapman and Hall. 1996.

[38] DIN 66256

[39] Molitor, P.; Ritter, J.: VHDL - eine Einführung

     München: Pearson Studium. 2004.

Mikroprozessor (Kapitel 16)

[40] Flick, Th. und Liebig, H.: Mikroprozessortechnik und Rechnerstrukturen

     Berlin, Heidelberg, New York: Springer. 7. Auflage 2005.

[41] Tanenbaum, A.S. und Goodman, J.: Computerarchitektur

     München: Pearson Studium. 6. Auflage 2014.

[42] Wüst, K.: Mikroprozessortechnik

     Wiesbaden: Vieweg und Teubner. 4. Auflage 2011.

[43] Kleitz, W.: Digital and Microprocessor Fundamentals

     Upper Saddle River: Prentice Hall. 4. Auflage 2002.

[44] Schmitt, G. und Riedenauer, A.: Mikrocontrollertechnik mit AVR: Programmierung in Assembler und C – Schaltungen und Anwendungen

     Berlin: De Gruyter Oldenbourg. 6. Auflage 2019.

[45] Gaicher, H. und Gaicher, P.: AVR Mikrocontroller - Programmierung in C: Eigene Projekte selbst entwickeln und verstehen

     Hamburg: tredition. 2016.

[47] Klöckl, I.: AVR-Mikrocontroller

     Berlin, Boston: De Gruyter. 2015.

[48] Microchip, Atmega16 Produktbeschreibung

     https://www.microchip.com/wwwproducts/en/atmega16

[49]   AVR-Befehlssatz
       https://www.microchip.com

[50]   Simulatoren für AVR-Prozessoren
       http://www.mikrocontroller.net/articles/AVR-Simulation

[51]   Microchip-Studio
       https://www.microchip.com/en-us/tools-resources/develop/microchip-studio

A.5 Sachwortregister

Printed in the United States
by Baker & Taylor Publisher Services

Printed in the United States
by Baker & Taylor Publisher Services